LE
VÉTÉRINAIRE

INCOMPARABLE

Recommandé à tous les Propriétaires de chevaux, Cultivateurs
Marchands de Bestiaux, etc.

CONTENANT UN

TRAITÉ COMPLET DE TOUTES LES MALADIES

ET ACCIDENTS

auxquels sont journellement exposés tous nos animaux domestiques

Par M. DUPORTAIL

EX-MÉDECIN VÉTÉRINAIRE, EX-MEMBRE DE DIVERSES SOCIÉTÉS SCIENTIFIQUES

LAMARCHE-SUR-SAONE

J. MARTIN, ÉDITEUR

LE
VÉTÉRINAIRE

INCOMPARABLE

Recommandé à tous les Propriétaires de chevaux, Cultivateurs
Marchands de Bestiaux, etc.

CONTENANT UN

TRAITÉ COMPLET DE TOUTES LES MALADIES

ET ACCIDENTS

auxquels sont journellement exposés tous nos animaux domestiques

Par M. DUPORTAIL

EX-MÉDECIN VÉTÉRINAIRE, EX-MEMBRE DE DIVERSES SOCIÉTÉS SCIENTIFIQUES

LAMARCHE-SUR-SAONE

J. MARTIN, ÉDITEUR

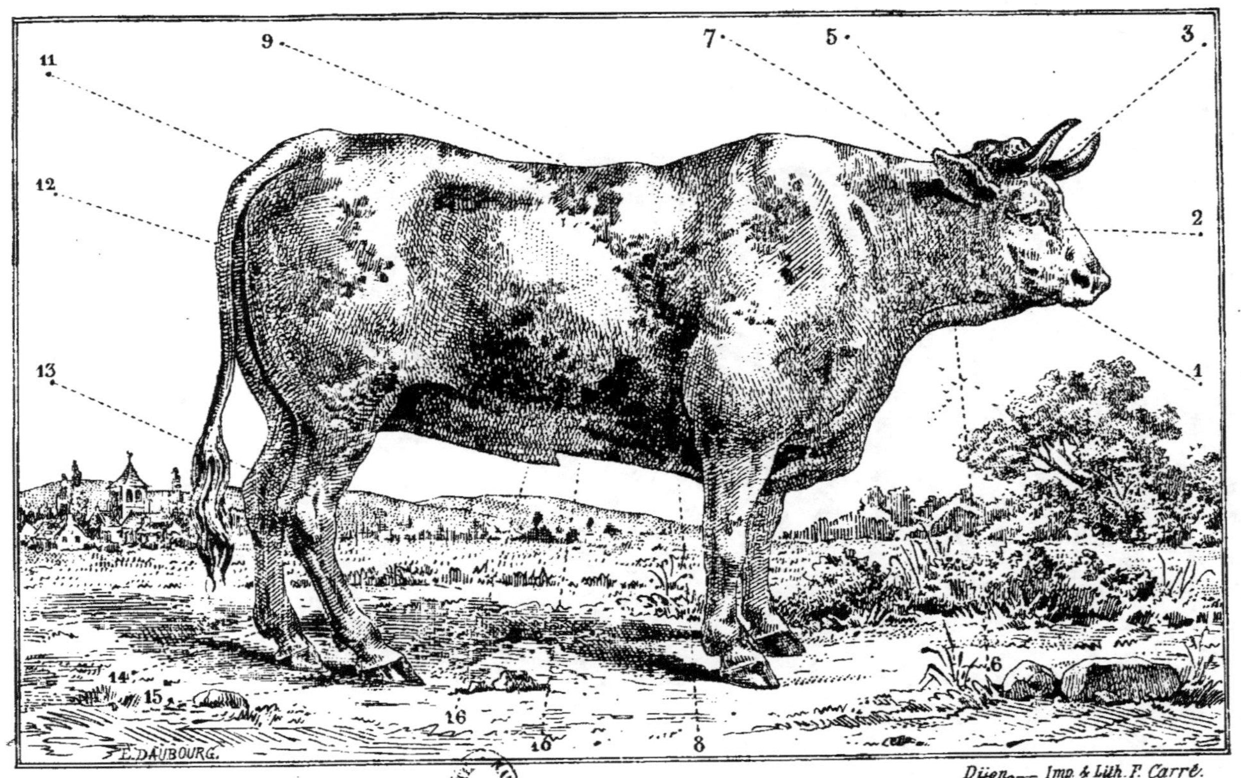

INDICATIONS DU SIÈGE DES MALADIES & DES VEINES OÙ ON DOIT SAIGNER LE BŒUF

CAMOMILLE

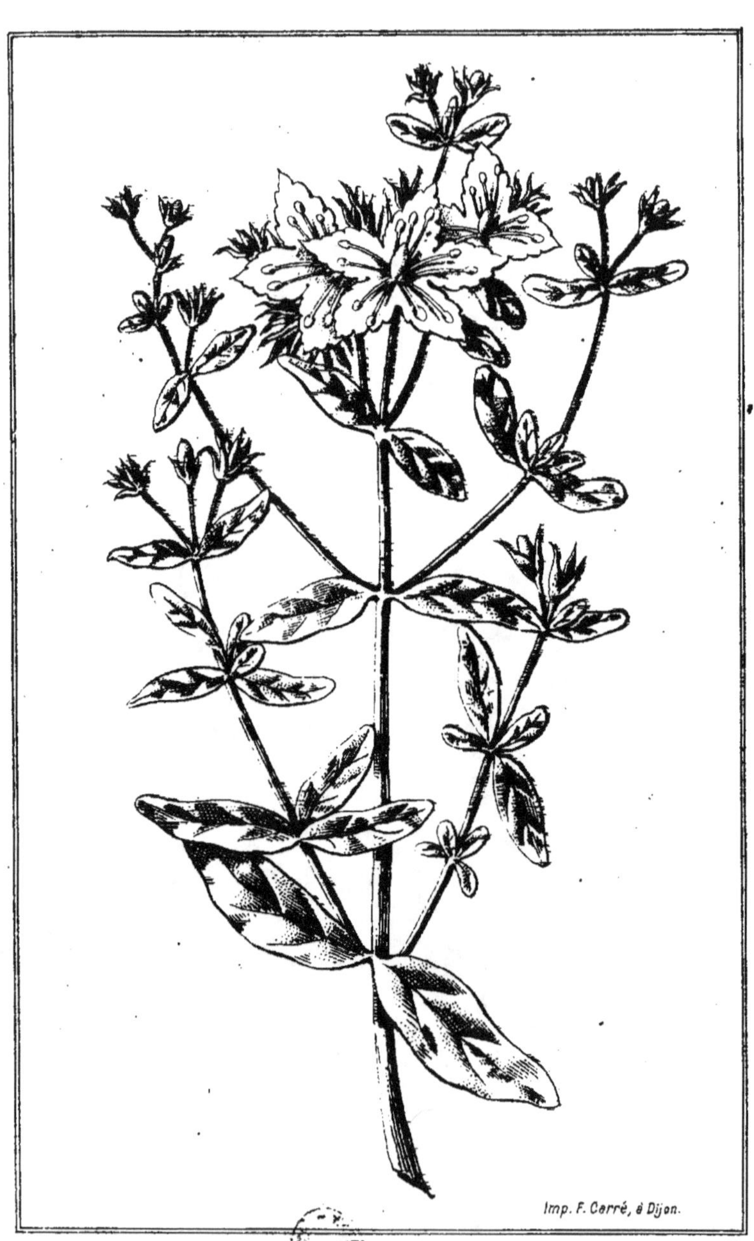

MILLEPERTUIS.

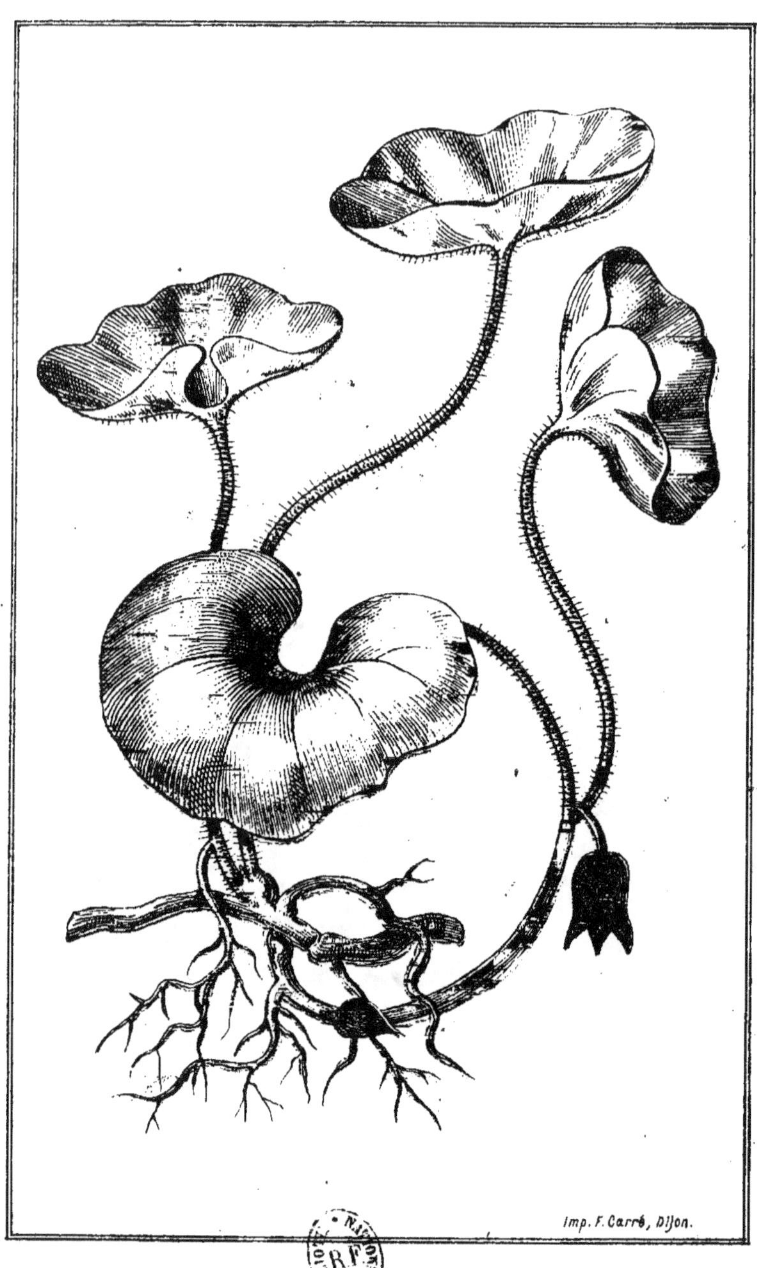

CRESSON

COQUELICOT

BAIES DE LAURIER

DOUCE-AMÈRE

GRANDE GENTIANE.

LE VÉTÉRINAIRE INCOMPARABLE

PREMIÈRE PARTIE

—

LE CHEVAL

Manière de se connaître en chevaux

On en juge par la conformation de leurs parties apparentes, comment ils sont plantés sur les jambes, leurs yeux, leur âge, leur poil, le pays d'où ils viennent et leurs allures.

Quand on se propose d'acheter un cheval, on l'examine d'abord dans l'écurie, pour voir au premier coup d'œil si on le croit propre à l'usage qu'on veut en faire. Il est avantageux de se prévenir contre, et de le juger sévèrement, afin d'éviter de se laisser séduire par les discours du marchand, et par la figure qui plaît, qui fascine souvent les yeux et empêche d'examiner exactement toutes ses parties, dont il ne faut absolument oublier aucune.

Vous verrez donc encore dans l'écurie si le cheval se soulage tantôt sur un pied, tantôt sur l'autre ; s'il ne porte point une jambe en avant, et s'il n'a pas les jambes de devant arquées, c'est-à-dire courbées, ce qui ferait connaître qu'elles sont fatiguées ou usées ; enfin, s'il ne les a pas trop en dessous, ce qui marquerait la faiblesse, et qu'il est sujet à tomber.

Vous verrez si le cheva n'est pas trop étroit des flancs, si son flanc, en respirant, a les mouvements unis et doux, et s'il n'est point agité et inégal, s'il ne s'y fait pas comme une corde depuis la cuisse jusque vers les côtes, ce qui dénote que le flanc est altéré et le cheval poussif ; et s'il a en outre les narines ouvertes et fendues, on le jugera poussif outré.

En sortant le cheval de l'écurie, on l'arrêtera au jour, et l'on regardera ses *yeux ;* s'ils sont vifs et clairs ou transparents, et qu'on puisse voir dans le fond, la vitre étant sans nuage, ni tache, ni cercle blanc ; si elle est aurore ou feuille-morte, le cheval est lunatique ; si les yeux sont tristes, bruns et troubles, ou d'un noir de charbon, ils ne valent rien, il est aveugle.

Vous examinerez si le cheval a la tête petite, sèche et bien placée ; ceux qui ont la tête chargée de

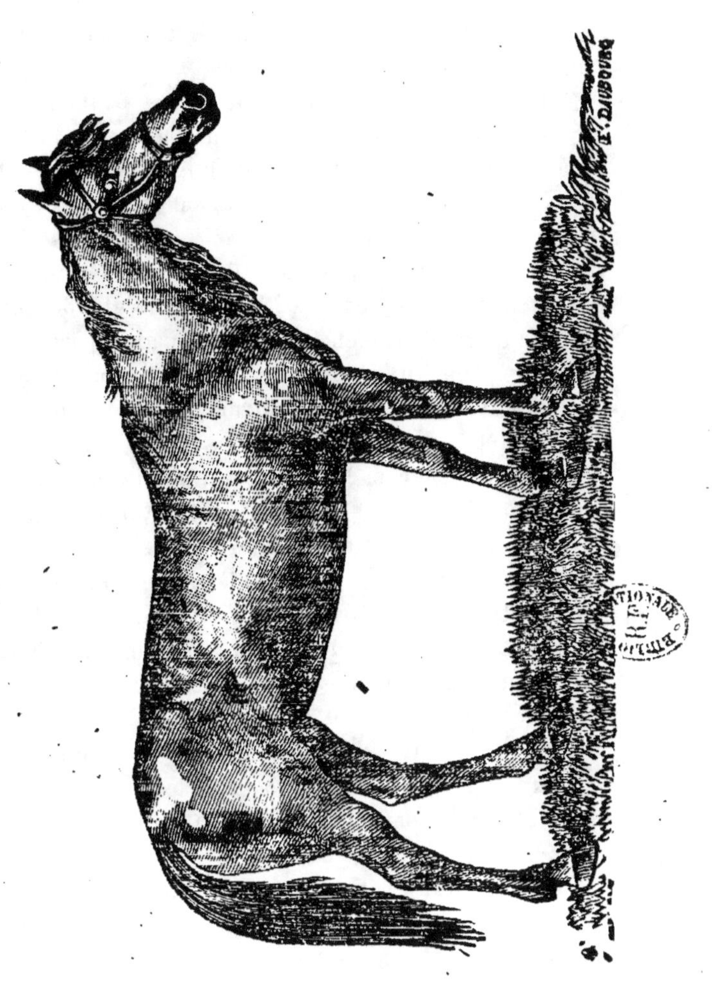
F. DAUBOURG

chair, et les yeux petits, sont pesants à la main, lourds et paresseux.

. Il faut que les *oreilles* soient petites et bien placées en haut de la tête, et non pas basses, ce qu'on appelle *oreillards*, et que les maquignons déguisent en relevant fort haut le frontal de la bride et du licol.

Que la *ganache*, ou intervalle des deux os de la gorge, soit creuse et vide; la ganache glandée ou remplie de glandes menace d'une gourme prochaine les jeunes chevaux qui ne l'ont point encore jetée, et les autres de fausse gourme ou d'obstruction dans la tête.

Pour discerner si le cheval n'a pas la morve, la courte haleine, ou quelque autre mal interne, empoignez-le ferme au gosier, proche la racine de la langue, assez longtemps et jusqu'à ce qu'il ait toussé deux ou trois fois; s'il remue aussitôt les mâchoires comme s'il mâchait quelque chose, ce qui ne vient que de quelques vilenies qu'il a tirées en soufflant, c'est une marque qu'il a eu la morve ou quelque morfondure; s'il tousse comme s'il était enroué, c'est un signe de poumons gâtés. Si les flancs redoublent et qu'il remue la queue, la respiration est embarrassée.

. La *bouche* doit être médiocrement fendue ; si elle l'est trop ou trop peu, ce sont des défauts ; et si elle est trop fendue, le mors porte trop haut et hors de son appui ; si elle est peu fendue, le cheval est petit mangeur, sujet à perdre son avoine, et se nourrit moins.

Les barres, gencives, ou porte-mors ne doivent être ni trop rondes, ni trop aiguës : les premières ont l'appui trop ferme et insensible, lorsqu'elles sont échauffées par l'action du mors, ce qui fait qu'on ne peut jamais retenir le cheval, et c'est ce que le vulgaire appelle prendre le mors aux dents, quoiqu'il ne le prenne jamais en effet. Les barres, au contraire, trop aiguës et trop sensibles, s'offensent aisément, et le cheval, au moindre mouvement, se cabre et se défend, ce qui souvent le fait croire ombrageux, quoiqu'il ne le soit pas. Aux bouches trop *sensib'es,* il faut le mors plus gros et plus rond pour offenser moins les barres. Aux insensibles, il le faut, au contraire, plus mince pour opérer plus d'effet.

En ouvrant la bouche du cheval, on connaît son âge aux dents ; et pour cela, on prend l'une des branches de la bride avec la main gauche, on la hausse, et de la main droite on abaisse la mâchoire inférieure ; ou bien on l'ouvre avec les doigts, si le cheval n'a point de bride. Nous dirons d'abord en général que les dents étant fermées, si les supérieures joignent exactement les inférieures, le cheval est jeune ; mais si les unes avancent plus que les autres, il est vieux. Les gencives sèches, les lèvres livides, les dents longues, jaunes et raboteuses, les salières au-dessus des yeux creuses, et les sourcils blancs, sont toutes marques de vieillesse. Mais pour connaître positivement l'âge, au moins pendant quelque temps, voici ce qu'il faut savoir :

1º *Quinze jours* après la naissance du poulain,

ses dents commencent à pousser. Ce sont *les dents de lait*, qui sont courtes, petites, blanches et pleines. Ces dents, qui sont au nombre de douze, six en haut et six en bas, tombent pour faire place à d'autres, qui marquent progressivement l'âge du cheval.

2° *A trente mois*, ou deux ans et demi, les deux dents de lait du milieu tombent, et font place à deux autres qui poussent, et qu'on appelle les *pinces*, qui sont plus larges et plus fortes, cannelées, creuses en dedans et noires au fond du creux.

3° *A trois ans et demi*, les deux dents de lait d'à côté des pinces tombent à-leur tour, et celles qui les remplacent s'appellent *mitoyennes*.

4° *A quatre ans et demi*, les dernières dents de lait tombent, et font place à d'autres qu'on appelle les *coins*.

5° *A cinq ans et demi*, la dent du coin déborde la gencive, et reste encore creuse et pleine de chair.

6° Mais, *à six ans*, la chair a disparu, la dent est remplie, s'est allongée ; il reste une marque noire au fond du creux.

7° *A sept ans*, le noir approche le haut de la dent.

8° *A huit ans*, il est à ras, après quoi il n'y a plus de marque, à moins que le cheval ne soit ce qu'on appelle *bégut ;* alors il marque toujours naturellement, la dent restant toujours creuse, comme aussi lorsqu'il est contre-marqué, c'est-à-dire, quand on a par fraude creusé la dent du coin avec un burin, et qu'on a rempli le creux avec de l'encre, ou de la cire noire. Mais on le reconnaît à quelques signes de vieillesse que le cheval montre d'ailleurs. Quelquefois aussi les maquignons, quand leurs chevaux sont trop jeunes pour les vendre, leur arrachent les dents de bonne heure pour en faire pousser d'autres, et les faire paraître plus âgés.

On ne doit pas s'arrêter, pour connaître l'âge aux *crochets* ou dents pointues, qui sont à deux doigts de distance des coins, parce que les crochets viennent aux uns plus tôt, aux autres plus tard ; mais il y a d'autres signes pour reconnaître qu'un cheval est plus ou moins vieux, à la longueur des dents qui sont jaunes, creuses, décharnées et les crochets usés.

Si les dents de devant sont usées dans le milieu, c'est de plus une marque que le cheval *tique* sur l'auge, ce qui est un défaut déplaisant, qui le fait maigrir et lui fait perdre son avoine.

On reconnaît encore la vieillesse à la ganache, dont les deux os sont alors aigus, à la profondeur des salières, aux poils blancs dont les sourcils sont parsemés, ce qu'on appelle *ciller*, et il en paraît aussi sur les jambes, ce qui marque quatorze ou quinze ans.

L'*encolure* sera bien si elle est mince, relevée, et non pas fausse ou creuse, épaisse ni pendante ; ces deux encolures sont sujettes à la gale.

Que le cheval ne soit point *ensellé*, c'est-à-dire qu'il ait les *reins* étroits et non courbés ; les reins bas sont une marque de faiblesse ; tout bon cheval doit les avoir doubles, c'est-à-dire un peu élevés des deux côtés de l'épine du dos, les côtes amples et rondes, pour qu'un cheval ait plus de boyau et un meilleur flanc, pourvu que le ventre ne soit point avalé et pendant comme le ventre d'une vache.

Que le cheval soit bien ouvert du devant et du derrière, de façon qu'il ne se courbe point, et n'ait pas les jarrets trop serrés.

Pour achever de les examiner, vous passerez la main tout du long des *jambes*, jusque dans le paturon, pour connaître s'il n'y a point de coupures ou malandres avec des gales au pli des jambes. Si le nerf de la partie d'en bas est bien détaché de l'os, sans suros, dureté ou enflure quelconque, sans grappes au boulet, fentes, mules traversières et eaux dans le paturon qui, de temps en temps, feraient boiter le cheval ; enfin si la jambe est plate, bien saine et point trop longue pour le corps, que les paturons ne soient point trop allongés, et ce qu'on appelle *long-jointé*, car alors étant pliants, ils sont faibles.

Vous verrez si les *pieds* ne sont point plats, larges et cerclés, ce qui fait connaître que le cheval a été fourbu et dessolé, au lieu d'avoir le sabot élevé et uni comme il le doit être ; et faisant lever les quatre pieds l'un après l'autre, vous frapperez dessus avec un bâton ou une pierre, pour voir s'il n'est pas difficile à ferrer, et si les pieds sont sains en dedans.

Après cet examen, vous ferez *trotter* le cheval en main, sans fouet, pour voir s'il trotte librement et ne boite point, s'il est aussi ouvert du dedans que du derrière en trottant, comme quand il est en repos, et ne se coupe point, et vous veillerez encore, en le faisant arrêter, si, après avoir trotté, le flanc est tranquille.

Enfin, pour achever de connaître un cheval qu'on veut acheter, si c'est un cheval de selle, on doit le faire *seller* et le *monter* soi-même, pour connaître ses qualités et ses défauts, et voir si ses allures vous plaisent. Mais il faut examiner d'abord si la bride et la gourmette sont bien mises, si la selle est en place et bien sanglée, si le cheval reste ferme et tranquille sans qu'il bouge en le montant et jusqu'à ce que vous soyez placé en selle. Ensuite, sans l'animer, ni lui faire peur de l'éperon ni de la gaule, lâchez-lui quatre doigts de la bride, sans le soutenir de la main, le laissant aller pas à pas à sa fantaisie ; dans cette négligence pendant un quart d'heure, s'il a à broncher, il bronchera ; s'il est pesant à la main, il ira entièrement sur le mors ; s'il est paresseux, il diminuera son allure et s'arrêtera, et pour le faire aller en avant on est obligé de faire branler le corps, les jambes et même les bras : mais si au contraire, malgré votre mollesse à le chasser, il marche la tête levée, mâchant son mors, le pas hardi et sans broncher, il ne faut pas douter que le cheval ne soit vigoureux.

Etant descendu de cheval, vous finissez par lui faire donner de l'avoine, pour voir s'il mange bien et ne tique point sur l'auge, s'il boit bien et si son flanc est aussi tranquille en mangeant qu'auparavant. Alors toutes les précautions sont prises ; mais on a quelquefois de la peine à se garantir des tromperies sans nombre des maquignons.

Mais il nous reste encore quelques observations sur les chevaux de trait en particulier, et à dire quelque chose des chevaux des différents pays, et sur celles qu'on attribue aux différents poils.

Nous appelons *chevaux de trait* ceux de charrette et de labour, même de carrosse, pour lesquels on en choisit même des plus beaux ; on emploie même aujourd'hui pour les attelages des chevaux anglais et autres qui ont presque la finesse des chevaux de selle ; ils ont plus de rapport à ce que nous avons dit précédemment.

Quant aux chevaux de tirage les plus communs, on n'y regarde pas de si près ; on est obligé d'y passer quelque chose quand ils n'ont pas de défauts essentiels. Ce n'est pas un grand défaut, par exemple, quand un cheval de trait, de chasse ou de labour à la tête un peu grosse d'ossements, pourvu qu'elle ne soit pas chargée de chair, car les bêtes trop charnues sont sujettes aux maux des yeux.

Ces chevaux qui ont le front enfoncé sont ordinairement de grand travail, à la différence de ceux de monture et de carrosse, qui doivent avoir le front égal, étroit ; et quand il est busqué en tête de mouton, sa figure est plus noble. Les YEUX gros ou enfoncés et les sourcils élevés sont aussi une marque de bon travail, et quelquefois de malignité.

Les *encolures épaisses*, auxquelles ces chevaux sont sujets, sont exposées à la gaie, surtout quand elles sont plissées ; alors on ne peut presque plus la déraciner.

Le POITRAIL large est une bonne qualité pour un cheval de trait ; il n'en est pas plus lourd et tire mieux ; il en est de même des *épaules* un peu plus grosses.

La plupart de nos fermiers des environs de Paris font cas, pour se monter, des *chevaux d'allure*, mêlée de l'amble et du pas, ou de l'amble et du galop, ce qu'on appelle l'*aubin*, qui est le train assez ordinai e des messageries qui portent les malles et ballots, et ces chevaux s'achètent assez cher, parce qu'ils vont vite pendant quelques années, qu'ils ont l'avantage de diligenter les affaires et qu'on a l'agrément d'être monté doucement. Au surplus, on préfère le cheval qui a le trot doux, qui avance presque autant et qui dure davantage.

Comme les marchands de chevaux sont habiles et hardis à cacher les défauts de ceux qu'ils vendent, il est bon de connaître leur adresse à tromper les acheteurs.

Aussitôt que le maquignon a acheté un cheval, il tâche d'apprendre du vendeur quels sont les vices et les imperfections de son cheval, pour employer ensuite tout son savoir à les corriger ou à les cacher ; *par exemple* :

Adresse des marchands de chevaux

Si le cheval qu'il achète est mélancolique et *sans vigueur*, il ne manquera pas, au matin, à midi et au

soir, de le bien frotter jusqu'à ce qu'il le rende sensible au point d'être toujours en action au moindre
mouvement du fouet du maître ; avec cela, cet animal aura toujours quelques coups toutes les fois
qu'on l'étrillera ou qu'on le découvrira ; et même
pendant qu'il sera en vente, le maître, en entrete-
nant son chaland, ne laissera pas que de le battre
et de le tourmenter, si bien qu'à sa voix seule il ne
cessera point de sauter. Quand on le mène au
marché, pendant que le valet le monte, le maître lui
donne cinq ou six coups de houssine, le valet lui en-
fonce les éperons dans le ventre, et si le pauvre
cheval venait à jouer un peu de la queue, ce qui serait une marque de faiblesse, le maître lui décharge
sur-le-champ un grand coup de bâton sur la croupe,
pour qu'il ne la remue plus.

Si ceci ne suffit pas pour rendre le cheval très
sensible à le laisser aller vigoureusement. tant
qu'il aura une étincelle de vie, le maquignon, avec
les deux doigts de la main, lui relèvera la peau le
long du ventre, et la percera d'outre en outre en
deux ou trois endroits avec une alène, ensuite il frottera ces piqûres avec du verre pilé finement, en mettra autant qu'il pourra, et rajustera proprement le
poil par-dessus, ayant soin, pour guérir ces piqûres
en moins de douze heures. de les frotter le soir
d'un liniment fait avec de la térébenthine et du jais
en poudre.

Si le cheval est *courbatu* ou FOULÉ, le maquignon
le monte et l'échauffe un quart d'heure avant de l'exposer en vente, le bat et le tient toujours en haleine ;

car tant qu'il aura chaud et qu'il marchera sur terre
molle, il sera difilcile de découvrir l'imperfection de
son pied. S'il a la corne ridée, et raboteuse, comme
sont la plupart des pieds foulés, ou s'il a quelque
suros, douleur, ou autre mal visible aux jointures
basses, on le montera dans la boue, pour lui salir les
jambes et cacher ces défauts; de même pour en abattre les enflures, on le mènera à l'eau, ou on lui lavera
les mollettes des jambes avec de l'eau froide.

S'il boite, on ôte le fer du côté qu'il boite, ou bien
le maquignon lui coupe un peu de la peau du talon,
pour vous affirmer que le boitement ne vient que du
manque de fer, ou de quelque légère atteinte au talon.

S'il a des *mollettes*, il les lui fait passer pour vingt-
quatre heures.

De même, si le cheval est sujet à la *morve*, il arrêtera cette maladie pendant douze bonnes heures, en
lui soufflant dans les narines une bonne quantité de
poudre sternutatoire, et en les lui frottant ensuite
avec deux longues plumes trempées dans du jus d'ail
ou dans de l'huile de laurier ; après, ayant fait nettoyer les narines avec de l'eau tiède, il y jettera une
mixtion d'ail bien battu et de moutarde, qu'il y re-
tiendra en bouchant bien les narines avec ses mains,
pour que le cheval éternue ensuite autant qu'il
voudra. Ils arrêtent aussi la pousse pour quelque
temps.

Si le cheval est glandé sous la ganache, ils mettent subtilement les doigts dans la bouche et sur les
barres, pour l'obliger à tirer la langue. Par ces mouvements, les glandes sont moins sensibles.

Quand un cheval est si *vieux*, qu'il n'est plus bon à rien, la maquignon lui brûle le bout des dents, afin que le cautère actuel que le feu y fera empêche qu'on n'y reconnaisse l'âge ; ou bien s'il a perdu ses dents de marque, il lui maniera les lèvres tous moments et les percera d'une alène pour le rendre si sensible, qu'il ne se laisse pas regarder les dents.

Il y a encore beaucoup d'autres tromperies ordinaires aux maquignons, comme de vendre un cheval *lunatique*, de lui teindre le poil, de faire des fausses queues ou des marques blanches au front, ou d'éteindre le bas de celles qui s'allongent trop jusqu'au bout du nez ; s'il a la *bouche dure* et sèche, on lui donne un mors rude frotté de quelque drogue pour le faire écumer, comme du miel et du sel, ou de la poudre de staphysaigre ; pour qu'on ne s'aperçoive point qu'il appuie sur son mors, et qu'il paraisse léger à la main, on lui met dans les lèvres une petite chaînette qui est attachée à la bride et à la gourmette si adroitement, qu'à peine l'aperçoit-on. Enfin les maquignons font prendre à leurs chevaux certaines habitudes qu'ils appellent *montre*, où ces animaux font merveilles ; mais hors de là, ce n'est plus rien qui vaille.

On ne saurait trop prendre garde, soit aux allures, soit à toutes les parties d'un cheval quand on l'achète, parce que les finesses des maquignons, pour cacher les défauts manifestes, aussi bien que les plus secrets, sont en très grand nombre. Pour faire paraître la queue aux chevaux qui l'ont faible et débile

ils la lient, comme on faisait anciennement aux cour-
siers ; et quand le cheval est *crochu*, c'est-à-dire qu'il
a les *jarrets trop serrés*, ils laissent pendre le bas de
la queue jusqu'au dessous des jarrets, et l'élargissent
pour les couvrir.

Si le cheval a les *oreilles longues*, ils les coupent
pour les rendre aiguës ; et si elles sont abaissées, il
les relèvent par le mouvement de la teftière, ou
même ils les coupent un peu et les recousent. Si le
cheval est long, ils lui approprient une selle haute de
siége. Quand il a la corne mauvaise, ils y appliquent
du surpoint, ou divers onguents, et le ferrent à l'a-
vantage, déguisant si bien le défaut, qu'ils font paraître le cheval tout autre ; et lorsqu'il a du poil
dont la couleur et le mélange pourraient être de mauvais augure, ils le colorent d'une autre façon : ce qui
pourtant est aisé à reconnaître par la différence de
la couleur naturelle.

Si le cheval est ombrageux, ils le harcèlent sans
cesse de la main, de la voix et du genou, lorsqu'il
est près d'aborder quelque chose qui peut lui faire
peur, en sorte qu'ils le divertissent. Il y en a même
qui font manger de l'ivraie aux chevaux vicieux, peu
avant de les exposer en vente, car cette nourriture
les enivre et les rend très doux tant que l'effet peut
durer. S'il est fort en bouche, avant que de le mettre
à la carrière, ils ont, au bout, un homme affidé, qui,
de la voix et de la main, lui fait signe de parer ;
ainsi il s'arrète, et en a bientôt pris l'habitude en ce
lieu. Si le cheval a difficulté de respirer, ils lui fen-
dent les naseaux, ou y remédient par différents mé-

dicaments dont l'effet est de peu de durée. S'il est *dur à l'éperon*, ils le tourmentent par coups et par menaces, et le plus souvent ils lui frottent les flancs avec du sel et de la lessive ou du vinaigre ; ou bien ils lui donnent un peu de l'éperon, mais l'enfoncent vigoureusement.

Si le cheval est *zain* (ce que bien des gens n'aiment pas), c'est-à-dire s'il n'a point une marque blanche ou étoile au front, ils la font venir en y appliquant une pomme cuite toute bouillante, qu'ils serrent avec un bandage pour l'y retenir, ce qui fait tomber le poil, qui revient blanc ensuite.

S'il *boit dans son blanc*, c'est-à-dire si la pelote blanche ou étoilé du front se continue depuis le front jusqu'au bas des lèvres, ce qui fait une face blanche désagréable, ils teindront la partie inférieure en noir, en lui laissant seulement l'étoile au haut du front. Enfin les tromperies qui se font sur les chevaux sont innombrables.

Cas rédhibitoires et garantie

Les marchands doivent garantir leurs chevaux de pousse, morve, courbature, et d'être boiteux d'un vieux mal. Mais on ne peut les contraindre en justice à reprendre leurs chevaux après les neuf jours passés.

De la ferrure

Le premier soin, après avoir acheté un cheval, c'est la *ferrure* ; le marchand ne s'en mêle guère,

et le laisse ordinairement avec ses vieux fers : c'est
autant d'épargné.

Il y a des règles pour la ferrure, mais la plupart
des maréchaux les ignorent. Ils savent bien qu'en
forgeant les fers, ils doivent percer les trous des
clous à la pince pour les pieds de devant, et sur les
côtés pour les pieds de derrière. Mais ils devraient
prendre garde : 1° de n'employer, pour les chevaux
fins particulièrement, que des clous déliés de lames,
ceux qui sont trop épais serrent le petit pied et font
éclater la corne, et qu'il ne faut à ces chevaux que
les fers les plus légers ; 2° que pour bien parer les
pieds, le maréchal ne doit point creuser dans les
quartiers, ni couper les talons, ce qui affaiblit et dessèche les pieds ; 3° que le fer ne doit point porter sur
la sole, ce qui ferait boiter le cheval ; 4° que si le cheval a les talons bas et la fourchette grosse, il faut des
tampons aux fers ; 5° que s'il a les sabots longs, et
qu'il butte ou bronche, on doit raccourcir le pied, et
relever un peu le fer du devant ; 6° que si par hasard
le cheval acheté est difficile à ferrer, ce n'est souvent que pour avoir été battu brutalement et mal-
traité à la forge ; 7° que pour le corriger du défaut
que cette mauvaise habitude lui a fait prendre, on ne
peut employer trop de douceur, et au lieu de le battre, il vaut mieux commencer par le faire travailler,
ou le faire trotter dans une terre labourée pour le
lasser. Rendu ensuite à la forge, le flatter, lui passer
la main sur le cou et le long du corps, et l'on essaiera,
en lui parlant, de lui lever les pieds de devant hardiment, sans le surprendre, le chatouiller, ni le gêner :

on lui donnera une poignée de son ou d'avoine pour
récompense, après l'avoir laissé jeûner ; et s'il laisse
faire, on recommencera plusieurs fois ; on lui frap-
pera doucement de la main sur la croupe, on prendra la queue d'une main, et appuyant fortement dessus, on lèvera de même le pied de derrière, autour
duquel on fera deux ou trois tours avec la queue, à
l'endroit du paturon, si elle est assez longue, ce qui
aidera à porter le pied ; on s'appuiera bien de l'épaule
contre la cuisse sans l'éloigner en dehors du corps,
comme si on lui donnait un écart, ce qui ferait de la
douleur au cheval et l'obligerait de la retirer. On
continuera, pendant le ferrage, de le flatter, de lui
donner du son ou de l'avoine, du foin ou de l'herbe,
et de lui parler ; on mettra un autre cheval à côté
de lui s'il aime la compagnie ;

8° Si le cheval ne se rend pas, on lui couvrira la
tête d'un tablier, ou bien on lui mettra les morailles
ou le torche-nez ; ces moyens et le travail du maréchal sont les derniers qu'on doit employer : à la campagne, à défaut du travail, on embarre le cheval
dans les limons d'une charrette, avec une barre qu'on
y attache derrière lui, et sur laquelle on arrête le
pied avec une corde, ce qui le gêne moins que le travail des maréchaux et fait aussi bien. Il est assez
ordinaire même que le cheval étant vaincu, cette
opération suffit une seule fois, et qu'il se laisse ferrer
par la suite, n'ayant pas été brutalisé.

Un autre moyen auquel seul il y a des chevaux
qui se rendent, c'est d'abandonner tout à fait le cheval, de lui ôter même son licol, ou de ne le tenir que

par le bout de la longe, sans l'attacher en aucune façon. Plusieurs chevaux ne se livrent qu'à ces conditions.

Enfin tout cheval dangereux du pied ou de la dent, difficile à approcher et à ferrer, doit être châtié, ce qui l'empêche ordinairement de mordre et de ruer.

Des veines où l'on doit saigner le cheval

On le saigne : 1º de la veine du sommet de la tête, contre les assoupissements, léthargie et difficulté de l'ouïe : cette saignée apaise aussi la douleur des yeux, en détournant le cours des humeurs ;

2º De la veine qui est à quatre doigts au-dessous des grands coins des yeux, nommée le larmier, pour décharger les humeurs tombées sur les yeux ;

3º Du cartilage qui sépare les naseaux, dont on tire du sang en le perçant de part en part avec la lancette, pour divertir les humeurs qui causent les avives ;

4º De la pointe du nez, pour toutes les maladies du cheval, après qu'on a purgé la partie éloignée : elle est très utile quand la vue est troublée et chargée d'humeurs ;

5º De la veine du troisième sillon du palais, au milieu des deux dernières dents de devant, pour guérir les lampas, la palatine, les échauffures de la bouche, pour faire revenir l'appétit, et généralement pour tous les maux de tête ; et, quoiqu'on ne doive pas tirer du sang aux chevaux châtrés et aux poulains sans une grande nécessité, on peut leur en tirer de cette veine pour décharger la tête et les yeux ;

6° De la veine de dessous la langue, pour tous les maux de bouche, de la gorge, des avives, et pour l'esquinancie ;

7° De la veine de la partie intérieure de la lèvre basse, pour soulager l'avant-cœur, l'étranguillon et les échauffures de la bouche, et pour guérir les pustules et suros qui viennent sur la lèvre ;

8° De la veine des deux côtés du poitrail, située à l'endroit où l'épaule se joint avec le sous-bras ou les ars de devant, contre les maux du poumon, du cœur, et des autres parties voisines de ces veines, tant intérieures qu'extérieures, et celles qui sont en dedans des deux cuisses : on en tire du sang pour la fourbure nouvelle ;

9° De la veine des sous-bras en dedans, pour fluxion du genou ;

10° De la veine de dedans les deux jambes, au-dessous du genou, pour divertir les descentes d'humeur dessus les jointures des paturons, et pour guérir les crevasses, échauffures des paturons, fusées et suros, et pour faire évacuer les humeurs arrêtées sur le genou ;

11° De la veine du côté de dedans de chacun des paturons de devant, pour aider à la guérison des maux de pied ;

12° De la veine de la pince de l'un des deux pieds de devant, pour évacuer les humeurs demeurées entre la sole et le vif du pied, pour fourbure et forbature ;

13° De la veine du côté du dehors de chacun des paturons de devant, pour aider à la guérison des maux de pied ;

14° De la veine du flanc, droit ou gauche, pour divertir les humeurs des parties supérieures, pour faciliter la guérison de la pousse, des avives et des humeurs qui viennent sous le ventre ;

15° De la veine du côté de dehors de chaque paturon de derrière, pour la cure des maux de pied ;

16° De la veine de la pince de chacun des deux pieds de derrière, pour évacuer les humeurs demeurées entre la sole et le vif du pied, pour fourbure ou forbature ;

17° De la veine du côté de dedans de chacune des deux jambes de derrière, au-dessous du jarret, pour empêcher l'augmentation des grappes, des arêtes, mules traversières, vésignons, jardes et éparvins ;

18° De la veine du côté de dedans de l'un ou l'autre paturon de derrière, pour les maux de pied ;

19° De la veine en la partie de dedans de chacune des cuisses de derrière, appelée la veine du plat de la cuisse, laquelle on arrête, pour guérir les maux des jarrets, des jambes et des pieds ;

20° De la veine de la jointure de la hanche, contre la sciatique ;

21· Des veines qui sont sous la queue, à quatre doigts de son commencement, à l'endroit où il n'y a point de poil, pour faciliter la cure du poussif, et de ceux qui ont convulsion de nerfs, douleurs aux lombes, appelées mal feru ou arné ;

22º De la veine du dos, contre la douleur des lombes ;

23º De la veine qui est au côté droit ou gauche du cou, pour l'universelle purgation du corps, et pour préserver le cheval de plusieurs maladies, pour évacuer les humeurs et les divertir des parties qui ont reçu quelque blessure ou contusion, ou quelque grande tumeur, et pour faciliter la cure des maladies provenant d'abondance ou de corruption de sang, comme du farcin, de la gale et démangeaison. C'est la plus et presque la seule usitée aujourd'hui ;

24º De la veine du côté gauche ou droit des tempes, pour les maux de tête, pour la fièvre, farcin, descente d'humeurs sur les yeux, qui est grande. Le seul remède pour lui boucher le passage, quand on aura tiré du sang, c'est de le cautériser avec le feu ;

25º Des veines qui sont dessus les oreilles, pour les plaies et les ulcères, et particulièrement pour les plaies du cou, de la tête, et pour les avives.

Symptômes et maladies des chevaux

On reconnaît qu'un cheval est malade :

1º Quand pour ce qu'on lui donne il a du dégoût,

et quand il ne fait que remuer sa nourriture, avoine ou fourrage ;

2° Quand l'œil est triste, la tête penchée, pesante et les oreilles froides. Si la fiente est dure, de couleur noire ou verte ou à l'état liquide, s'il. n'est pas ferme sur ses jambes, s'il regarde continuellement son flanc, se couche et se relève souvent ;

3° Lorsqu'un cheval veut pisser, si sans se camper à l'ordinaire son urine tombe goutte à goutte, la maladie exige de suite une décoction de chiendent mêlée avec 15 grammes de sel de nitre.

Atteinte. — Quand un cheval avec son fer s'attrape à la jambe et qu'il se fait une coupure, écorchure ou contusion, il est bon, ainsi que pour les morsures, de suivre les conseils suivants.

Remède. — Examinez d'abord si le fer ne déborde pas le pied afin d'y remédier par la ferrure, nettoyez ensuite l'endroit atteint avec de l'urine et coupez les lambeaux de chair, s'il y en a ; si l'atteinte est légère, on fait durcir un œuf que l'on coupe en deux et que l'on couvre de poivre, pour l'appliquer sur le mal le plus chaudement possible ; on l'attachera avec une bande que l'on coudra, de façon qu'en aucune manière le cheval puisse se défaire ; s'il ne guérit point la première fois, on recommencera le lendemain ; si le cheval est en repos, on se servira du cataplasme décrit ci-après. Pour ce traitement rechercher le vétérinaire.

Si l'atteinte n'a point entamé la jambe, mais qu'il

y ait une forte contusion, c'est ce qu'on nomme une nerf-ferrure.

Si on s'en aperçoit d'abord, il y a apparence de la guérir bientôt : coupez en deux une éponge que vous tremperez dans de l'essence de térébenthine et dans un peu d'eau bien salée battues ensemble. Enveloppez-en tout le mal ; recouvrez les éponges avec de la vessie et une bande de linge par-dessus, sans trop serrer le nerf, ce qui augmenterait le mal. A défaut de ce remède, pétrissez de la mie de pain broyée avec de la bonne bière. Délayez-la avec de la bière en forme de bouillie ; faites-la cuire, ajoutez-y la grosseur d'une noix de populeum, autant d'onguent rosat ; étendez ce cataplasme sur du linge blanc lessivé, et appliquez-le : mettez par-dessus des compresses trempées dans l'oxicrat chaud, et imbibez-les de temps en temps jusqu'à guérison.

Il y a cependant des nerf-ferrures qu'on ne peut guérir sans un feu léger en fougère ou patte-d'oie, surtout lorsque la nerf-ferrure est ancienne.

Si l'atteinte ne guérit pas, et qu'elle soit encornée, c'est-à-dire sourde ou profonde jusque dans la corne, il faut parfois dessoler le cheval, et cette opération dépend de la main du vétérinaire ; mais si le tendon n'est point offensé, ce qu'on reconnait par la sonde, on lave la laie avec du vin chaud, et l'on met dessus un emplâtre d'onguent basilicum ou de Schmidt.

Altération. — Un cheval bien souvent, sans être fortrait, devient en un jour étroit de boyaux, c'est-à-dire ayant des flancs extrêmement resserrés et échauffés, ce qui vient de trop de fatigues.

Remède. — Il faudra lui donner, au lieu d'avoine, du son délayé dans de l'eau tiède ; cela est efficace ordinairement.

Pour le rafraîchir tout à fait, il est bon de lui donner ce qui suit :

On prendra cinq hectogrammes de miel avec deux décalitres de son ; on mélangera le tout dans de l'eau tiède en quantité, évitant de faire couler le son. Ce remède pris par le cheval à portions égales, pendant cinq jours, le videra et le soulagera complètement.

Avant-cœur. — *Symptômes*. — Un cheval atteint de cette maladie a de la tristesse, des battements de cœur, la fièvre, des défaillances, au point de tomber par terre, aussi bien qu'un profond dégoût pour ce qu'on lui donne.

C'est une tumeur contre nature, formée par un amas de sang extravasé à la partie antérieure d poitrail, qui se communique souvent sous le ventre.

Remède. — Il faut tâcher de faire venir cette matière en suppuration, et, pour cela, après avoir coupé le poil, vous appliquerez sur la tumeur une charge composée avec un litre de farine, 2 hectogrammes 50 grammes de poix noire, autant de poix blanche, 2 hectogrammes 50 grammes de térébenthine, et 1 hectogramme 25 grammes d'huile de laurier, avec

2 hectogrammes 50 grammes de saindoux, le tout cuit à petit feu.

Si la tumeur était trop lente à venir à suppuration, on ouvrirait la peau avec un bistouri entre les deux jambes de devant, au bas du poitrail, et avec la corne de chamois on ferait une loge entre cuir et chair à droite et à gauche, suffisante pour y placer un morceau de racine d'ellébore noir, de la grosseur d'une noix, ou de la seconde écorce de cassis, trempée pendant quelques heures dans un litre d'eau avec une poignée de gros sel gris ; ensuite on recoud la peau ; si au bout de deux jours il se trouve en cette partie une tumeur grosse comme une boule de dix à douze centimètres de diamètre, c'est le signe d'une prompte guérison.

ARÊTES. — Espèce de croûte écailleuse, qui vient tout le long du tendon, qui va aboutir au paturon, et qui fait tomber le poil et forme une raie qui sépare le poil de deux côtés, d'où il sort, en hiver, dans les temps humides, des eaux rousses et puantes, et qui, en été, dans les temps secs est recouverte d'une croûte, ce qui rend les jambes un peu raides.

Remède. — Noix de galle, alun et couperose, 60 grammes de chaque, le tout bouilli dans un litre d'eau dont on lave la partie.

AVIVES. — C'est une inflammation qui fait enfler les glandes qui sont au-dessous de l'oreille gauche, vers le coin de la ganache, et empêche la respiration, de sorte que le cheval court risque d'étouffer s'il n'est

secouru promptement ; cette maladie vient aux chevaux pour avoir été abreuvés d'eau froide et vive,
surtout quand ils ont chaud, ou bien lorsqu'on les a
trop poussés au travail ; on connait qu'un cheval a
les avives lorsqu'il perd tout d'un coup l'appétit, se
couche, se lève souvent et se tourmente étrangement, qu'il a la tête baissée, les oreilles froides et
regarde son ventre, parce que ce mal est toujours
accompagné de tranchées et de rétention d'urine : il
y a des tranchées sans avives, mais rarement des
avives sans tranchées.

Remède. — Les remèdes qu'on donne pour les
tranchées sont, entre autres, 32 grammes de thériaque dans un demi-litre de vin blanc, et en même
temps un lavement émollient avec les herbes ordinaires ; ajoutez-y 95 grammes de thériaque et 1 hectogramme 25 grammes de beurre frais ; il n'y a guère
d'avives que ce remède, ne guérisse et ne donne de
l'appétit au cheval.

Bleime. — C'est une maladie ou inflammation de
la partie antérieure du sabot vers le talon, entre la
sole et le petit pied.

Il y a trois sortes de bleimes, de sèches, d'encornées, qui ne sont souvent qu'une suite des premières,
et de foulées.

On connait les bleimes en général par une petite
rougeur pareille à du sang extravasé, qui se trouve
entre la sole et le petit pied ; on ne les distingue que
lorsqu'on blanchit le pied en le parant ; cette rougeur n'est autre chose qu'un sang extravasé.

Les bleimes foulées ont une cause extérieure provenant de petites pierres renfermées entre le fer et la sole, ou de ce que le fer aura porté sur la sole et l'aura meurtrie : les pieds plats y sont sujets.

Remède. — Il faut parer le pied pour ôter toute la sole meurtrie, afin d'évacuer toute la matière, et panser la plaie comme une enclouure, ci-après. Si le mal est dans son commencement, il sera bientôt guéri ; s'il est grand, il faut du temps. L'huile de merveille et l'emmiellure rouge, quand on a donné jour à la bleime, l'auront bientôt guérie ; ou bien vous ferez bouillir ensemble un oignon de lis, de l'huile d'olive et de la poix de Bourgogne par égales portions, que vous appliquerez sur la sole avec des étoupes, que vous retiendrez avec des éclisses passées sous le fer.

BLESSURES. — *Coups de fer ou de feu.*

Remède. — Rien n'est meilleur que l'eau d'arquebusade ou vulnéraire pour les blessures profondes ; on en seringue dans la plaie et on y met une tente mouillée de cette eau.

Voici un onguent qui est aussi très bon pour toutes sortes de blessures et de plaies :

Prenez gomme 1 hectogramme-25 grammes, raisins de pin 80 grammes ; faites-les bouillir et passez dans un tamis ; incorporez-les avec 3 hectogrammes 80 grammes de térébenthine ; mettez sur le feu ; ajoutez de l'aloès pulvérisé, de la myrrhe, de l'huile de baume, 16 grammes de chacune, autant de sang-dragon ; le tout réduit en onguent ; plus il est gardé, meilleur il est : il apaise la chaleur et le feu, et guérit les plaies en peu de temps ; il en étanche le sang et les préserve de la pourriture, fait sortir les esquilles et convient aussi pour les enclouures.

Pour les blessures sous la queue causées par la croupière, il faut, si c'est en marche. faire coudre une chandelle dans le culeron ; en se fondant elle-même, elle desséchera la plaie ; mais si le cheval est en repos, on mettra du charbon pilé tous les jours sur la plaie.

Les blessures sur le boulet se traitent comme la nerf-ferrure avec l'althéa, l'onguent rosat et le populeum. Avant d'employer les remèdes ci-dessus, avoir soin de faire bouillir une poignée d'auguremaine et d'en laver les plaies avec son jus.

Boiteux. — Quand le cheval sera à l'écurie, si vous lui voyez avancer un pied plus que l'autre, soit le devant ou le derrière, sans s'appuyer dessus, il n'y aura plus de doute qu'il est mal à son aise. Si cela vient du fer, on le fera relever ; mais s'il a le pied chaud, il boite de fatigue ou de quelque accident qui lui sera arrivé et que vous ignorez. En ce cas-là, appliquez-lui le cataplasme suivant :

Prenez la quantité que vous jugerez nécessaire de quelque légume que ce soit, comme laitue, choux, mauve ou guimauve, feuilles de navets, ou les navets mêmes qui valent encore mieux ; faites-les bouillir dans l'eau ; quand ils sont cuits, pressez-en l'eau dehors ; mettez-les dans une terrine ou autre pot, et ajoutez-y de 95 grammes à 1 hectogramme 25 grammes de saindoux ou de beurre; mêlez le tout et l'appliquez aussi chaud qu'il se pourra dans le pied et autour de la jambe avec un linge par-dessus. Le lendemain, quand le maréchal viendra pour lever les fers, il trouvera la corne amollie et pourra plus aisément découvrir, en lui parant le pied, s'il est encloué; ou s'il n'est que foulé ou meurtri, le seul cataplasme le guérira; mais vous observerez de ne jamais laisser le maréchal se servir d'huiles chaudes ou fortes, qu'il fait pénétrer avec un fer rouge, ce qui est capable d'estropier le cheval.

Bouleté. — *Remède*. — Il faut, en ferrant, abattre les talons jusqu'au vif et faire déborder et relever un peu le fer de devant, graisser le nerf de graisse douce de saindoux, de lavures de vaisselle, d'herbes émollientes, ou d'onguents adoucissants décrits à l'article des jambes arquées.

Pour les chevaux qui bronchent sans être bouletés, il faut les ferrer de même en relevant la pince des quatre pieds; mais si cela vient de faiblesse des épaules ou des jambes, il faut les bassiner avec des herbes aromatiques, cuites pendant trois heures dans la lie de vin rouge.

Barbes ou Barbillons. — Ce sont de petites excroissances charnues qui ressemblent à la figure des barbes d'un poisson, qu'on nomme barbillon, et qui viennent dans la bouche du cheval : ce mal, plus incommode que dangereux, empêche le cheval de boire et manger.

Remède. — Coupez les barbes ou barbillons le plus près possible, les frotter ensuite avec du sel et du vinaigre.

CAPELET. — Le capelet est une tumeur tendre. mollasse et même. mobile, et qui naît à la tête ou pointe du jarret, et ne fait pas d'abord grande douleur au cheval; ce mal provient de coups, ou de ce que le cheval s'est frotté les jarrets trop fortement contre quelque corps dur, comme le palonnier, les barres ou le mur, On le guérit aisément dans le commencement, mais il ne faut pas le négliger ; on n'en vient pas aisément à bout quand il est vieux, et le cheval n'est plus capable d'un grand travail.

Remède. — Il faut frotter cette grosseur d'abord avec du savon et de l'eau-de-vie pendant plusieurs jours ; et si cela ne suffit pas, on y mettra un emplâtre de sel ammoniac, de vin et de gui de chêne, qu'on renouvellera jusqu'à ce que la tumeur soit dissoute.

CHANCRE. — Le chancre est une maladie contagieuse qui forme des plaies à la langue et qui la ronge.

Remède. — Il faut gratter toutes ces plaies avec une cuiller ou pièce d'argent, afin de ne pas les envenimer, et les frotter ensuite de sel, poivre, vinaigre et ail mêlés ensemble, ensuite avec de la couperose.

CORS. — Cors ou duretés qui viennent sur le dos.

sous les arçons d'une selle trop dure ou sur des plaies.

Remède. — On lève ces derniers assez facilement avec un bistouri ou un bon couteau, et l'on fait couler ensuite du suif fondu tout chaud sur la plaie. Quant aux autres, plus adhérents, il faut les amollir en les frottant avec de l'onguent de Montpellier toutes les dix-huit heures ; il fera tomber l'escarre que l'on pansera ensuite avec de l'essence de térébenthine et de la charpie faite avec de vieilles cordes pelées et mise presque en poudre. S'il y a grande plaie et qu'il faille dessécher, mettez des cendres de coquilles d'œuf, ou des feuilles de tabac vert pilées, ou de la chaux vive éteinte dans une égale quantité de miel.

COUPS DE PIED. — *Remède*. — Il faut frotter pendant plusieurs jours l'enflure qui en provient avec de l'eau-de-vie et du savon de Marseille, ou de l'eau-de-vie de lavande la plus vieille jusqu'à ce qu'elle mousse ; si cela ne suffit pas, prenez environ quatre litres de vin rouge que vous ferez bouillir doucement sur un feu clair, en le remuant toujours ; dès qu'il s'apaisera, vous jetterez un kilogramme de farine de froment, cinq hectogrammes de miel et autant de savon noir ; et lorsque vous jugerez que cet onguent sera dans sa perfection, vous en frotterez les endroits frappés et enflés, ce qui produira un bon effet.

COURBATURE. — La courbature est pour les animaux ce que la pleurésie est pour les hommes.

Remède. — Comme cette maladie est accompagnée de fièvre qui est ordinairement très violente, il faut saigner le cheval et lui donner, matin et soir, un lavement émollient et rafraîchissant, ainsi qu'on doit faire dans toute maladie aiguë.

Ensuite on donnera au cheval courbatu 64 grammes de foie d'antimoine dans du son mouillé, tous les jours, jusqu'à ce que la courbature soit guérie.

Si le cheval est dégoûté, on lui fera prendre la composition qui suit : 5 hectogrammes de miel, demi-verre de bon vinaigre et un peu de farine de froment cuite au four ; on mêle le tout ensemble ; on le fait cuire doucement dans un pot ; on y ajoute de la cannelle râpée et pour 5 centimes de clous de girofle pulvérisés ; cette composition étant cuite, on la fait prendre au cheval.

Si ces remèdes ne réussissent pas, prenez 1 litre de bière, 2 hectogrammes 50 grammes de bon miel blanc, 2 hectogrammes 50 grammes d'huile d'olive, 3 hectogrammes 75 grammes de fleur de soufre ; mettez le tout dans 1 litre de bière, et avec la corne faites avaler ce breuvage au cheval que vous tiendrez bridé cinq heures devant, autant après. On peut le réitérer cinq ou six jours après si le cheval n'est pas guéri.

Courbe. — Tumeur dure et calleuse, qui vient en longueur au dedans du jarret, et aux chevaux de tirage plutôt qu'aux autres, quand ils font quelque effort.

Remède. — Quand elle est récente, on applique dessus un rétoire, c'est ce qu'on appelle vulgairement un vésicatoire ; mais si elle est ancienne, le feu même y fait peu de chose : il est pourtant seul capable de l'arrêter ; il est vrai qu'il ne la dissipe pas toujours, mais il empêche le progrès. Tous les autres remèdes y font peu d'effet.

CRAPAUDINE. — Ce mal vient sur l'os de la couronne à un demi-pied au-dessous du sabot, à la partie antérieure tant de la jambe de devant que de celle de derrière, formant un ulcère, par où distille une humeur âcre et mordicante ; c'est quelquefois le reste d'une atteinte qu'un cheval se sera donnée en passant un pied sur l'autre.

Remède. — L'onguent pompholyx, succédant aux remèdes antérieurs décrits pour les eaux, est un dessiccatif des plus convenables et des plus efficaces.

CREVASSES. — Les crevasses et *mules traversières* sont à peu près le même mal ; ce sont des fentes plus ou moins grandes au pli du paturon, qui sont causées, surtout en hiver, par l'âcreté des boues des rues ; quelquefois aussi, l'acrimonie d'une humeur mordicante qui flue par ces fentes et sent parfois mauvais.

Remède. — L'huile de lin ou de chènevis, avec de l'eau-de-vie battues ensemble, sont un bon remède fort adoucissant dont on frotte les crevasses.

Crins. — La principale cause de ce que les crins de l'encolure et de la queue des chevaux ne sont pas longs et garnis, c'est le peu de soin de ceux qui pansent les chevaux, qui ne lavent point les crins, ou lavent superficiellement le haut seulement de la queue pour ôter la crasse qui est à la racine des crins, et sans les démêler doucement et laver par le bas, ce qui les oblige à frotter et les déchirer. Il faut en outre, tous les mois, couper le bout de la queue, non-seulement pour la rendre égale, mais aussi pour la faire croître ; il ne faut pas qu'elle passe le fanon : le cheval, en reculant, marcherait dessus et se l'arracherait.

Remède. — Si ces attentions ne suffisaient point, il faut se servir d'urine de vache avec du vin blanc bouillis ensemble pendant trois ou quatre heures, dont on lave la queue et les crins à leur racine.

Dartres. — Dartres, soit vives, soit farineuses. C'est toujours un vice de cuir ou espèce de gale qui provient des mêmes causes et qu'on traite de la même façon.

Remède. — Après les remèdes généraux intérieurs, ou la saignée, ou les purgatifs, on se sert du savon noir avec de l'eau-de-vie dont on frotte les plaies dartreuses, et ensuite des autres remèdes pour la gale ; mais il en faut user plus longtemps, et on donne au cheval 32 grammes de foie d'antimoine et autant de poudre de réglisse, matin et soir, dans le son ou l'orge qu'il lui faut donner pour nourriture, et continuer au moins sept semaines l'antimoine et les remèdes extérieurs. On peut, pendant la cure, réitérer quelques saignées.

Dégout. — *Remède.* — Quand on voit qu'un cheval est dégoûté, qu'il cesse de manger, ou mange plus lentement que de coutume, sans autre symptôme de maladie, on peut mettre dans deux verres de verjus, ou de vinaigre, sept à huit gousses d'ail concassé, du sel menu, 2 hectogrammes 50 grammes de miel ; vous y tremperez un linge que vous roulerez en forme de billot, pour lui faire mâcher, en l'attachant par les deux bouts au licol et au bridon.

S'il lui est venu des espèces de cloches dans la bouche, comme de petites peaux blanches, on les frotte de sel et de vinaigre.

Si le dégoût lui vient d'un vice dans l'estomac, mettez-lui dans la bouche deux onces d'assa-fœtida enveloppée dans un linge, ou une branche de laurier frottée de miel rosat, en forme de billot, pendant deux heures. L'herbe appelée presse ou queue-de-cheval, et aussi les raves ou raiforts avec leurs feuilles, remettent en goût les chevaux.

Si un cheval dégoûté ne veut toujours point manger après qu'on lui a fait les petits remèdes ci-devant indiqués, faites-lui prendre 64 grammes de foie d'antimoine bien brouillé dans un litre de vin.

Démangeaisons. — Il survient aux chevaux, surtout quand ils ont peu de repos, des démangeaisons sur différentes parties du corps, de sorte qu'ils se frottent jusqu'à emporter le poil.

Remède. — Si ce sont de jeunes chevaux, la saignée, les passer à l'eau, le son au lieu d'avoine, et boire à l'eau blanche, tout cela les rafraîchit et ôte la cause des démangeaisons.

Si la démangeaison est à la tête, après la saignée, mettez le cheval au son avec le foie d'antimoine, ou le cristal minéral, pour le rafraîchir avant que de frotter avec les remèdes indiqués ici.

Si c'est à la queue et que le cheval se la frotte beaucoup, au lieu de donner un coup de flamme sur la queue, comme font les maréchaux, il vaut beaucoup mieux, après la saignée ordinaire, la frotter avec de l'eau et du sel ou du bon tabac trempé dans l'esprit de vin, et en frotter la racine tous les jours.

On voit quelquefois des chevaux se frotter les jambes jusqu'à emporter le poil. Les vieux y sont plus sujets que les jeunes. Pour y remédier, prenez 64 grammes d'euphorbe en poudre fine, deux poignées d'arbrisseau pilé en poudre, mettez-les infuser pendant une heure dans un litre de bon vinaigre sur les cendres chaudes, puis frottez-en les jambes du cheval, après les avoir bien bouchonnées : il guérira tout au moins après la seconde application.

DESCENTE. — On la connaît par l'enflure des jambes du cheval qui sont quelquefois grosses comme la tête ; ce mal vient de quelque effort qu'il a fait.

Remède. — Les descentes ne sont pas toujours douloureuses ; dans les grandes descentes, le cheval est toujours fort resserré, ce qui est contraire à son mal ; c'est pourquoi il faut lui donner d'abord un lavement laxatif, puis lui faire prendre le breuvage suivant :

Prenez trois poignées de mélilot, autant de pariétaire, et pareille quantité de camomille ; on les met dans deux litres d'eau, qu'on fait bouillir et réduire à moitié ; on passe cette décoction, on y met 2 hectogrammes 50 grammes d'huile d'olive, un demi-litre de verjus, 1 hectogramme 25 grammes de miel ; on mêle le tout ensemble et on le donne tiède au cheval ; ensuite le vétérinaire fait rentrer les parties tombées ; si elles se replacent aisément, il n'y a rien à craindre, et l'on appliquera sur les bourses la préparation suivante :

Prenez racine de grande consoude, écorces de grenade et de chêne, noix de cyprès et de galle vertes, grains de sumac et d'épine-vinette, de chacun 1 hectogramme 25 grammes, semences d'anis et de fenouille de chacun 64 grammes, fleurs de grenade, camomille et mélilot, de chacun deux poignées, alun cru en poudre, 2 hectogrammes 50 grammes ; mettez tout le reste en poudre grossière et faites bouillir le tout dans du vin de prunelle, ou dans du gros vin de teinture, avec un litre de grosses fèves. Faites un petit sac en rond pour contenir les bourses ; garnissez-le d'étoupes piquées dedans, vous les imbiberez du remède et l'appliquerez tout chaud sur les bourses pour rétablir les parties dans leur situation ordinaire.

Si ces remèdes ne suffisaient pas, ou qu'on n'eût ni le temps ni la commodité de les faire, le plus court et le plus sûr serait de châtrer le cheval.

Drogues. — Drogues dont il est le plus nécessaire de s'approvisionner pour les chevaux :

La grosse térébenthine.

L'huile ou essence de térébenthine.

Le vitriol bleu pour consumer les chairs.

Le vitriol blanc ou couperose pour les yeux.

La litharge pour mettre sous l'onguent pour les eaux.

Le cristal minéral pour tranchées venant de rétention d'urine.

La graine de lin pour lavements émollients, adoucissants et diurétiques.

L'onguent basilicum pour faire suppurer les plaies.

L'onguent du cocher pour les eaux.

L'onguent de l'althéa pour résoudre les humeurs.

L'onguent populeum pour les inflammations.

L'onguent apostolorum pour modifier les plaies et ulcères et les cicatriser.

L'égyptiac pour déterger et consumer les chairs baveuses et faire sécher et résister à la gangrène.

L'huile de laurier pour résoudre les tumeurs et fortifier les nerfs contre les tumeurs froides.

Eaux des jambes. — Il survient quelquefois aux paturons, aux boulets, des eaux blanches, gluantes et puantes, qui gagnent même toute la jambe et qui suintent au travers du cuir sans y faire d'ouvertures sensibles.

Les chevaux fatigués peuvent être attaqués de ce mal, et c'est une marque de jambes usées. Il faut y faire attention d'abord qu'il paraît, pour en prévenir les suites dangereuses ; quand on le laisse vieillir, il survient des grappes, des crevasses ou des poireaux qui rendent le mal incurable.

Remède. — Avant que d'employer les dessiccatifs à l'extérieur, il faut commencer par une légère saignée, et, le même soir, un lavement émollient, pour le préparer le lendemain matin à un breuvage purgatif, où l'on fera entrer le mercure doux, ou l'*aquila alba*, selon les progrès du mal ; on réitère ce breuvage toujours précédé du lavement émollient ; le cheval suffisamment évacué, on lui donnera le crocus *metallorum*, le matin, dans du son, 16 grammes, mêlés avec 1 hectogramme 50 grammes d'ethiops minéral sans feu, en augmentant chaque jour de 25 centigrammes jusqu'à 3 hectogrammes. On continue le crocus d'ethiops huit jours, plus ou moins, selon l'effet de ces médicaments, dont on jugera par l'inspection des parties où les eaux ont paru.

La tisane faite avec salsepareille, esquine, sassafras, gaïac, 96 grammes de chaque, bouillis dans quatre litres d'eau réduite à moitié, passée et donnée à la dose d'un demi-litre le matin, délayée avec le son, ou en breuvage avec la corne, est d'un grand secours.

On se contente pour l'extérieur, pendant ce temps-là, de couper le poil sur le mal, de graisser la partie et de laisser couler la matière ; après quoi l'enflure se trouve souvent dissipée, la partie se sèche d'elle-même, et il ne s'agit alors que de la laver avec du vin chaud et de la tenir propre ; s'il y a encore de l'écoulement, on substituera au vin de l'eau-de-vie et du savon fondus ensemble sur le feu ; et si le flux est plus considérable, on bassinera avec de la couperose blanche et de l'alun bouillis ensemble dans de l'eau ou de l'eau seconde, et l'on purgera sans crainte le cheval, qui guérira, sous cette foule d'émollients, d'eaux et d'onguent, etc.

Il peut arriver que la liaison du sabot et de la couronne commence à se détruire. Alors on desséchera les eaux en cet endroit seul avec l'onguent pompholyx, et on les laissera fluer partout ailleurs jusqu'au moment où l'on pourra recourir aux remèdes externes ci-dessus.

Si les chairs surmontent alors, on se servira de légers caustiques que l'on mêlera avec de l'égyptiac pour les consumer, et on suivra la même méthode que pour les plaies ordinaires.

Pour faire l'égyptiac, prenez 1 kilogramme de miel, 2 hectogrammes 50 grammes d'alun, autant de couperose, 1 hectogramme 25 grammes de noix de galle, 32 grammes de sublimé, le tout en poudre ; passez au tamis, mettez sur le feu, en évitant la vapeur, et aussitôt que le miel commence à bouillir, retirez et oignez la partie tous les jours : cela résiste à la gangrène, modifie et sèche les ulcères, ronge les chairs corrompues et nettoie les ulcères *sordides*.

Les eaux qui endommagent la queue, comme une humeur dartreuse, doivent être traitées avec les mêmes remèdes ; elles sont quelquefois si opiniâtres qu'on est obligé de frotter le tronçon, après en avoir coupé les crins, avec l'onguent napolitain, néanmoins après avoir employé intérieurement les remèdes généraux et spécifiques.

Quand les eaux ne sont pas considérables et ne proviennent pas d'un vice intérieur, et que ce sont plutôt des crevasses et mules traversières qui suintent et sont occasionnées particulièrement par l'âcreté des eaux des rues, leur cure est certaine de réussir avec l'onguent du cocher, dont voici la composition :

2 hectogrammes 50 grammes de miel, 64 grammes de litharge, 32 grammes de vitriol, le tout mêlé ensemble sur un petit feu, en remuant bien, adoucit et sèche les eaux, sans les dessécher trop vite. Et si les jambes sont enflées, lavez-les avec de l'urine ou de l'eau de lessive.

Ebullition de sang. — On voit de certaines petites enlevures qui surviennent aux chevaux par tout le corps et qui font plus de peur que de mal ; car on les prend quelquefois pour du farcin, lorsque ce n'est qu'une ébullition de sang.

Remède. — Il n'y a qu'à faire manger du son au cheval, en y mêlant du foie d'antimoine, 32 grammes par jour ; il sera bientôt rafraîchi et les ébullitions disparaîtront.

Quoique ce mal vienne de l'abondance du sang, qui excite par tout le corps une chaleur extraordinaire, il ne faut cependant saigner le cheval que quand le remède ci-dessus ne fait pas d'effet ; car souvent la saignée fait rentrer les ébullitions et donne la fièvre au cheval ; ce n'est donc que quand le mal s'opiniâtre qu'il faut, de nécessité, pour calmer et purifier le sang, avoir recours à une petite saignée ; si par l'événement elle se trouvait faite mal à propos ou sans fruit, il faudrait donner au cheval le lavement suivant :

Guimauve, pariétaire et feuilles de mauve, deux poignées de chacune ; faites-les bouillir dans deux litres d'eau commune, coulez la décoction et prenez-en trois demi-litres ; faites-y dissoudre 2 hectogrammes 50 grammes de miel ordinaire, mêlez-y 65 grammes de séné infusé, et donnez ce lavement au cheval. Une heure après, prenez 25 centilitres de vin ; mettez-y 32 grammes de thériaque, et donnez-lui ce breuvage.

Écart. — Effort d'épaule, cheval entr'ouvert ou faux écart. Quelques personnes se trompent souvent à cette maladie quand elles sont instruites de sa cause, en traitant dans le pied un mal qui a sa source plus haut. Comme elles voient le cheval b iter, elles passent plusieurs jours à y faire des remèdes inutiles, puis elles parlent de le dessoler, et, au bout de plusieurs semaines, s'avisent enfin que le mal pourrait bien être dans l'épaule. C'est pourquoi lorsque l'on voit un cheval boiter, il est de conséquence d'en rechercher la véritable cause. Il faut d'abord examiner le pied qu'il lève, la fourchette et la sole, faire lever le fer pour voir s'il ne cacherait pas le mal ou s'il ne

le causerait pas lui-même pour être trop serré, ou
quelque clou qui serrerait trop la veine ou le petit
pied, etc., etc. Puis, avec des tuquoises, on pince la
sole et le sabot tout autour, après avoir fait parer le
pied. Si le cheval ne ceint point à ces épreuves, on
examine le paturon et le boulet, pour voir s'il n'y a
pas d'entorse ; on passe la main le long du nerf en
remontant vers l'épaule, et ne trouvant pas de douleur jusque-là, on la frotte un peu durement en pressant avec la main. Le cheval pourra alors témoigner
quelque douleur, d'où l'on conjecturera que le siége
de son mal est dans cette partie.

On continue de faire promener le cheval un espace
de temps considérable quand il paraît boiter, afin de
l'échauffer et de lui dénouer les épaules ; s'il arrive
qu'après ces exercices il ne boite plus, on en conclut
que le mal était dans l'épaule, et l'on a raison ; mais
s'il boite plus fort, il ne faut pas croire pour cela que
le mal soit dans le pied nécessairement, ce qui arrive
cependant pour l'ordinaire ; mais quand le mal d'é-
paule est considérable, il ne fait qu'augmenter par
cet exercice, et fait boiter le cheval tout bas, aussi
bien que s'il avait mal au pied.

La plus sûre manière pour connaître le mal d'é-
paule, c'est de faire trotter le cheval en main quelques pas, et d'examiner comme il porte toute la
jambe malade. Si, au lieu de porter toute la jambe
sur une seule ligne droite en avant, il décrit un cercle pour y arriver, ce qui s'appelle *faucher*, c'est le
signe le plus certain que le mal est dans l'épaule ; et
quand le cheval, après avoir trotté, est reposé, il

a toujours la jambe malade en l'air et en avant.

Cet accident arrive souvent par une chute ou un effort que le cheval a fait pour se retenir et empêcher la chute.

Remède. — Le cheval étant boiteux de l'épaule ou de la hanche, prenez garde qu'on ne le fasse pas nager à sec ou tirer la hanche pour la lui remettre, en lui attachant une corde, etc. ; ces remèdes sont pires que le mal. Les sérons, les chevilles, le broiement avec une brique, etc., pour des écarts ou des efforts, sont également dangereux ou inutiles pour le moins. Les vétérinaires n'usent jamais de ces moyens. il n'y a que quelques ignorants de campagne qui puissent faire souffrir ces sortes de tortures à ces animaux.

Mais le bain véritable est très bon d'abord, en laissant la partie malade dans l'eau quelque temps. Ce répercussif peut produire de bons effets, ensuite la saignée à la jugulaire et non à l'ars, qui attirerait une trop grande abondance d'humeurs sur la plaie. Les lavements émollients ensuite s'opposeront à la fièvre ; et pour l'extérieur, on observera que les fomentations d'herbes aromatiques sont préférables à l'huile de laurier, à la térébenthine et autres essences trop actives. Ces herbes sont le scordium, l'absinthe, la sauge, le romarin, le genièvre pilé, les sommités de mille-pertuis, de camomille, de bouillon blanc, de thym, etc., etc. On fait bouillir le tout pendant une heure dans la lie de vin.

Si le mal est ancien, on a recours aux remèdes plus forts avec la térébenthine ou autres drogues.

Les épaules froides par elles-mêmes ou entreprises, autrement dit chevillées, sont sans remède.

Le régime est de tenir le cheval au son et à l'eau blanche, peu de fourrage et du repos. Il faudra l'entraver afin qu'il ne se couche pas.

Les boues des eaux minérales chaudes, quand on en a la commodité, sont un spécifique admirable qui procure un entier rétablissement ; et le cheval, sans cela, risque de n'être jamais radicalement guéri, et de boiter de temps en temps.

ÉCHAUFFEMENT. — *Remède*. — Si le cheval paraît échauffé, on lui fait tirer du sang ; s'il est noir, brûlé, fort épais, sortant avec peine, le cheval a besoin d'être rafraîchi ; il faut le mettre au son et à l'eau blanche pendant quelques jours, et s'il était extrêmement échauffé, vous lui feriez prendre en breuvage un litre et demi d'eau de chicorée sauvage et des lavements émollients.

ÉCORCHURE ENTRE LES ARS. — Les ars sont les plis ou parties internes et supérieures de l'avant-bras. On appelle un cheval frayé entre les ars, lorsqu'il est écorché dans le pli du bras, ce qui provient du peu de soin, en pansant le cheval, à nettoyer cette partie, qu'on oublie souvent, et lorsque le cheval a le cuir tendre, ou à la suite d'un long voyage dans des temps de chaleur.

Remède. — Le suif fondu sur le feu et battu avec de l'eau-de-vie est suffisant.

Pour les écorchures ou plaies simples à dessécher

seulement, appliquez dessus, après les avoir lavées avec de l'eau-de-vie, de l'urine ou du vin chaud, du charbon pilé, incorporé avec du vieux oing si le cheval est noir, ou du plâtre en poudre si le cheval est blanc.

EFFORT D'ÉPAULE. — Voyez *Écart*.

EFFORT DE BOULET, ENTORSE OU MÉMARCHURE. — C'est lorsque le boulet se tourne à côté avec violence.

Celles qui arrivent aux jambes de derrière sont plus dangereuses et plus difficiles à guérir que celles de devant.

Remède. — Si l'entorse est grande, il faut prendre gros comme un œuf de couperose blanche, la faire dissoudre à froid dans un litre d'eau, appliquer autour du boulet un linge de quatre doubles imbibé de cette eau à froid, et l'y lier avec une enveloppe. Réitérez cette opération de six heures en six heures, jusqu'à l'entière guérison, qui arrivera en deux jours si le remède a été appliqué avant que le boulet ait été refroidi. A défaut de couperose, il faut frotter le mal avec l'esprit de vin tout autour du boulet, et faire chauffer de l'emmiellure rouge, l'appliquer chaudement avec de la filasse en forme de cataplasme, et l'y laisser vingt-quatre heures, au bout desquelles il faut frotter de nouveau le boulet avec de l'eau-de-vie et appliquer de nouvelle emmiellure sur la vieille, et continuer ainsi jusqu'à guérison.

Si le cheval ne guérissait pas au bout d'une dou-

zaine de jours, prenez du tarc ou goudron 500 grammes, vinaigre très fort 75 centilitres, faites bouillir
cela à feu clair, en remuant souvent, pendant un
quart d'heure, puis ajoutez 64 grammes de bol fin en
poudre, épaississez le tout avec la farine, et appliquez ce remède chaudement sur de la filasse tout
autour du boulet, et le liez ; renouvelez vingt-quatre
heures après. Il n'y a guère d'entorse qui ne guérisse
en trois ou quatre applications.

D'autres, sans tant de façons, guérissent beaucoup
d'efforts de boulet en le frottant tout simplement
d'onguent d'althéa et d'eau-de-vie mêlés ensemble.

Effort du genou. — *Remède.* — L'effort du genou
se traite comme celui du boulet. S'il est négligé,
le genou vient de la grosseur de la tête d'un
homme. En cas d'opiniâtreté, on y met le feu en côte
de melon.

Effort de la hanche, ou cheval épointé, éhan-
ché. — L'animal traîne la hanche en cheminant et
toute la partie malade.

Remède. — Si l'effort est simple, on le traite comme
l'effort d'épaule, ou l'écart ; mais s'il y a dislocation
ou déplacement de l'os, le mal est presque incurable.
On en guérit quelques-uns en attachant une corde un
peu longue au pied du cheval, et l'autre bout à une
roue de charrette renversée par terre, et le faisant
tirer subitement, ce mouvement fait quelquefois rentrer l'os dans sa cavité, mais rarement. Quand l'opération réussit, on fortifie la partie avec des liniments

spiritueux, comme essence de térébenthine et eau-de-vie, et charges dont il est parlé aux efforts des autres parties.

Effort de jarret. — Il se connaît en ce que le cheval boite, le jarret est enflé, et quand on y touche, le cheval y sent de la douleur.

Le *remède* est de saigner du col, de faire prendre le bain d'eau de rivière sur-le-champ, et de charger le jarret du sang mêlé avec de l'eau-de-vie. Quand la charge sera sèche, vous appliquerez par-dessus l'onguent de Montpellier, ou la térébenthine ; puis le même jour, sans ôter l'onguent, huit ou dix heures après, vous frotterez la partie avec de bonne eau-de-vie. Il faut en mettre toutes les fois qu'on réitérera l'onguent. On frotte bien le jarret avec la main, pour faire pénétrer le remède. S'il vient un apostume, on l'ouvre avec un bouton de feu.

Ou bien, appliquez d'abord des herbes émollientes, ou l'onguent althéa, pour apaiser la douleur et l'inflammation ; ensuite mêlez des herbes aromatiques avec des émollientes, et la douleur étant moindre ainsi que l'inflammation, substituez peu à peu les résolutifs, comme la térébenthine, en la mêlant avec toutes les herbes ci-dessus et à la fin, pure. Ce remède est certain, très approprié et plus adoucissant.

Effort des reins. — *Remède.* — Quand vous verrez un cheval feindre des reins, rasez-le à l'endroit de la partie douloureuse, et appliquez-y à froid un emplâtre composé de bol, grande consoude, galbanum, sel ammoniac, sang-dragon, mastic et oliban par portions égales, le tout bien pulvérisé et mêlé avec des blancs d'œufs et de la farine de froment. Au surplus, voyez *Écart*.

EMBARRURE AVEC FOULURE, ÉCORCHURE ET MEURTRISSURE, OU CONTUSION. — *Remède*. — Lorsqu'un cheval s'est pris la jambe dans les barres, s'il n'y a qu'une simple écorchure, ou que la contusion soit légère, et se borne au tégument, l'eau fraîche, l'eau-de-vie et le savon sont des remèdes capables d'en opérer l'entière guérison.

Mais si les contusion et lésion sont considérables, et qu'il y ait de l'inflammation accompagnée d'une vive douleur, la saignée est indispensable, et on y appliquera des cataplasmes anodins faits avec de la mie de pain bouillie dans du lait, à laquelle on ajoutera des jaunes d'œufs, du safran et de l'onguent populeum, pour s'opposer au progrès de l'inflammation.

Ou bien, on oindra la partie avec un mélange de miel et d'onguent d'althéa jusqu'à ce que la douleur s'évanouisse; et à mesure qu'elle se dissipera, on supprimera insensiblement l'althéa, pour y substituer l'onguent pompholyx, ou l'onguent de céruse, toujours mêlé avec le miel; et la plaie étant enfin desséchée par ce moyen, on procurera ensuite la régénération du poil. Il n'y a point de voie plus assurée pour y parvenir que celle d'oindre la partie qui en est dépourvue avec l'onguent suivant:

Prenez pampres de vigne que vous pilerez dans un mortier de fonte. Après en avoir broyé une petite quantité, ajoutez-y du miel. Continuez jusqu'à ce que vous ayez assez de cet onguent, que vous garderez soigneusement pour le besoin, et que vous aurez attention de renouveler chaque année.

Quelquefois le miel seul suffit ; quelques-uns y ajoutent des coquilles de noisettes pulvérisées, ou du liége brûlé, incorporés avec du saindoux.

Ou bien encore, en frottant la partie tuméfiée avec les résolutifs spiritueux, ou en mettant en usage les bains résolutifs aromatiques, on pourra opérer la guérison.

Mais s'il y a enfin épanchement ou infiltration d'humeurs, et que la résolution qu'on doit préférer d'abord soit impossible, on facilitera la suppuration par l'onction d'onguent basilicum ; ensuite on ouvrira la tumeur, quand elle sera amollie, et qu'on sentira avec le doigt la matière formée et prête à sortir.

Le régime, pendant ce traitement, sera de tenir le cheval à l'eau blanche et au son mouillé, sans foin, et lui administrer des lavements émollients de temps en temps.

ENCASTELURE, OU TALONS FERRÉS, de façon que les côtés du sabot sont plus proches l'un de l'autre auprès du fer que dans leur partie supérieure, ce qui presse le tendon du petit pied et fait boiter le cheval.

Remède. — Comme c'est souvent par une fer

mal entendue que les chevaux contractent ce mal, une ferrure bien ordonnée communément les rétablit. Il faut entretenir ces pieds dans l'humidité, autant que l'on peut, parce que la corne, venant à se relâcher, met le pied beaucoup plus à l'aise. L'onguent de pied le plus doux, dont voici la composition, est aussi excellent pour ces sortes de pieds, et pour faire croître la corne, la nourrir et empêcher qu'il ne s'y forme des fîmes ou fentes, et autres accidents provenant de la sécheresse.

Prenez cire jaune, saindoux, huile d'olive; faites fondre le tout ; retirez du feu, et ajoutez ensuite pareille quantité de miel commun ; mêlez-les sur-le-champ, en agitant toujours la matière, jusqu'à ce que, en refroidissant, elle acquière une consistance d'onguent, dont vous graisserez l'ongle, surtout les environs de la couronne à sa naissance, jusqu'aux talons, en relevant le poil que vous rabattrez ensuite, et vous réitérerez deux ou trois fois la semaine. Vous ne manquerez pas aussi de mettre de la terre glaise bien délayée dans les pieds.

ENCHEVÈTRURE. — C'est une plaie ou meurtrissure que le cheval se fait au paturon pour se l'être pris ou dans sa longe, ou dans une corde dans laquelle il s'entortille et le scie pour ainsi dire.

Remède. — Il faut faire un cataplasme avec 64 gr. de térébenthine, un jaune d'œuf, du sucre et de l'huile d'olive : mettez-le sur des étoupes, appliquez sur le mal et le bandez, ou servez-vous du catasplasme indiqué à l'article du cheval boiteux.

Lorsque la coupure est légère, ou même considérable, mais récente, le jaune d'œuf seul appliqué dessus, et des compresses qui en sont imbibées, retenues par un bandage, et renouvelées au bout de vingt-quatre heures, suffisent pour procurer la guérison.

Si la plaie a quelques jours et que les chairs surmontent, employez l'onguent de litharge, connu sous le nom d'onguent *nutritum*, autrement dit en chimie, *triapharrum*, parce qu'il est composé seulement de trois drogues : de litharge, d'huile et de vinaigre, bien battues ensemble.

S'il y survenait un abcès, ou espèce de javart, l'oignon cuit sous la cendre, mêlé avec du vieux oing, et ensuite le bourbillon étant sorti, le vin et le beurre frais fondus ensemble sécheront la plaie.

ENCLOUURE. — Cet accident survient au cheval pour avoir été piqué jusqu'au vif en le ferrant ou pour avoir eu la sole percée et blessée par quelque clou de rue, par un morceau de verre ou un chicot de bois. L'enclouure est d'autant plus dangereuse, qu'elle est plus proche de la pince ou de la pointe de la fourchette, parce que vers la partie antérieure du pied, il n'y a aucun intervalle entre la sole et le tendon ; au contraire, derrière la pointe de la fourchette, on a vu des clous percer de part en part les talons et sortir vers les plis du pied et l'os de la couronne, sans qu'il en soit arrivé aucun accident, parce que le clou ne peut percer dans cet endroit que des parties graisseuses.

Remède. — L'enclouure qui arrive par la maladresse du maréchal, en ferrant le cheval, est ordinairement légère, extérieure au petit pied, et ne fait que le serrer trop ; il suffit de ne point faire marcher le cheval qu'on n'ait ôté le clou qui le gêne.

Si l'on s'aperçoit en route qu'un cheval est encloué, il faut retirer d'abord le clou, ou chicot, etc., qui le fait boiter, tâcher de faire agrandir, le plus tôt qu'on pourra, l'ouverture, et faire fondre dedans quelques gouttes de cire d'Espagne, si l'on n'a rien de mieux à appliquer pour le moment, afin d'empêcher l'ordure d'y entrer ; mais si l'on peut, on y coulera de l'huile chaude, ou bien de l'eau vulnéraire, ou d'arquebusade ; elle vaut mieux toute seule que presque tous les onguents. On peut encore, si le nerf n'est point piqué, faire distiller dans la plaie du jus de feuilles de sureau, et mettre le marc par-dessus, ensuite referrer le cheval à trois clous seulement, garnissant le pied d'étoupes, retenues avec des éclisses, et monter dessus sans crainte. Ce remède est utile en campagne.

Si le cheval est en repos, ouvrez l'endroit percé, faites fondre dans l'ouverture un peu d'onguent diachilon ou de mélilot, en le mettant entre le bout des pincettes échauffées ; mettez un peu d'étoupes et des éclisses par-dessus. Réitérez, et en deux jours le cheval sera guéri. Ne permettez pas que le maréchal mette de la térébenthine brûlante qui ferme la plaie, car le mal pourrait percer par la couronne, ce qui produirait une cure de six mois.

Si le mal ne guérissait pas promptement, on se

servirait de l'huile rouge de térébenthine dulcifiée, ou du baume de copahu, mêlé avec de l'huile et des jaunes d'œufs, le tout un peu chaud, et le défensif autour de la couronne, qui se fait ainsi : 1 kilogramme de suie de cheminée, 2 hectogrammes 50 gr. de térébenthine, autant de poix grasse et autant de miel, six jaunes d'œufs et environ un litre de vinaigre ; on applique ce mélange sur des étoupes dont on environne le paturon et la couronne, pour défendre cette partie contre l'inflammation. Il faut continuer ce remède sept ou huit jours et employer l'onguent de pied autour du sabot. (Voyez cet onguent à l'article *Encastelure.*) Répétez ce pansement tous les jours dans les commencements.

On se sert aussi, pour les clous de rue, du baume suivant, dont voici la recette :

2 hectogrammes 50 grammes d'huile d'olive, 500 grammes d'huile de genièvre, 12 grammes d'essence de girofle, 8 grammes de vitriol bleu en poudre, autant d'aloès succotrin, aussi en poudre, et autant de térébenthine de Venise la plus claire, mettez le tout dans un pot de terre neuf, remuez-le pendant trois quarts d'heure, faites-le bouillir un quart d'heure, laissez refroidir et le gardez dans des bouteilles. On s'en sert avec succès même pour les plaies des hommes.

Mais enfin, après toutes les précautions qu'on a prises, quand la matière vient à souffler au poil, c'est-à-dire que l'apostume paraît sur la couronne, faute d'issue par en bas, il faut parer le pied pour découvrir le mal, et verser dedans de l'huile bouillante de

Gabian, mettre sur la couronne, à l'endroit de l'apostume, un peu d'onguent à froid, composé de 5 hectogrammes de miel commun, 64 grammes de vert-de-gris, autant de noix de galle et autant de couperose verte en poudre, passées par le tamis, à l'exception de la couperose : faire bouillir le tout sur un feu clair pour le bien incorporer, l'ôter du feu et le garder dans un pot bien couvert, et par-dessus ledit onguent, qui sera couvert d'un peu de filasse, appliquer le restreintif de suie, vinaigre et blanc d'œuf, pour resserrer le pied par le haut et obliger la matière à descendre. S'il ne guérissait pas après cela, on le dessolera, mais le pied dessolé ne vaut jamais rien.

On observera que moins le maréchal peut se servir de la sonde, et mieux c'est ; car, sous prétexte de chercher le mal, il en fait un réel.

ENFLURES, FOULURES ET BLESSURES SOUS LA SELLE, SUR LE GARROT ET SUR LES ROGNONS. — Les unes et les autres sont ordinairement l'effet d'une selle trop dure ; ces maux peuvent devenir de conséquence.

Remède. — Dans la cavalerie, quand on est en marche, on fait mettre au cavalier, sur l'enflure de son cheval, un gazon trempé dans le vinaigre ; on met la selle par-dessus et on sangle un peu fort ; l'enflure se dissipe. Sinon, on la frottera avec le savon et l'eau-de-vie ; mais si l'enflure est considérable, on se servira du remède suivant :

Prenez quatre ou cinq blancs d'œufs et les battez

avec un morceau d'alun pendant un quart d'heure ; ajoutez ensuite un verre d'huile de térébenthine, autant d'huile ; battez encore le tout ensemble, et frottez bien de cette composition, matin et soir, la partie enflée. On la nettoie ensuite et on la fortifie avec de l'eau-de-vie, lorsqu'elle est désenflée. Par ce remède, on évite tous les accidents qui peuvent arriver des enflures causées par la selle sur le garrot, sur les rognons et sous la selle.

On guérit un cheval d'une enflure au-dessus de la pointe de l'épaule qui le fait boiter : 1º avec l'oxycrat tiède et un peu de sel pendant trois jours, pour ôter la chaleur ; 2º avec le savon et l'eau-de-vie pour résoudre ; 3º avec l'eau-de-vie seule pour renforcer la partie.

Mais si l'enflure persiste avec chaleur, tension et pulsation, et que vous jugiez qu'il y a de la matière entre le cuir et la chair, il faut changer de méthode ; après avoir lavé le garrot pour en ôter tout l'onguent qu'on y aurait mis, avec de l'oxycrat tiède, dans lequel on aurait mis une poignée de sel, et après l'avoir laissé sécher, vous graisserez doucement la partie d'onguent fait avec 2 hectogrammes 50 grammes de populeum, 1 hectogramme 25 grammes de miel et autant de savon noir ; le tout bien mêlé à froid, y ajoutant un verre d'esprit de vin, et vous réitérerez au moins quatre fois par jour, et tiendrez le mal couvert d'une peau d'agneau.

On peut en même temps faire prendre au cheval des pilules de cinabre pendant deux jours, mais ordinairement on peut s'en passer.

Ce remède peut résoudre le mal sans faire incision, sinon il faudra la faire, pour plus de sûreté, lorsque l'on verra que la matière est formée.

Pour les plaies ou *enflures sur les rognons,* on se conduit de même que sur le garrot.

Pour empêcher la fourbure que causerait l'inaction et défaut de travail pendant le pansement des enflures, des blessures et des plaies, il faut donner au cheval, tous les jours, 64 grammes de foie d'antimoine en poudre, dans du son, pendant quinze jours et plus. Un billot d'*assa-fœtida,* de temps en temps, ne peut que hâter la guérison.

L'ENFLURE DES FLANCS vient au cheval pour avoir mangé de mauvais foin ou autre mauvaise nourriture. Ce mal est mortel, si l'on n'y remédie promptement.

Remède. — On fait une décoction de mauve et de branc-ursine, avec du son qu'on fait bien bouillir ensemble dans deux litres d'eau : on la passe dans un linge, puis on y fait infuser du sel ; on y ajoute du miel et de l'huile d'olive ou de noix ; le tout, étant mêlé, se donne en lavement au cheval ; on lui bouche ensuite le fondement avec des étoupes, on lui frotte bien le ventre et on le promène pendant une demi-heure ; après quoi, il se videra en liberté, ce qui lui procurera une entière guérison.

ENFLURE DES BOURSES ET SOUS LE VENTRE. — Nous ne rappelons point ici l'hernie ou descente dont nous avons parlé plus haut ; celle-ci est causée par la chaleur ou autre cause. Quant à l'enflure du fourreau, si c'est en été, menez le cheval à l'eau une ou deux fois par jour, et l'y laissez une heure chaque fois, cela suffira. Mais, au contraire, en hiver, vous le laverez avec de l'eau tiède, et le frotterez ensuite avec de l'eau-de-vie et du savon noir fondus ensemble, ou bien avec de l'onguent de Montpellier, si l'enflure s'étend jusqu'aux bourses.

Pour l'enflure qui vient des piqûres de l'éperon, il suffirait de faire une forte décoction de bouillon blanc, de vin et de graisse de porc, dont vous frotterez la plaie et l'enflure avec une éponge.

L'ENFLURE DU CORPS et autres se guérissent par le remède suivant :

Une poignée d'absinthe, autant de rue, autant de morelle et autant de bruyère blanche, bois, feuilles et fleurs, qui paraissent entre les Notre-Dame d'août et de septembre. Vous hacherez le tout ensemble bien menu, puis le ferez bouillir dans quatre litres de vin blanc, réduits à moitié : vous les passerez et en appliquerez le marc sur le mal, et partagerez votre remède en deux bouteilles, une desquelles vous ferez prendre au cheval après l'avoir saigné, et l'autre deux ou trois jours après. Ce remède a guéri un cheval d'une enflure au garrot, plus grosse que la forme d'un chapeau, et un autre à qui vingt coups de pied de cheval avaient étonnamment fait *enfler le ventre*, de façon que les matières remontaient du sac par une plaie qui s'était faite.

On peut aussi donner ce même remède pour

d'autres enflures, coups de pied et mal de taupe.

On le donne même pour le cancer et la gangrène, à la dose de deux verres par jour, pendant huit jours.

ENFLURE DE LA CUISSE. — Il y a trois causes ordinaires de toutes les enflures : le coup, la foulure et la fluxion ; les enflures qui proviennent de coups, et où il y a meurtrissure, demandent des résolutifs spiritueux ; les foulures, des remèdes astringents d'abord, et ensuite d'adoucissants ; et les fluxions, des remèdes, tant internes qu'externes, qui puissent dissiper les humeurs ou en dissiper le cours.

Remède. — Pour l'enflure qui vient de fluxion, à laquelle les jeunes chevaux sont plus sujets, et qui peut être un reste de gourme qu'ils n'ont pas bien jetée, il faut saigner d'abord et donner des breuvages cordiaux prescrits dans la gourme, puis mettre sur la partie enflée de l'onguent de Montpellier fondu avec de la poix noire, autant de poix grasse, autant de térébenthine commune, environ un litre de farine et 2 hectogrammes 50 grammes de saindoux ; et en cas que la partie enflée ne fût froide, ce qui est mauvais signe, vous y ajouterez 1 hectogramme 25 grammes d'huile de laurier. (Voyez ci-après l'article de l'*Enflure des jambes.)*

Si l'enflure de la cuisse provient d'autres causes, voyez les remèdes des enflures des autres parties qui sont décrits ici et les appropriez suivant la cause.

Si le cheval est assez vieux pour que ce ne soit

pas un reste de gourme, on peut frotter l'enflure, des jambes surtout, avec parties égales d'huile d'aspic, d'essence de térébenthine et d'eau-de-vie, après avoir purgé le cheval deux fois avec les pilules de cinabre.

ENFLURE DU JARRET. — *Remède.* — Les marchands de chevaux se servent, pour toutes les grosseurs du jarret, d'un mélange de blanc d'œuf, de vinaigre et de terre glaise, mais le bol, qui coûte un peu plus, est aussi plus efficace et par conséquent préférable. Mais ordinairement tous ces remèdes ne font que pallier le mal pour quelques jours, il faut donc avoir recours au feu, qui est communément le seul remède efficace pour ce mal.

ENFLURE DES JAMBES, OU JAMBES GORGÉES PAR LA FATIGUE OU AUTREMENT. — *Remède.* — Si ce mal provient d'humeurs, il faut commencer par saigner et purger le cheval, avant d'employer les remèdes ci-après décrits.

Si l'enflure ne vient que de fatigue, et qu'elle ne soit pas considérable, le repos, l'urine ou la lessive, dont on frotte les jambes plusieurs fois par jour suffiront, ou bien les étuver avec les herbes aromatiques et les herbes émollientes bouillies ensemble dans un seau d'eau, et continuer tous les jours de frotter la partie malade et la bien bassiner avec l'eau et le marc des herbes. C'est aussi un excellent remède pour les coups ou pour les restes des gourmes.

La douche qu'on donne avec la seringue et eau

tiède pendant longtemps, est excellente pour résoudre les grosseurs dans des parties nerveuses, ou bien de la lie de vin seule, épaisse, mêlée avec le quart de bon vinaigre, et appliquée froide tous les jours sur la jambe, la fera désenfler.

Quand l'enflure est endurcie au point que rien n'y fait, il n'y a de remède que le feu.

Pour guérir leurs chevaux de l'enflure des jambes, les uns mèlent quelque peu de soufre en poudre dans leur avoine. Si le mal résiste à ce remède, ils font fondre du saindoux et du savon à parties égales, y mettent un peu de térébenthine avant que de l'ôter du feu ; puis, après avoir coupé le poil de la partie malade, ils étendent dessus la drogue, la renouvelant deux fois le jour, jusqu'à ce que la partie suppure. Après la suppuration, ils purgent l'animal avec des pilules composées avec 1 hectogramme 24 grammes de beurre frais, 64 grammes de savon, deux cuillerées de graine de chanvre pulvérisée, et 31 grammes de sucre candi. Quand le cheval a pris ces pilules, il faut le monter et le faire marcher pendant quelque temps ; et quand on le fait boire pour la première fois, on a soin que l'eau soit tiède.

ENFLURE DU BOULET. FAUTE DE TRAVAIL. — *Remède.* — Lavez-le avec de la lessive jusqu'à ce qu'il soit désenflé : celle de cendres de sarment et de cendres gravelées est la meilleure. Quelquefois l'urine seule suffit, quand il n'y a ni fente ni crevasse.

Emmiellure. — Bonne pour les nerfs et l'inflammation.

Entorse ou mémarchure. — Voyez Efforts.

Éparvin. — C'est une tumeur froide et dure de la grosseur d'une noix, qui s'engendre au-dessous du jarret et en dedans, sur les os de la jointure, ce qui vient aux chevaux naturellement ou par la fatigue. On remarque qu'un cheval en est atteint, lorsqu'en marchant, il relève la jambe tout à coup, et la hausse plus que de coutume. Ces chevaux ne sont ni si commodes ni si vites que les autres; et quoique ce mal ne soit pas si douloureux que dans les commencements, il fait enfin boiter un cheval, et les chevaux de cette espèce ne sont pas bons pour, en tirer race.

On distingue l'éparvin, en éparvin sec et éparvin de bœuf : ce dernier passe pour le plus dangereux.

Remède. — On les mène en eau courante pour les baigner le plus longtemps qu'on peut, on tient la partie grosse, on y met le feu, etc. ; mais je renonce à décrire de prétendus remèdes à un mal qui m'a toujours paru incurable.

Épaules froides, chevillées ou entreprises. C'est un mal sans remède.

L'Éperon est un mal à peu près semblable au capelet ci-devant décrit, si ce n'est que le capelet est une grosseur qui vient à la pointe du jarret, et l'éperon une tumeur qui se place un peu plus haut sur le tendon même qui part de la fesse, et va s'insérer à la tête ou pointe de jarret. On le guérit par les mêmes remèdes. Dans les commencements, il cède à un remède très facile.

Remède. — C'est d'employer par jour huit ou dix seaux d'eau fraîche pour laver, avec une éponge, cette tumeur à plusieurs reprises du matin au soir, et continuer plusieurs jours.

ÉTONNEMENT DU SABOT. — Cet accident arrive dans la fourbure, mais aussi à l'occasion d'un coup sur le sabot, ou d'une chute violente; le cheval alors est obligé, en marchant, de poser le talon le premier, ainsi que nous faisons nous-mêmes quand nous avons mal au bout du pied. Ce mal est quelquefois long.

. *Remède*. — Il faut saigner à la pince du pied où est le mal, et mettre des emmiellures comme à la forbature pour empêcher la corne de se dessécher et un restreintif sur la couronne avec la suie ou le bol et le vinaigre, ou bien avec la térébenthine et le miel. S'il n'y a pas d'amendement au bout de vingt-quatre heures, on ne peut se dispenser de dessoler le cheval, et continuer toujours le restreintif sur la couronne.

ÉTOURDISSEMENT. — C'est le plus souvent en été que ce mal prend aux chevaux; il provient d'humeurs ou pour avoir longtemps été exposés au soleil;

les chevaux ont alors la tête lourde et toujours baissée, les yeux troubles et enflés, ils sont comme assou-
pis, et ne marchent qu'avec peine, souvent même ils
tournoient, s'appuient contre tout ce qu'ils trouvent
et tombent.

Remède. — On saigne le cheval, et quatre jours
après on le purge. Pour cela, faites infuser 96 grammes de séné dans quatre litres d'eau ; ajoutez-y
64 grammes d'agaric ratissé et 1 hectogramme
90 grammes de miel ; faites bouillir et infuser le
tout ; coulez-le et le donnez à boire au cheval quatre
heures après qu'il aura été bridé, et ne lui donnez à
manger que quatre heures après le remède. Les lavements faits de racine de mauve, de miel et de sel sont
encore fort bons contre cette maladie.

De plus, on tiendra le cheval dans une écurie
chaude en hiver, avec bonne litière ; en été, dans
un lieu frais avec beaucoup de paille sous lui, de peur
qu'il ne se blesse, et pour nourriture, du son mouillé,
mêlé avec 32 grammes de foie d'antimoine chaque
jour, pendant quinze jours, ce qui emploiera environ
5 hectogrammes.

FAIM-VALE, VULGAIREMENT DITE FRINGALE. — Elle
arrive aux chevaux chez qui les aliments se consomment trop vite, de façon, quand le mal les prend,
qu'ils restent sur la place, et ne veulent plus avancer, quelque châtiment qu'on emploie.

Remède. — Il n'y en a d'autre que de dételer, et
de leur faire manger un décalitre d'avoine, ou de les
faire pâturer.

Si le cheval tombe comme mort, jetez-lui plusieurs seaux d'eau froide sur la tête, dans les oreilles, dans la bouche et dans les naseaux, sur-le-champ il se relève, boit et mange et continue sa route. Cela n'arrive ordinairement qu'une fois dans la vie au même cheval, dans les grandes chaleurs, les grands froids ou les grandes fatigues.

Le Farcin est une tumeur avec ulcère qui vient de corruption de sang. Il est de plusieurs sortes.

Le Farcin volant se connaît par certains boutons qui viennent par tout le corps comme des clous : il est facile à guérir.

Le Farcin cordé se connaît par de grosses et longues duretés en forme de cordes qui viennent entre cuir et chair le long du ventre et au plat des cuisses ; il se forme dans ces cordes des boutons qui s'ulcèrent et jettent du pus au dehors.

Le Farcin cul-de-poule est très difficile à guérir ; il se connaît par de gros boutons sans pus, presque toujours calleux, les bords de l'ulcère sont d'un noir rouge, et les boutons ressemblent à un cul de poule.

Le cheval prend le farcin lorsqu'il est près d'un autre qui en est infecté ; il le gagne aussi pour avoir mangé trop d'avoine, surtout quand elle est nouvelle, ou du foin nouveau avant qu'il ait sué, ou par un trop grand travail dans les chaleurs de l'été, et la trop grande abondance de sang quand il est échauffé. Ou bien encore, lorsqu'on veut engraisser un cheval trop tôt après une grande fatigue, principalement quand il est maigre et échauffé.

Remède. — J'ai vu des boutons de farcin, pris dans le commencement, et qui n'attaquaient que le cuir, et non l'intérieur, guérir, sans observer tous les remèdes qu'on y fait ordinairement, par la saignée seule, au commencement du mal, et réitérée par la guérison. On ouvrait en même temps chaque bouton avec un fer chaud, de mânière qu'on pût introduire dans l'ouverture du sublimé corrosif, et boucher les trous avec du suif fondu, afin que le sublimé ne sorte pas ; on empêche le cheval d'y porter la dent en lui mettant le collier à cet usage. Les boutons se cicatrisent bientôt, de façon qu'on les arrache aisément, et on les enterre aussitôt pour ne pas empoisonner les chiens. On frotte ensuite la plaie tous les jours avec du saindoux ou de la graisse douce jusqu'à guérison, et pour tout régime, du son, de la paille, et faire travailler le cheval modérément.

Quand le farcin est cordé au lieu d'être en boutons, on perce chaque corde aux deux bouts, et on les panse comme les boutons.

La mumie minérale de Poterius est un bon remède pour frotter les boutons de farcin.

Mais quand le farcin est invétéré, qu'on le juge intérieur et opiniâtre, il faut, après la saignée, purger le cheval, après l'avoir préparé pendant quatre jours, en le mettant au son et à l'eau blanche, et lui donner des lavements émollients. Ensuite vous lui ferez prendre le breuvage suivant :

16 grammes de coloquinte, autant de galanga, autant d'aristoloche ronde, le tout en poudre, 32 grammes de céruse, 16 grammes de baies de laurier, deux têtes d'ail bien pilées, ainsi que toutes les drogues que vous mettrez ensemble dans un pot neuf, sur deux litres de vin blanc ou rouge, et laisserez infuser sur les cendres chaudes pendant douze heures, puis le donnerez tiède au cheval, qui ne doit avoir mangé depuis douze heures, et le couvrirez bien, le laissant encore quatre heures sans manger, et lui donnerez du son pendant plusieurs jours.

Si le farcin était trop opiniâtre, il faut joindre un peu de sublimé avec un peu d'eau-forte, et en mettre avec une plume sur les boutons. Après que le cheval sera guéri, il sera bon, si l'on est en saison, de lui faire prendre le vert. Il n'y a point alors de danger pour les autres chevaux ; mais s'il n'est point entièrement guéri dès la première fois, il faudra réitérer le remède.

En faisant entrer l'aquila alba dans les breuvages purgatifs, et l'usage de quelques diaphorétiques, les boutons se dissiperont, si le farcin est bénin, le tout après la saignée et les lavements émollients.

Ou bien, on lui donnera 64 grammes de chardon à cent têtes dans du son mouillé ; ou encore, depuis 16 grammes jusqu'à 32 grammes de racine de cabaret en poudre, mêlée avec du son mouillé.

L'antimoine a la vertu de purifier le sang. Un cheval attaqué du farcin, et désespéré après l'épreuve de toutes sortes de remèdes, ne fut guéri qu'en lui donnant quatre grammes d'antimoine cru, réduit en poudre, tous les jours, en un tas, au milieu de son avoine. Si le cheval a faim, et qu'on l'empêche de tourner la tête, il l'avale tout d'un coup ; sinon, on mettra de l'avoine sur cette poudre pour la cacher, ou bien l'on en fera des pilules.

Un cheval tourmenté du farcin, qu'on ne pouvait guérir par les remèdes les plus renommés, s'est guéri lui-même, et en peu de temps, en mangeant de la ciguë, qu'il avalait goulûment.

Feu. — Cette maladie se déclare quand le cheval ne peut fienter, qu'il a la bouche brûlante, la tête lourde, pesante et abrutie ; il la laisse aller dans la mangeoire ; le poil et le crin lui tombent, et il perd l'appétit. On peut regarder ce mal, qu'on nomme aussi *mal d'Espagne*, comme une fièvre ardente et continue.

Remède. — Le plus pressant est de faire de petites mais fréquentes saignées, pour dégorger les vaisseaux de la tête. Ces saignées ne doivent pas être trop abondantes, parce que souvent on ferait tomber le cheval en faiblesse pendant l'opération.

Cinq ou six heures après la saignée, vous donnerez au cheval un lavement émollient, composé d'un litre de son de froment bouilli dans deux litres d'eau, avec 2 hectogrammes de miel commun et 64 grammes de beurre frais; passez la décoction et ajoutez-y un poisson de vinaigre commun. Ensuite vous couvrirez le cheval chaudement dans un drap imbibé dans une décoction d'un demi-décalitre d'avoine, avec cinq ou six litres de lie de, vin et trois ou quatre demi-litres de vinaigre. Il faut, avant de donner le lavement, avoir fait vider ou déboucher le cheval, afin que le remède pénètre dans les entrailles et amollisse les matières qui y sont endurcies.

Le lendemain de la saignée, donnez-lui une prise de poudre cordiale, ou à son défaut, parce qu'il n'est pas aisé d'en trouver sur-le-champ, mêlez ensemble 64 grammes de thériaque pour un cheval de selle, ou 95 grammes pour un cheval plus fort ; ajoutez miel de Narbonne et sucre en poudre, de chacun 1 hectogramme 25 grammes, et ferez avaler le tout au cheval dans 75 centilitres de vin blanc mêlés ensemble.

Ou bien, de l'eau de plantain et de la chicorée sauvage, de chaque un demi-litre, sirop violat, 64 grammes pour un breuvage ; observant le même régime de bien couvrir et tenir toujours le cheval chaudement.

Réitérez le lendemain la poudre cordiale ou les remèdes ci-dessus, et, si au bout de quatre ou cinq jours la fièvre ne se modère pas, vous ferez un autre breuvage avec 64 grammes de quinquina en poudre que vous ferez infuser dans un demi-litre de vin émétique et autant d'eau commune où l'on aura fait fondre 16 grammes de cristal minéral : on réitérera ce remède trois ou quatre jours de suite, et on essaiera l'appétit du cheval en lui présentant de la nourriture. Si l'appétit paraît revenu, ce sera un bon signe ; mais il faut, en prenant ce remède, l'avoir tenu au filet quatre heures après, avant de lui donner à manger du son mouillé.

Pour faire la poudre cordiale, prenez baies de laurier, réglisse, gentiane, aristoloche, myrte, raclure de corne de cerf, de chaque 1 hectogramme 28 grammes, semence d'ortie, 1 hectogramme 44 grammes hysope, agaric, rhubarbe, clous de girofle, noix muscade, de chaque 32 grammes : pulvérisez le tout, et le passez au tamis fin, et le garder pour le besoin ; on en fera prendre comme il est dit.

Fic ou Crapaud. — C'est une espèce de poireau qui vient à la sole du pied du cheval, au milieu de la fourchette vers le talon. Il en est presque détaché, et jette une eau qui sent très mauvais. Cette grosseur excède quelquefois la grosseur d'un œuf de poule, et fait boiter le cheval. Elle est très dangereuse et peut être regardée comme une espèce de cancer. Il vient souvent d'un reste de fourbure ou de farcin ; il est plus commun, par cette raison, aux chevaux qui ont les jambes raides, gorgées et les pieds plats, qu'aux autres. Les pieds de derrière, comme plus sujets à rester dans l'humidité, sont plus souvent attaqués de ce mal qui vient surtout quand les chevaux restent longtemps sur les vieux fumiers. Lorsque le mal n'a pas atteint le tendon, le cheval ne paraît pas en boiter aux premiers pas qu'il fait, mais on ne tarde pas à s'en apercevoir. Après avoir été guéri en apparence, on ne doit pas être surpris de voir reparaître le mal, deux ou trois mois après. Etant négligé, il élargit, aplatit considérablement le pied et le rend difforme.

Remède. — Lorsque l'on traite le crapaud avec des dessiccatifs trop forts, il arrive alors que la matière souffle au poil, et offense auparavant le tendon et le petit pied, ce qui est très dangereux.

Il serait inutile de songer à guérir un crapaud s'il y avait des eaux à la jambe qui abreuvassent continuellement une partie qu'on veut dessécher; il faut donc songer premièrement à guérir les eaux, après cela parer le pied, pour pouvoir couper facilement la sole tout autour du crapaud, avec la feuille de sauge ou le bistouri. Il est à remarquer que de cette première opération dépend souvent la prompte ou la longue guérison du crapaud, parce que ce mal ayant des racines qui s'étendent sous la sole, si on les emporte entières en les détachant avec dextérité, le mal guérit promptement; mais si vous en laissez quelques racines, le mal sera plus long et difficile à traiter. Quand la sole est levée, vous ratissez bien exactement tout ce qui paraît tenir de la nature du crapaud avec la feuille de sauge, évitant cependant, autant que faire se peut, de couper une artère qui fournirait du sang; si cependant il survenait une hémorragie, on mettrait pour premier appareil un restreintif fait avec térébenthine et suie de cheminée cuites ensemble, en remuant toujours, qu'on applique chaudement étendue sur de la filasse pour arrêter le sang, et l'on met des éclisses par-dessus. S'il n'y a point d'hémorragie, on applique à froid l'onguent suivant :

1 kilogramme de miel, un demi-litre d'eau-de-vie, 1 hectogramme 90 grammes vert-de-gris, 6 onces de couperose blanche, 4 onces de litharge, 8 grammes d'arsenic et 60 grammes de noix de galle, le tout en poudre très fine que vous mélangerez ensemble dans un pot de terre bien net, et que vous ferez épaissir insensiblement sur un petit feu, jusqu'à ce que la composition soit suffisamment épaisse; il faut la remuer de temps en temps pour qu'elle soit bien liée, et surtout éviter d'en respirer la vapeur.

Les deux premiers appareils doivent rester en place au moins deux fois vingt-quatre heures chacun. En levant l'appareil, il faut examiner si on n'a point laissé de racines au crapaud, bien essuyer avec des étoupes sèches, et si l'on ne trouve point qu'il ait été laissé de racines, laver avec de l'eau seconde et panser avec l'onguent ci-dessus, ne mettant de l'onguent que sur le crapaud et ayant soin de mettre par-dessus les plumasseaux des rouleaux épais, et seulement imbibés d'eau-de-vie des deux côtés du crapaud pour l'empêcher de s'étendre, puis vous remettez-les éclisses et vous tenez le pied le plus sèchement possible.

Si, à la levée du troisième appareil, il vous semble que le crapaud s'élargisse, au lieu de se resserrer, partagez votre composition en deux parties égales ; ajoutez à une partie 3 onces de bonne eau-forte, le tout à froid, et pansez avec ladite partie. Si le crapaud, au pansement suivant, paraît diminué, prenez de l'onguent simple, c'est-à-dire de l'autre moitié, et ne vous servez de celle où vous aurez ajouté l'eau-forte que lorsque les chairs surmonteront.

Si le crapaud gagnait le dedans du sabot ou le tendon, traitez-le alors comme le javart encorné (voyez *Javart)*. Faites-en de même quand la matière souffle au poil, et vous vous servirez le moins que vous pourrez de caustiques violents.

Si le cheval perd l'appétit, donnez-lui quelques lavements rafraîchissants avec le sel polychreste, et lui faites manger tous les jours une once de foie d'antimoine dans du son mouillé.

Quand la cure est achevée, il n'y a pas d'inconvénient, pour éviter la récidive, de barrer les deux veines du paturon. Cela fait, il ne reste plus qu'à faire revenir la chair nécessaire pour remplir certains creux qui se forment dans le pied à l'endroit de la fourchette et ailleurs ; pour cela, on prend de la vieille corde, qu'on pile avec de la poix-résine ; on la met sur la plaie, cela fait revenir la chair ; mais si elle venait en trop grande abondance, comme il arrive quelquefois après avoir appliqué une ou deux fois ce remède, on la lave avec de l'esprit de vin.

Lorsque la chair est revenue partout, on la dessèche avec de la poudre de tartre calciné ; elle fait une croûte qu'on n'ôte point et qu'il faut laisser tomber d'elle-même, et mettre par-dessus de la chaux en poudre délayée avec de l'eau-de-vie.

Fièvre. — Elle paraît seule ou à la suite de quelque maladie qu'elle a accompagnée : cette dernière se guérit en guérissant le mal qui la cause. La fièvre qui paraît seule se connaît quand le cheval est dégoûté, qu'il a la tête pesante, les yeux tuméfiés, remplis d'eau et qui s'ouvrent avec peine ; les lèvres pâlissent, son haleine brûle et sent mauvais, et l'on s'aperçoit d'une chaleur excessive par tout le corps jusqu'au bout des oreilles ; le mouvement du cœur est plus accéléré qu'à l'ordinaire, ce qu'on reconnaît en mettant le plat de la main derrière et au-dessous de l'épaule, sur la région du cœur ; il bat du flanc, paraît insensible aux coups, et, couché, il a de la peine à se relever. Dans la fièvre chaude, il se raidit, il se débat et s'agite violemment dans le frisson, les dents lui craquent, et il tremble par tout le corps. Lorsque la fièvre est violente, les crins s'arrachent facilement, et il paraît à la racine une espèce de petit bouton blanc ; et quand elle dure quelque temps, on lui trouve la bouche pleine d'ulcères. Ces marques doivent faire craindre pour le cheval, si on n'y apporte promptement remède ; car, si dans trois jours il n'est guéri, ou n'a quelque intermission, il est en danger.

Remède. — On ne doit point purger un cheval

quand il a la fièvre, la purgation ne ferait qu'irriter les humeurs qui causent le mal. Mais il faut aussitôt le saigner à la veine du cou, lui tirer environ 1 kilogramme 500 grammes de sang, et le même jour, lui faire prendre un lavement composé de cette manière :

95 grammes de polychreste, deux poignées d'orge dans trois litres d'eau, faites-les bouillir un bouillon, et y mettez des herbes émollientes de chacune trois poignées, faites bouillir le tout ensemble pendant un demi-quart d'heure, laissez refroidir à demi, et après l'avoir coulé, ajoutez-y 95 grammes de lénitif fin, 1 hectogramme 25 grammes d'huile rosat. et le faites prendre tiède au cheval. Le lendemain, vous lui donnerez pour boisson un seau d'eau dans laquelle vous aurez fait bouillir 1 hectogramme 25 grammes de cristal minéral, et l'ayant laissé refroidir, on y mêle un peu de farine pour le blanchir, et on en laisse boire au cheval tant qu'il en veut. Ensuite, pour sa boisson ordinaire, vous mettrez devant lui un seau d'eau blanche avec du son ou de la farine d'orge, qui vaut encore mieux, et lui renouvellerez cette boisson deux fois par jour, ayant soin de bien laver le seau à chaque fois, et de tenir le cheval chaudement en hiver, et en été dans un endroit tempéré ; surtout grande litière sous lui, afin qu'il puisse se reposer, ce qui serait un bon signe, car tant qu'un cheval ne se couche point, il est toujours en danger.

. Il faut toujours séparer des autres les chevaux qui ont la fièvre, de peur qu'elle ne soit contagieuse.

Quand le cheval est guéri et qu'il n'a point de râlement on lui donne, avant que de le mettre au billot, 2 hectogrammes 5 grammes de bon miel blanc dans 25 centilitres de vin blanc, et on lui fait prendre tous les deux jours 64 grammes de baume de copahu dans un demi-litre de vin avec 25 centilitres de sirop de rose.

Flux de sang. — Si le cheval pissait le sang, vous emploieriez la méthode suivante : trois poignées de son dans huit litres d'eau, réduits sur le feu à cinq. Passez cette décoction ; faites-y bouillir une cinquantaine de figues et réduire votre décoction à quatre litres. Pilez d'autre part, dans un mortier de marbre, 32 grammes de semence de melon mondé et 32 grammes de graine de citrouille : versez à mesure que vous pilerez votre décoction goutte à goutte. Vous verserez ensuite par inclinaison l'eau blanchie qui surnagera dans le mortier, et pilerez de nouveau ce qui restera, en versant de même jusqu'à la fin de la décoction goutte à goutte, et ajouterez sur chaque litre 45 grammes de sirop de nénufar. Faites-en prendre au cheval un litre le matin et autant le soir. En été, il n'en faut que pour une prise à la fois, parce que cette liqueur s'aigrirait du matin au soir. Il faut continuer ce remède quelque temps, même après la guérison. Et pendant la cure, le cheval ne doit être nourri que de son chaud ou d'orge grossièrement moulue, et de paille de froment, sans foin ni avoine.

Autre traitement également bon. — Le cheval qu'on

pousse trop au travail pendant les grandes chaleurs de l'été est souvent sujet à pisser le sang, qui est un mal dangereux si on n'y remédie promptement.

Il faut commencer par tirer du sang au cheval, puis on fait infuser 64 grammes de foie d'antimoine dans trois demi-litres de vin blanc. On donnera ce breuvage au cheval tous les matins, et dans six ou sept jours il ne pissera plus le sang, et il sera en état de guérison.

Si on remarque qu'il soit échauffé, on lui donnera tous les soirs un lavement rafraîchissant en cette sorte : Prenez deux litres d'eau, faites-en une décoction avec chicorée sauvage, poirée, mauve, guimauve, pariétaire et camomille, de chacune une poignée ; laissez bouillir le tout jusqu'à réduction à trois demi-litres, mettez-y 64 grammes de miel rosat et trois cuillerées à bouche d'huile d'olive ou de noix, puis vous donnerez ce lavement tiède au cheval.

Outre la nourriture ordinaire, on prend une poignée d'avoine et trois onces de miel. On les met dans un pot avec de l'eau autant qu'il en faut pour faire boire un cheval. On met le tout sur le feu, et lorsqu'il a commencé à bouillir, on le passe et on le fait boire : ce breuvage est très rafraîchissant.

Flux de ventre, dévoiement ou diarrhée. — Lorsque le cheval a mangé de mauvais aliments ou bu de mauvaises eaux, il rend extrêmement plus de liquide que de coutume, sans être digéré, et fréquemment.

Remède. — Pour le simple dévoiement, on fait rougir un morceau d'acier et on l'éteint dans un litre de gros vin rouge, qu'on fait avaler au cheval. Si cela ne suffit pas, on fera usage, pendant quelques jours, du lavement suivant : 4 litres de vin émétique, dans lequel on fera bouillir 20 ou 30 glands de chêne en poudre, les plus vieux sont les meilleurs. Lorsqu'ils auront bien bouilli, on fera prendre cette composition tiède au cheval, en y ajoutant 1 - hectogramme 25 grammes d'huile d'olive. Deux jours après, on lui fera prendre 32 grammes de rhapontic, qui vaut autant pour cette maladie que la rhubarbe du Levant ; on la coupe par petits morceaux qu'on mêle avec son avoine.

Lorsqu'il y a fièvre ou tranchées, que les excréments sont sanglants, et que le fondement est fort échauffé et enflammé, on fait saigner le cheval au col, et on lui donne force lavements avec le bouillon blanc ou la traînasse cuite dans du bouillon de tripes, ou dans la décoction d'une fraise de veau bien grasse, ou d'une tête de mouton cuite avec la laine.

Ensuite, on lui donne un breuvage avec 95 grammes de thériaque dans 75 centilitres de gros vin rouge.

On peut se servir encore du vin émétique dont on lui donne un demi-litre ; il ne fait pas aux chevaux le même effet qu'aux hommes ; il ne les purge presque point, et par une mécanique singulière, il semble les rafraîchir au lieu de les échauffer, et leur donne de l'appétit.

Flux d'urine ou Disurie. — *Remède.* — Il faut d'abord ôter l'avoine au cheval, le mettre au son et lui donner des lavements rafraichissants, comme celui ci-dessus, après l'avoir saigné ; le lendemain, réitérer la saignée et le lavement.

Et pour boisson ordinaire, matin et soir, on lui donnera un peu plus de deux litres d'eau tiède, dans laquelle on mêlera une bonne poignée de bol bien pilé. Lorsqu'on verra qu'il pissera à l'ordinaire, on le remettra peu à peu à l'avoine et au travail.

Forbure. — Ce mal vient aux chevaux par une chaleur extraordinaire à la suite d'un grand travail, ou pour avoir mangé trop d'avoine ou autre nourriture, mais surtout quand, après un travail excessif, on l'a laissé refroidir tout à coup. Alors il ne saurait plier les jambes en marchant et ne les lève qu'avec peine. Il évite de s'appuyer sur la pince ; si le train de derrière est faible, il cherche toujours à se coucher. Lorsqu'il est levé, il recule de la mangeoire en tirant contre son licol, et si on le chasse en avant et qu'on se retire, il revient à reculer encore aussitôt qu'on s'est retiré. Il est dégoûté, triste, enfin les flancs battent, et l'enflure de la jambe devient à quelques-uns si considérable qu'elle corne le pied dedans le sabot et le fait perdre. La fièvre s'y joint aussi quelquefois, ce qui rend la maladie très dangereuse.

Remède. — La saignée est le remède le plus efficace pour cette maladie. On saigne le cheval des deux côtés du col en même temps. Il faut tirer environ 5 hectogrammes 250 grammes ou 1 kilogramme de sang de chaque côté, et sans perdre de temps, car s'il n'est traité brusquement dans les quatre premières vingt-quatre heures, il court risque d'être perdu. Après quoi on lui fait avaler un litre de vin blanc, dans lequel on a fondu sur le feu une poignée de sel, ce qui suffit, sans autre remède, si le cheval n'est fourbu que pour avoir mangé trop de grain.

Mais si c'est pour avoir été surmené et trop poussé, vous le réchapperez en lui donnant un verre d'eau ou de vin, dans lequel vous aurez fait infuser un hectogramme de poudre à canon pulvérisée.

32 grammes de cristal minéral dans une bouteille de vin blanc est encore un bon remède.

Ou bien un demi-litre de suc de joubarbe toute seule. Rien n'est meilleur.

Autre remède pour la forbure. — Faites boire promptement au cheval un seau de lait, que vous lui ferez avaler, de gré ou de force, et mettez sous lui, autour de ses jambes et jusqu'au ventre, du fumier tout récemment sorti de dessous les chevaux, et le couvrez bien : il sera guéri en peu d'heures.

Ou bien encore on donne l'éthiops minéral à la dose de 2 à 3 grammes dans une poignée de son.

Il ne faut pas oublier de faire fondre dans une cuiller de fer 2 hectogrammes 50 grammes de laurier, et l'appliquer bouillant dans les pieds avec des étoupes et des éclisses, deux fois par jour pendant deux jours, pour conserver la sole, ou de l'essence de térébenthine chaude, et au défaut des deux, on y supplée par de la fiente de vache, fricassée avec suffisante quantité de saindoux et de vinaigre, ou de l'orge bouillie chaude.

Le lendemain on recommence à saigner, et la même manœuvre en ce qui peut se réitérer.

Faute de précautions et de remèdes, on est obligé de dessoler le cheval, et quand le sabot se resserre et se rétrécit après l'avoir dessolé, ce qui l'empêche encore de marcher, il faut faire trois rainures sur chaque sabot avec la rainette en patte d'oie, et le bien graisser, tous les deux jours, d'onguent de pied tout autour, et la sole de même, jusqu'à ce que le pied soit rétabli.

Ou plutôt encore, quand les pieds restent douloureux, de façon que le cheval n'ose les appuyer à terre vers la pince et ne marche que sur les talons, il faut mettre dans les pieds une bouillie faite avec 1 litre d'eau-de-vie, 75 centilitres de bon vinaigre, 5 hectogrammes de laurier démêlés dans suffisante quantité de farine de fèves, le tout cuit à petit feu, en remuant toujours; remplissez-en le pied, tout bouillant, de la filasse et des éclisses par-dessus, et de même, mais moins chaude, avec de la filasse autour de la couronne : enveloppez bien le tout, et réitérez toutes les vingt-quatre heures, pendant trois fois. Si le mal n'est pas trop envieilli, le cheval guérira.

Si le mal est tel qu'on entrevoie des difformités sensibles dans la sole, on doit conclure de l'inutilité des médicaments externes, et que les pieds de l'animal seront à jamais douloureux, malgré tous les remèdes et l'industrie de la ferrure.

Il ne faut pas manquer d'avertir que les ligatures que certains maréchaux ignorants font aux quatre jambes du cheval avec des liens de paille ou du ruban, de crainte que la fourbure, disent-ils, ne descende dans le sabot, ne font qu'arrêter la circulation du sang, et sont dangereuses.

FLUXIONS SUR LES YEUX. — Voyez *Yeux* et *Lunatique.*

FORME. — Tumeur indolente, qui croit jusqu'à une grosseur considérable sur la couronne, audessus du quartier extérieur des pieds de derrière.

Remède. — Si la tumeur est molle et paraît remplie d'eau ou de sang, le feu est le remède.

Si la tumeur est dure, donnez la douche d'eau tiède, seringuée de loin avec la grosse seringue, pendant un mois, et, après chaque douche, essuyez et mettez l'onguent de la mère repétri avec la térébenthine, pour faire pénétrer et résoudre.

Si l'enflure résiste à l'onguent de la mère, substituez-y l'emplâtre de ciguë; et si elle ne suffit pas, substituez l'huile de scarabée, et non pas les cantharides, qui font disparaître le poil pour toujours. Il lèvera des cloches qui suppureront; enfin, le feu, quand les autres remèdes seront inutiles.

FORTRAITURE. — Le cheval est dit fortrait, lorsqu'il devient étroit de boyaux et qu'on lui voit à chaque côte, près des bourses, deux petits nerfs comme des cordes, qui règnent depuis les bourses jusqu'aux sangles.

Remède. — Sitôt qu'on s'en aperçoit, il faut saigner le cheval du col, et le lendemain on lui graisse les nerfs avec ce qui suit :

Populeum, althéa et onguent rosat, de chacun 64 grammes, mêlez le tout à froid, et en frottez les nerfs.

Le seigle, sur lequel on aura jeté de l'eau bouillante, étant refroidi, fera une bonne nourriture pour le cheval au lieu d'avoine. Une jointée de froment, avant que de boire, tous les jours, lui ouvrira le flanc et lui donnera bon corps. L'eau miellée est aussi salutaire au cheval fortrait, soit qu'on la lui donne en breuvage ou dans du son mouillé. Si ces remèdes ne font point d'effet, vous lui donnerez du foie d'antimoine dans du son, 32 grammes tous les jours ; et comme la fortraiture peut être fausse, et que la maigreur du cheval peut venir de certains vers qui s'engendrent dans l'estomac, il faut, dans cette incertitude, lui faire avaler 16 gr. de sublimé doux, dans 1 hectogramme 25 grammes de beurre mêlé avec 32 grammes de poudre cordiale, ou 1 hectogramme 25 grammes de cinabre en poudre dans 5 hectogrammes de beurre frais ; cela fera mourir les vers.

Le vert en herbe, ou l'orge en vert, si c'en est le temps, guériront le cheval fortrait sans autre remède.

Foulure. — Voyez *Enflure*.

Fusée. — Voyez *Suros*.

Gale. — Cette maladie est causée par un sang échauffé, quelquefois pour avoir été mis dans une écurie où il y a eu des poules, ou pour avoir été étrillé avec une étrille qui a servi à un cheval galeux ; elle vient aussi aux vieux chevaux qui ont l'encolure trop épaisse, pour avoir été mal nourris ou mal pansés. On s'en aperçoit quand le cheval se gratte le cou sous la mangeoire, que le poil tombe, que le cuir devient ulcéré, et enfin plein de pustules qui sont abreuvées d'un suc âcre et mordant.

Remède. — De quelque nature que soit la gale, donnez-vous de garde de tous les remèdes extérieurs avant de l'avoir traitée intérieurement. Il faut commencer par saigner le cheval, afin que les remèdes agissent plus efficacement, et le purger le lendemain avec 32 grammes d'aloès succotrin, 16 grammes de séné et 10 grammes de fenouil en poudre, infusé dans 75 centilitres de vin, demi-heure avant de le faire avaler. Il faut observer de ne donner au cheval que la moitié de sa nourriture ordinaire la veille de la médecine, et le mettre au filet pendant cinq heures après ; supprimer l'avoine, et ne donner que du son mouillé.

Après que le cheval aura été saigné et purgé deux ou trois fois, si le mal est ancien, il n'y a plus de danger de le frotter avec de la lessive commune,

où l'on aura fait bouillir un hectogramme de tabac.
Si la gale ne guérit pas promptement, faites avaler
au cheval de la fleur de soufre dans du son mouillé,
en petite dose d'abord, ensuite un peu plus, et jusqu'à demi-poignée tous les jours.

Le remède indiqué ci-après, à l'article *Maigreur*,
purge les chevaux et guérit aussi la gale.

On se sert encore de tabac, de lessive forte, de
suie de cheminée et une poignée de sel, dont on
frotte les endroits galeux, après les avoir frottés
avec un bouchon de paille. On guérit quelquefois
ainsi la gale la plus invétérée et la plus abondante.

La mumie de Poterius, dont on frotte la partie,
sert également pour les dartres, et les remèdes
qu'on emploie pour l'un de ces maux peuvent
également servir à l'autre ; comme aussi pour les
rognes rives, la *gratelle* et les *dartres*, l'onguent fait
avec du saindoux et du cinabre mêlés ensemble, ou
l'eau de chaux, sont encore de bons remèdes.

La gale dégénère quelquefois par négligence en
ce qu'on appelle *rouvieux*, ainsi appelé parce que
de cette espèce de gale il sort des eaux rousses,
quelquefois blanches, toujours très puantes et corro-
sives ; elle vient aux chevaux qui sont vieux et qui
ont l'encolure très épaisse. Après l'avoir bien bou-
chonné jusqu'au sang, et avec les dents du peigne
dans les plis de l'encolure, on la guérit en la frottant de savon noir, ou avec de l'ellébore et de l'euphorbe, à la dose de 64 grammes chacune, dé-
layées dans de l'huile la plus commune, et l'appliquer toute chaude.

Les gales les plus rebelles et les plus invétérées disparaissent souvent lorsqu'on abandonne l'animal dans les prairies et qu'il est réduit au vert pour toute nourriture; les plantes dont il se nourrit excitent des évacuations, fournissent des sucs plus doux, capables d'amortir l'âcreté des humeurs.

GANGRÈNE. — L'onguent égyptien résiste à la gangrène.

LA GOURME est un amas et une dépuration d'humeurs que jettent tous les jeunes chevaux par les naseaux ou par les glandes de la ganache qui viennent à suppuration. Ils jettent quelquefois leur gourme par quelque autre partie du corps, ce qui est contre nature et rend leur état plus dangereux. Ceux qui jettent leur gourme plus tôt que trois ou quatre ans sont sujets à jeter plusieurs fois, et de même quand ils jettent imparfaitement.

On appelle *fausse gourme* celle qui vient aux chevaux plus âgés, quand ils n'ont pas bien jeté leur gourme étant jeunes. Elle vient à six ou sept, même à dix et douze ans.

On doit éloigner un peu tout jeune cheval qui jette sa gourme, des autres chevaux; elle se communiquerait aux vieux chevaux comme aux jeunes. La contagion cependant n'est réelle que par le contact immédiat; de sorte qu'il importe particulièrement que le cheval sain ne lèche pas l'humeur qui flue des naseaux du cheval malade, et de ne pas les faire boire au même seau.

Remède. — Il faut tenir le cheval chaudement dans l'écurie, le faire boire à l'eau tiède et blanche, lui ôter totalement l'avoine et ne lui donner que du son. Il est à propos de faire manger par terre tous les chevaux qui jettent : cette attitude facilite l'écoulement des matières par les narines ; mais il faut bien nettoyer la place où l'on met leur nourriture, pour qu'ils ne respirent point de poussière.

Pour faire jeter facilement et en peu de jours un cheval qui jette imparfaitement et avec peine par les naseaux, soit dans la gourme, soit dans la fausse gourme, on lui fait prendre dans son ordinaire, composé de moitié son et moitié avoine pour ce jour-là, matin et soir, une bonne pincée d'une poudre composée de parties égales de graine de paradis, graine de laurier, soufre vif, le tout pulvérisé ensemble et passé au tamis.

Quand les jeunes chevaux jettent dans la prairie, en été, la seule pâture guérit presque tous ceux qui en sont atteints.

Mais quand un jeune cheval se dispose à jeter par les glandes situées entre les deux os de la ganache, qui sont fort gonflées, il faut l'envelopper sous la gorge d'une peau de mouton, la laine contre la peau du cheval ; plus la tumeur sous la ganache est grosse, moins le cheval est en danger, et plus tôt et plus sûrement il est guéri. L'onguent d'althéa et le basilicum seuls suffisent pour frotter les glandes ; à leur défaut, délayez avec du vieux oing une gousse d'ail, un oignon blanc, un poireau ou un oignon de lis.

Quand l'abcès est mûr, on le perce avec un bouton de feu pour faire sortir la matière, ensuite on lave la plaie avec une tente imbibée d'eau-de-vie et de sel, et on en laisse une ainsi jusqu'au lendemain qu'on panse la plaie avec des tentes d'égyptiac pendant trois ou quatre jours, ayant soin de laver tous les jours avec de l'eau-de-vie et du sel avant de mettre l'égyptiac ; au bout de quatre jours que cet onguent aura mangé les mauvaises chairs, on achèvera de panser la plaie avec un digestif composé de térébenthine et d'un jaune d'œuf délayés ensemble, pour la cicatriser.

Hémorragie. — On voit des plaies d'où il sort une grande abondance de sang, pour avoir quelque vaisseau coupé ; le remède ordinaire est d'y mettre le feu, qui fait une croûte et une escarre qui bouche le passage. Voyez *Flux de sang.*

Jambes fatiguées, enflées, foulées, travaillées ou usées et arquées. — *Jambes fatiguées.* — Le trop grand travail qu'on fait prendre aux chevaux leur ruine souvent les jambes irréparablement, si l'on n'y remédie par le repos ou le travail modéré.

Quand les chevaux ont fait une longue journée à la chasse ou autrement et qu'ils paraissent très fatigués, il faut faire bouillir de la bouse de vache, avec un litre ou deux de vinaigre, et environ 2 hectogrammes 50 grammes de sel, jusqu'à consistance de bouillie, et leur en laver les quatre jambes. Ils seront le lendemain aussi frais que s'ils n'avaient pas travaillé de la semaine.

Jambes enflées, foulées et travaillées. — Ces enflures viennent de quelque coup de pied, ou de mauvaises humeurs qui s'écoulent sur les jambes et les gorgent, ou de fatigue. ·

Remède. — Il faut les étuver avec de l'urine, ou avec de la lessive pendant plusieurs jours, avec les herbes aromatiques et les herbes émollientes bouillies ensemble dans un seau d'eau, une poignée de chacune, dont on frotte les jambes avec le marc : c'est un excellent remède.

Quand l'enflure est dissipée, étuvez-les avec les herbes aromatiques seules bouillies dans de la lie de vin ou de la lessive.

Quand elles sont tout à fait usées, il n'y a point de remède.

Jambes arquées. — *Remède.* — On ne peut, en les ferrant, trop abattre les talons, afin de faire étendre le nerf ; et si, après cela, le cheval en boite, il faut frotter le nerf avec quelque ramollitif, comme l'onguent-ci-après :

Populeum, althéa, de chacun 32 grammes ; huile de camomille et de lis, de chacun 16 grammes : le tout mêlé à froid, pour en former un onguent dont vous frotterez le nerf trois fois la semaine, l'échauffant bien auparavant avec la main, ce qui l'adoucira et ôtera la douleur.

On observera de n'employer ce remède que pour de jeunes chevaux dont les jambes sont arquées ; car pour les jambes usées des vieux chevaux, elles sont sans remède.

JARDON OU JARDE. — C'est une tumeur calleuse et

dure qui vient au dehors du jarret, à la différence
de l'éparvin qui vient au dedans : quelquefois il fait
boiter le cheval et l'estropie si on n'y met pas le
feu à propos.

Remède. — Pour donner le feu avec succès, et de
façon qu'il paraisse moins, on peut amollir la partie avec des emplâtres résolutifs, tels que le diachilon gommé et le diabotanum mêlés ensemble avec
un tiers d'onguent d'althéa. Au bout de sept ou
huit jours, vous trouverez la dureté amollie, peut-
être même dissipée ; mais comme ce soulagement
ne peut être de durée, on met le feu dessus en
forme de plume.

Le Javart provient d'une atteinte sourde, ou
contusion sans plaie, et qui forme un abcès sous le
cuir, quand on n'y remédie pas à temps, ou bien
de saleté dans le paturon, ou d'un reste d'humeur
de gourme, car cette partie est aussi le siége de
cette maladie. Ce mal est précisément le même que
le panaris ou mal d'aventure aux hommes. Il est
de trois sortes : le javart simple, le tendineux ou
nerveux, quand il est sur le nerf, et le javart encorné, quand il vient sous la corne ; il est souvent
la cause de ce qu'il faut dessoler le cheval.

Remède. — Quand le mal ne fait que commencer,
et que c'est un javart simple, si la plaie est pleine
de boue et d'ordure, il faut la laver d'abord avec
du vinaigre et du sel, et s'il y a quelque morceau
de chair détaché, il faut le couper ; ensuite on peut
appliquer dessus un œuf dur coupé en deux et pou-

dré de poivre ; on l'applique tout chaud, et on le lie avec un morceau de toile. Si le javart ne guérit pas de la première fois, il faut recommencer le lendemain. Souvent l'urine seule suffit.

Mais quand il s'y est fait un bourbillon, il faut le faire sortir. Pour cet effet, prenez gros comme un œuf de levain avec de la farine de seigle, deux ou trois gousses d'ail pilées et une pincée de poivre. Démêlez le tout dans du vinaigre et le liez sur le javart, le bourbillon sortira et laissera un trou que vous panserez avec l'onguent populeum. A son défaut, vous prendrez 5 hectogrammes de miel, 64 gr. de vert-de-gris en poudre fine et de la farine de froment avec un verre d'esprit de vin ; le tout étant démêlé, appliquez cet onguent avec de la filasse, et pansez le mal tous les jours. Bassinez aussi la jambe, et surtout le nerf enflé, avec du vin chaud et un peu de beurre.

Le Javart tendineux ou nerveux est plus difficile à guérir et plus dangereux que le précédent. On peut se servir des remèdes ci-dessus, ou bien vous prendrez six oignons de lis, cinq ou six poignées de feuilles de mauve et de guimauve, coupées menu et pilées dans un mortier ; cela fait, vous le mettrez dans un pot avec un litre de bière ou vin blanc ; vous y mêlerez du vieux oing, miel, térébenthine commune et beurre frais, de chacun 1 hectogramme 25 grammes ; vous ferez bouillir le tout jusqu'à consistance d'onguent ; puis l'ayant laissé refroidir jusqu'à ce que vous puissiez y souffrir la main, vous en ferez un emplâtre sur de la toile, ou de la filasse, que vous appliquerez sur le javart.

Le blanc de poireau pelé, battu et bien mêlé avec du vert-de-gris et de vieux suif, fait aussi un bon onguent pour le javart.

Le Javart encorné est une matière corrompue qui se forme sous la corne, et qui, pour avoir son issue, fait ouverture à la couronne, en sorte qu'on s'aperçoit, avec la sonde, qu'elle pénètre fort avant. Si le tendon, qui est sous la couronne, est attaqué et corrompu par la matière qui a croupi, la guérison en sera longue, puisqu'il faut faire tomber ce tendon ; mais s'il n'est pas attaqué, le javart sera bientôt guéri.

Dès qu'on s'aperçoit du javart, on est incertain si le tendon est corrompu ; c'est pourquoi on fera bien de donner deux ou trois raies de feu à un doigt de distance des remèdes ci-dessus tous les jours. S'il ne sort point de bourbillon et que les escarres du feu soient tombées, vous démêlerez du sublimé en poudre avec de l'esprit-de-vin, vous en frotterez et en imbiberez bien une tente, et la fourrerez par force dans le trou du javart, et vous imbiberez d'eau-de-vie la filasse qui couvre les raies du feu ; liez bien le tout. Dans deux fois vingt-quatre heures l'escarre sera tombée, après quoi vous panserez le trou d'où est sortie l'escarre avec des tentes bien imbibées d'esprit de vin, d'aloès et de myrrhe en poudre ; s'il vient toujours de la matière, le tendon est attaqué. Il faut alors donner un bouton de feu qui pénètre jusqu'au tendon, laisser tomber l'escarre ; il n'y a ensuite qu'à continuer l'esprit-de-vin, l'aloès et la myrrhe ; et enfin quand il ne vient plus de matière, le cheval est guéri. Après la guérison, la plaie sera tout unie et le javart en dehors ; vous pourrez alors faire travailler le cheval ; mais s'il boite, ou si le javart est en dedans, il faut laisser l'animal en repos et vous servir d'alun brûlé pour sécher la plaie.

Si la chair souffle au poil, il faut mettre dessus de la couperose blanche et de l'égyptiac en poudre, et continuer jusqu'à guérison.

LAMPAS OU FÈVE. — Quelquefois un jeune cheval ne peut plus manger, sans avoir aucun signe de maladie ; mais en lui regardant dans la bouche, on voit alors que la chair du palais surmonte beaucoup les dents, ce qui lui fait de la douleur et l'empêche de manger.

Remède. — On brûle cette chair excédante avec un fer rouge, on ne lui donne ensuite que du son mouillé pendant quelques jours ; et s'il avait perdu l'appétit, on lui frotterait bien toute la bouche avec un bâton entortillé d'un linge trempé dans du vinaigre, dans lequel on aura broyé deux ou trois têtes d'ail.

LANGUE BLESSÉE ET ENTAMÉE. — Il faut frotter d'abord la langue avec du vin tiède, ensuite la bassiner tous les jours avec du vinaigre ou du miel rosat. Cet accident est causé quelquefois par le mors ou par un chancre.

LOUPE. —, Tumeur molle, indolente, enfermée

dans une poche, laquelle vient aux jambes des chevaux entre cuir et chair ; elle grossit insensiblement
et contient une humeur glaireuse, quelquefois semblable à du plâtre, quelquefois à du suif, qui durcit
à la fin.

Remède. — L'emplâtre de Vigo avec le mercure
est bon pour résoudre, amollir et dissiper les humeurs froides et les loupes, etc.

LUNATIQUE. — On appelle un cheval lunatique,
lorsque dans certain temps de la lune il a une
fluxion sur les yeux qui lui obscurcit, pendant des
jours entiers. la vue, qui redevient claire ensuite ;
les chevaux qui ont la tête fort sèche y sont plus
sujets que les autres : c'est à quoi il faut prendre
garde en les achetant ; on ne s'en aperçoit que dans
le temps de la fluxion. La marque la plus assurée
est lorsque les yeux, au-dessous de la prunelle, sont
de la couleur de feuille morte, et le cheval en perd
enfin la vue, soit que le mal vienne de coups ou
fluxion ; et à moins qu'on ne le reconnaisse dans
son commencement, il est inutile d'y chercher aucun
remède. S'il n'est pas ancien, on peut essayer de le
guérir.

Remède. — Retranchez l'avoine. mettez le cheval
au son et à l'eau blanche, donnez-lui le même jour
un lavement émollient pour le préparer au purgatif du lendemain, et vous réitérerez encore quelques jours après. Employez les médicaments incisifs
et atténuants, comme l'éthiops minéral, à la dose de
2 hectogrammes 10 grammes jusqu'à 3 hectogram-

mes 10 grammes, mêlé avec le *crocus metallorum :* vous pouvez y ajouter la poudre de cloporte à la dose de 2 hectogrammes. Il y a encore un remède excellent pour les coups et les fluxions chez un cheval lunatique : c'est de mettre gros comme une noix de *lapis mirabilis* dans une fiole ou bouteille contenant un verre ordinaire ou 25 centilitres. Ensuite mettez de cette eau dans l'œil, ou plutôt lavez-en l'œil avec une éponge sept ou huit fois tous les jours. Vous pouvez alors remplir la fiole d'eau claire, afin qu'elle demeure toujours pleine jusqu'à la guérison ; elle ne sera plus si forte à la fin du mal qu'au commencement, c'est ce qu'il faut. Avant d'en mettre dans l'œil, on remue la fiole, et l'eau devient blanche.

MAIGREUR. — Si la maigreur provient de ce qu'un cheval est dégoûté, et qu'il mange peu, faites les remèdes indiqués ci-dessus à l'article *Dégoût.*

Mais un jeune cheval que le grand travail aura maigri et trop échauffé, se remettra en le faisant saigner, et lui faisant prendre le vert dans la prairie, ou l'orge en vert dans l'écurie, pendant trois semaines.

Une jointée de féveroles dans l'avoine des chevaux, à midi, les soutient dans le travail, les fait changer de poil et les engraisse, quand le travail est modéré.

Une jointée de froment les excite à boire, quand ils ont le flanc altéré, et leur fait bon corps.

Il y a des chevaux maigres et fatigués, qui ont le

flanc altéré, sans être poussifs : pour les guérir, on leur fait prendre, le matin, 2 hectogrammes 50 grammes de miel dans du son chaud. et ensuite on leur donne à manger de la réglisse pilée dans le son ; le soir, on leur donne 2 décalitres de son mouillé. Si le cheval maigre boit bien, c'est une bonne marque.

Enfin il n'y a point de cheval qu'on ne refasse, jeune ou vieux, galeux et pelé. en le faisant saigner deux ou trois fois en trois jours de suite, c'est-à-dire une fois par jour. lui retranchant le foin, lui donnant de la luzerne à la place, le faisant boire à l'eau blanche, et lui donnant une mesure d'avoine le matin dans laquelle on mêlera trois bonnes pincées de fleur de soufre pendant trois jours. A midi, un bon quart d'orge renflée dans de l'eau tiède, ou de la farine d'orge bouillie dans l'eau, et lui faire manger chaud ; le soir, une mesure d'avoine. Après les trois prises de fleur de soufre, il faut mêler de la même façon 32 grammes de crocus ou foie d'antimoine, chaque jour au matin, dans l'avoine, et on leur en fera prendre ainsi 5 hectogrammes 32 grammes, par 32 grammes, ayant soin de les bien panser, de tenir toujours le râtelier garni de paille de froment, l'auge de grosse paille commune de la campagne, surtout si le cheval a l'encolure trop affilée ; cette nourriture l'épaissit et lui donne du boyau. Si la gale, outre cela, reparaissait encore, on y appliquerait les remèdes extérieurs indiqués pour ce mal.

Mal de cerf. — Espèce de rhumatisme universel

qui tient tout le corps raide, mais particulièrement le cou et les mâch ires, de sorte que le cheval ne peut manger, et est autant en danger de mourir de faim que de son mal. Dans cette maladie, il tourne les yeux par un mouvement convulsif, comme s'il allait mourir, de sorte qu'on ne voit que le blanc. Il a par intervalles des battements de cœur et de flancs si grands, qu'on croirait qu'il va périr : la fièvre accompagne cette maladie qui est souvent mortelle, et demande un prompt secours. Elle est communément accompagnée de fourbure et de gras fondu. Si ces accidents n'y sont pas joints, il y a de l'espérance.

Remède. — Il faut saigner promptement à la veine du cou, et réitérer la saignée d'heure en heure pendant douze à quinze heures, n'en tirant qu'un verre à chaque fois ; donner des lavements émollients tous les jours, et frotter la mâchoire et le cou, si le mal ne tient que dans ces parties, avec moitié eau-de-vie, moitié huile de laurier et autant d'althéa, ou bien avec un mélange de parties égales d'huile d'aspic ou lavande, huile de térébenthine et huile de laurier.

Mais si le cheval est attaqué par tout le corps, après le lui avoir frotté avec la composition précédente, enveloppez-le d'un drap trempé dans l'eau-de-vie, ou la lie de vin, si c'est un cheval de prix, et couvrez-le bien.

Si le cheval n'a point de fièvre, donnez-lui, le quatrième jour de la maladie, le matin, à jeun, une prise de poudre cordiale, et le faites boire à l'eau panée.

Et au cas que le cheval ait de la fièvre, donnez-lui le breuvage d'eau cordiale, et le soir un lavement.

Lorsque le cheval commencera à fienter des matières liées et épaisses, cessez breuvage, poudre et lavement, et le mettez à l'usage d'une bouillie bien cuite et bien claire, faite avec de la farine d'orge et de l'eau. Donnez-lui-en une pinte peu à peu, de peur qu'il ne perde haleine en l'avalant.

Tâchez, avant que les mâchoires se serrent trop, de lui mettre dans la bouche un billot gros comme le poignet, enveloppé d'un linge chargé de miel, pour lui tenir la bouche ouverte, et lui mettre de temps en temps la mâchoire en mouvement. Si la bouche était trop serrée pour lui rien faire avaler, on la lui ouvrirait avec un petit coin de bois entre les dents, en le cognant doucement avec un marteau à plusieurs reprises : il suffira qu'il y ait deux ou trois lignes de jour pour lui couler des remèdes et quelques aliments, comme un peu de son ou de farine battue dans de l'eau.

Vous pouvez, pour lui frotter les mâchoires, vous servir de l'onguent des nerfs, décrit à l'article des *Jambes arquées*, ou de celui-ci qui est un peu moins simple, quoiqu'il le soit plus que d'autres compositions, qui ne sont pas préférables :

Prenez, au printemps, 1 kilogramme de jeunes pousses ou rejetons de genièvre, pilez-les dans un mortier de marbre. Etant réduites en pâte, mêlez-y fort exactement, avec un pilon, 1 kilogramme de beurre frais, puis mettez le tout dans un poêlon sur un feu clair, et faites cuire à gros bouillon un quart d'heure, votre beurre deviendra vert ; alors ajoutez-y encore 1 kilogramme de rejetons de genièvre sans les piler, mais hachés bien menu ; faites bouillir encore un quart d'heure en remuant bien, puis coulez et gardez ce beurre pour le besoin, comme un excellent onguent des nerfs, convenable en toutes occasions.

MAL D'OREILLE. — S'il y a abcès ou ulcère, coupez-le, et le guérissez avec miel et alun.

MALANDRE. — Espèce d'ulcère ou de crevasse qui se fait au pli du genou en dedans, le poil se trouve mouillé et hérissé, en cet endroit, et plein d'une saleté grenue, ce qui provient de l'âcreté des humeurs qui ont pris par là leur écoulement. Quelquefois le cheval en boite.

Remède. — Ce mal n'est pas aisé à guérir, et quand il le serait, il serait dangereux de l'arrêter subitement, l'humeur descendrait dans le sabot, où elle causerait de plus grands ravages.

Il faut commencer, pour procéder avec plus de sûreté, par purger le cheval pour en détourner la source et adoucir seulement le mal. On purgera plusieurs fois pendant la cure, et on fera usage des onguents suivants :

L'huile de lin ou de chènevis et l'eau-de-vie battues ensemble ;

Ou le sureau noir, le populeum et le beurre frais mêlés ensemble, dont on frottera les malandres matin et soir ;

Ou bien frottez-les de savon noir seulement, que vous lavérez ensuite avec de l'urine ou de l'eau de lessive.

Molettes. — Ce sont de petites enflures qui paraissent au dedans et au dehors de la jambe. En les maniant on croirait qu'elles sont remplies de vent ou de sérosités; elles font rarement boiter le cheval. Elles viennent de fatigue et quelquefois de naissance.

Remède. — Le meilleur, c'est l'onguent scarabé; et quand il est appliqué, on présente un fer rouge vis-à-vis pour le faire pénétrer; il fera d'abord enfler la jambe; mais au bout de neuf jours, l'eau-de-vie la désenflera, et la molette, sera absolument dissipée.

Enfin le dernier remède pour les molettes, c'est le feu, qui est un puissant résolutif qui les dissipe, et elles ne reviennent plus.

Morfondement ou Morfondure. — Ce que l'on appelle *rhume* chez les hommes, s'appelle morfondement parmi les chevaux; il survient lorsque, ayant attrapé chaud, on les laisse tout à coup avoir trop froid. On connaît qu'ils sont morfondus lorsqu'ils toussent et jettent des naseaux une liqueur blanche, qui n'est pas encore morve, mais qui le deviendrait si l'on négligeait d'y remédier.

Remède. — On a soin de tenir le cheval dans un lieu chaud et de le couvrir de bonnes couvertures, de lui envelopper le dessous de la gorge avec une peau d'agneau, de lui graisser auparavant le gosier avec 64 grammes d'huile de laurier et 1 hectogramme 25 grammes d'onguent d'althéa mêlés ensemble. Il faut l'en graisser tous les jours, ne lui point donner d'avoine, mais du son chaud avec du miel, s'il le veut manger, et pour boisson, de l'eau chaude avec de la farine.

On donne aussi tout simplement au cheval morfondu une jointée de chènevis matin et soir dans son avoine, ce qui l'échauffe et lui fait tout jeter en huit ou dix jours. Outre cela, il n'est pas mal de lui mettre dans les narines des plumasseaux, c'est-à-dire des plumes avec leur barbe, frottées d'un peu d'huile de laurier, et attachées par en bas. On lui en frotte aussi la ganache et le front.

Mais voici encore un remède plus sûr :

Prenez 4 grammes de beurre frais, 16 grammes de sucre. 8 grammes de réglisse, 4 grammes de poudre cordiale, 32 grammes d'agaric, séné, scammonée et miel rosat, de chacun 4 grammes ; réduisez le tout en poudre ; incorporez-le avec le miel et le beurre ; faites-en des pilules que vous donnerez au cheval morfondu ; il n'est question que de le réchauffer : ce remède produit cet effet et apaise la toux.

Le remède suivant est encore excellent pour la *gourme*, les *eaux*, le *morfondement*, et garantit les chevaux de maladie : ce sont les *pilules universelles*, qu'on appelle aussi *gourmandes*, parce qu'elles donnent de l'appétit aux chevaux. On les appelle encore *pilules de cinabre*, lorsqu'on les roule sur du cinabre ou vermillon en poudre, avant de les sécher ; mais cela est inutile. Elles remplacent aussi ce qu'on appelle *pilules puantes*, parce qu'elles sentent fort.

Prenez parties égales de graine de paradis, graine de laurier, réglisse, soufre vif, sucre, foie d'antimoine et assa-fœtida : le tout du poids de 500 grammes, pulvérisé et passé au tamis. Ces pilules se conservent vingt ans. Donnez au cheval une bonne pincée de cette poudre, ou 32 grammes par jour pendant quinze ou seize jours dans du son, ou bien on en forme des pilules de 64 grammes chacune, incorporées avec miel, et séchées à l'ombre sur un tamis de crin renversé. La dose est de deux pilules écrasées dans du vin ou de la bière, et pourrez réitérer de deux ou trois jours l'un, s'il est besoin, deux ou trois fois.

Morve. — C'est un écoulement d'humeurs crasses, puantes, blanches ou rousses, jaunes ou verdâtres, par les naseaux. On la connaît lorsqu'on voit distiller ces eaux, que les chevaux ont la tête baissée, qu'ils respirent avec peine, maigrissent, s'appuient tantôt sur une hanche, tantôt sur l'autre ; et ce qu'il faut encore observer, c'est qu'un cheval morveux ne jette jamais que d'un côté.

Remède. — Pour guérir la morve, il faut y remédier dès le commencement, parce que, lorsqu'on la néglige, elle devient incurable.

La *morve commençante* est l'inflammation de la membrane pituitaire ou nasale, et rien autre chose d'abord, comme on l'a vérifié nombre de fois par l'ouverture de plusieurs chevaux qui en étaient attaqués.

1° Il faut donc mettre en usage tous les remèdes de l'inflammation ; ainsi, dès qu'on s'aperçoit que le cheval est glandé, il faut commencer par la saignée, et la réitérer souvent suivant le besoin : c'est le remède le plus efficace ;

2° Après cela, on injecte dans le nez la décoction de plantes adoucissantes et relâchantes, telles que la mauve, guimauve, bouillon blanc, pariétaire, mercuriale, etc., les fleurs de camomille, de mélilot et de sureau ; on fait aussi respirer au cheval la vapeur de cette décoction, et surtout la vapeur d'eau tiède où l'on aura fait bouillir du son ou de la farine de seigle ou d'orge. Pour cela on attache à la tête du cheval un sac où l'on met le son et les autres plantes tièdes. (Nous avons vu mettre particulièrement au fond d'un bissac qu'on lie sur la tête du cheval, de l'herbe aux gueux sèche, ce qui le fait éternuer et lui procure un flux de morve considérable.) Il est bon de donner en même temps quelques lavements rafraîchissants, pour tempérer le mouvement du sang, et l'empêcher de se porter avec trop d'impétuosité à la membrane pituitaire ;

3° On retranche le foin au cheval, et on ne lui fait manger que du son tiède, mis dans un sac comme on vient de le dire ; la vapeur qui s'en exhale adoucit, relâche et diminue admirablement l'inflammation. Par ces moyens on remédie souvent à la morve commençante.

Plaies. — Si ce ne sont que des écorchures ou plaies simples qui ne sont pas considérables, l'eau vulnéraire seule et le charbon pilé suffisent, ou le suif et le plâtre pétris ensemble. si le cheval est blanc, ou le charbon pilé, s'il est noir. Si les chairs faisaient calus sous la selle, on couperait le plus dur et l'on dégoutterait du suif chaud dessus, ou l'on y ferait fondre du suif dans du vin, qu'on battra ensemble.

Pour toutes les plaies simples, le vin et le miel battus font un baume qui fait croître les chairs, adoucit et sèche doucement.

Ou bien on se servira d'eau d'arquebusade simple, très facile à faire, également bonne et de peu de dépense.

Un litre de vin blanc du meilleur, dans lequel on fait bouillir 32 grammes d'aristoloche ronde en poudre, avec une poignée de pervenche, que vous ferez bouillir quatre ou cinq bouillons ; on y ajoute 16 gr. de sucre candi rouge, et le poids d'un écu d'or de safran qui sera aussi bouilli ; on passera le tout dans un linge. On en injecte les plaies avec la petite seringue ou en mouillant du coton qu'on fait entrer dans la plaie.

Onguent pour le pansement des plaies. — Prenez gomme, 1 hectogramme 25 grammes, raisins de pin, 85 grammes ; faites-les bouillir et passer au tamis ; incorporez-les avec 3 hectogrammes 70 grammes de térébenthine, mettez-les sur le feu, ajoutez-y de l'aloès pulvérisé, de la myrrhe, de l'huile de baume,

16 grammes, autant de sang-dragon, le tout réduit en onguent; plus il est gardé, meilleur il est : il apaise la chaleur et le feu, ou *inflammation*, qui se met aux plaies, et les guérit promptement; il en *étanche le sang*, les garde de pourriture, fait sortir les os et *esquilles*, est très bon pour les *encolures*, et dans le cas où le *tendon* est offensé. Il a enfin toutes les bonnes qualités des autres onguents qui s'emploient pour la cure de toutes les différentes sortes de plaies et d'ulcères.

Quand les plaies ordinaires sont belles et que la matière n'a point gâté les chairs, on peut se contenter d'un onguent fait avec la térébenthine et l'aloès en poudre, quelques jaunes d'œufs et un peu d'eau-de-vie ; après quoi, lorsqu'elles viennent à guérison, on peut employer l'eau vulnéraire pour empêcher la démangeaison, et les saupoudrer par-dessus d'alun pour sécher, ou de charbon pilé.

Poireaux ou Verrues et Grappes. — Les jambes les plus sujettes aux eaux sont les plus exposées à ces accidents. Ce mal est incommode et dangereux, en ce qu'il revient souvent à mesure qu'on le guérit et qu'à la fin il estropie le cheval.

Remède. — Il faut passer légèrement la pierre infernale sur les poireaux ; à son défaut, les couper et y appliquer la mumie minérale de Poterius, ou, sans les couper, les frotter avec une plume de sublimé corrosif mêlé avec un peu d'eau-forte.

Si les poireaux reviennent, on les percera jusqu'au fond avec un fer chaud, on introduira dans le

trou un morceau de sublimé corrosif, on bouchera le
trou avec du soufre vif fondu, afin que le sublimé
ne sorte pas, ce qui fera tomber les boutons ; on
les fait sécher ensuite en les lavant avec de l'urine
de vache.

Ou bien encore, vous couperez les poireaux et 'y
mettrez de l'onguent fait avec miel 5 hectogrammes, vert-de-gris en poudre 95 grammes, et farine de
fleur de froment, mêlés ensemble, ou de l'égyptiac
fait de miel, vinaigre et vert-de-gris.

Pcison et Morsure d'animaux venimeux. — Quand
un cheval perd tout à coup l'appétit et qu'il enfle
par tout le corps, c'est un grand préjugé pour croire
qu'il a avalé parmi le foin ou l'herbe, ou autre
nourriture, quelque chose de venimeux. Un breuvage composé avec aristoloche, racine de gentiane,
baies de genièvre, baies de laurier, gouttes de myrrhe et raclures d'ivoire, fait un bon contre-poison
et guérit les *morsures* des bêtes venimeuses.

L'eau de Luce est le sûr remède à la *morsure des
vipères,* tant pour les hommes que pour les animaux.

Pousse. — Difficulté de respirer, causée par l'embarras des poumons. C'est proprement ce qu'on appelle l'asthme aux hommes. On s'aperçoit qu'un cheval est poussif à sa maigreur, au battement redou-
blé des flancs qui forment un cordon, et à la toux
sèche qu'il rend en lui serrant le gosier : la pousse
qui a été négligée quelque temps est incurable.

On peut essayer de la guérir dans son commencement.

Quand la viscosité des humeurs bronchiales fait *râler* le cheval, il est à craindre qu'il ne devienne poussif, si l'on n'a recours promptement aux médicaments incisifs, atténuants et fondants, tels que la poudre de lierre terrestre et racines de meum, d'aunée, d'iris de Florence, de cloportes, d'éthiops minéral, d'acier, ou de *plumbum ustum*, etc., qu'il est à propos de lui donner exactement tous les matins, à jeun, dans une jointée d'avoine.

La joubarbe pilée et bien pressée dans un linge, dont on tire un demi-litre de jus, qu'on mêle dans un demi-litre de lait, avec 64 grammes de fleur de soufre, fait un breuvage qui soulage beaucoup le cheval ; et lorsqu'il a le flanc altéré et que la pousse commence, on peut lui en donner de temps en temps, lorsqu'il souffle plus fort.

Bien des gens, malgré l'expérience, croient encore que de mettre un cheval poussif au vert, pour le rafraîchir, le guérit, d'autant que la pousse paraît arrêtée pendant qu'il mange le vert ; mais peu après le mal est empiré.

On a dû commencer par ôter le foin au cheval, et le mettre à la paille et au son pour nourriture ; et quand la pousse est confirmée, on le saigne au cou ; deux jours après, on met 32 grammes de baume de soufre préparé à l'essence de térébenthine, avec 16 grammes de cristal minéral, dans un demi-litre de vin blanc qu'on lui fait avaler. On réitère deux autres jours après, et de même une troisième fois, en diminuant seulement de moitié la dose de baume de soufre. Continuez à lui en donner ainsi de deux jours l'un, ayant toujours soin de le tenir bridé huit heures devant et huit heures après.

Dès le commencement des remèdes, il faut mettre le cheval à l'usage de la poudre suivante, dans du son ou dans de l'avoine :

Fleur de soufre, fenugrec, sucre candi, iris de Florence, limaille d'aiguille, réglisse, de chaque 1 hectogramme 25 grammes; mettez le tout en poudre fine, et donnez-en 16 grammes le matin et autant le soir.

RAGE. — Les remèdes de cette formidable maladie ne sont pas encore assez assurés pour tenter de s'exposer à en donner d'incertains. Le mercure est, jusqu'à présent, ce qui a paru réussir quelquefois, mais encore avec trop d'incertitude.

RÉTENTION D'URINE. — Rarement ce mal est-il sans tranchées, qu'il faut guérir d'abord. Voici un remède qui est également bon à l'un et à l'autre.

Remède. — Faites avaler au cheval 32 grammes de cristal minéral dans une bouteille de vin blanc, ou, à son défaut, 1 hectogramme de poudre à canon, broyée et infusée dans du vin. Je l'ai éprouvé avec succès en voyage, sans avoir été obligé de séjourner.

Mais si la rétention continue après avoir usé d'abord du nitre, du cristal minéral, ou de la poudre à canon, comme on vient de le dire, donnez au cheval le breuvage suivant :

Eau de la forge du maréchal la plus vieille, un litre, poix résine en poudre tamisée, 95 grammes, antimoine cru en poudre, 32 grammes. Passez dans un linge l'eau de forge, laissez infuser toute la nuit la poix résine dedans ; le lendemain, mettez l'antimoine et donnez le breuvage, et réitérez trois jours de suite, ou bien mettre un jour d'intervalle. Si l'urine ne vient pas encore assez, on peut ajouter 64 grammes de poix résine le troisième jour.

Ce breuvage est bon aussi pour les *eaux, poireaux* et *grappes.*

Quand la rétention d'urine est sans tranchées et n'est pas considérable, on fait souvent uriner un cheval en mettant de bonne litière neuve sous lui et jusqu'au ventre ; ou bien en mettant un seau derrière lui, dans lequel on puise et on verse de l'eau de haut, ce qui l'excite, ou bien encore en le menant dans une bergerie.

Sabot desséché. — Le beurre frais, les graisses douces et surtout l'onguent de pied décrit à l'article de l'*Encastelure*, sont bons pour prévenir ce mal.

Saignée et Vaisseau coupé. — Pour arrêter le sang, voyez *Hémorragie* ; mais si le maréchal, en saignant, manque la veine, ne souffrez pas qu'il remette la flamme ou lancette au même endroit, parce que cela fait souvent enfler le col, ce qui est très embarrassant à guérir.

Pour juger de la maladie par le sang, après la

saignée, il faut recevoir le sang dans une terrine et non le laisser tomber à terre. Un litre de sang sera assez pour le première saignée, sauf à réitérer quand vous le jugerez nécessaire. De plus abondantes saignées affaiblissent trop le cheval. Si le sang du cheval est trop échauffé seulement sans signe d'autre maladie, il sera noir, brûlé, fort épais, et aura peine à sortir, ce qui fera connaître qu'il a besoin d'être rafraîchi. Vous mettrez le cheval au son et à l'eau blanche pendant quelques jours. Et s'il était extrêmement échauffé, vous lui feriez prendre un breuvage, trois demi-litres d'eau de chicorée sauvage, et des lavements émollients.

Si le sang est clair et peu rouge, plein de sérosités et mêlé de petites filandres, ce sera signe, au contraire, d'abondance de pituite et de morfondure. Vous lui ferez prendre trois demi-litres de bon vin rouge, avec cannelle, girofle, gingembre et muscade, de chaque 16 grammes, en poudre (voyez *Morfondement*).

SFIME. — C'est une fente aux pieds de devant et de derrière du cheval, qui se fait sur le devant ou sur le côté du pied et va quelquefois jusqu'à la couronne. Cette fente s'ouvre et se resserre, meurtrit la chair du petit pied, fait boiter le cheval et le tient pour longtemps hors de service.

Remède. — Il faut du repos au cheval, lui tenir le pied gras et humide, le traiter comme pour l'atteinte encornée, et même le dessoler, mais après avoir tenté les remèdes suivants :

Si la seime ne faisait que commencer, après l'avoir nettoyée et lavée, on appliquerait horizontalement sur le haut du sabot un S de feu ; on arrête par ce moyen le progrès de la seime, comme par une espèce de lien, parce que la nouvelle corne qui s'y fait est plus souple et moins éclatante. Mais si la fente est considérable, il faut appliquer le même S de feu, de distance en distance, et toujours horizontalement ∽ jusqu'au bas de la seime.

On applique dessus de l'onguent tout chaud, composé de poix noire, térébenthine, colophane et saindoux, parties égales et fondues ensemble ; on lui en remet deux jours après, et ainsi de suite pendant huit à dix jours. Il faut, pendant tout ce temps, tenir le sabot enveloppé et graissé d'onguent de pied (voyez l'article *Encastelure)* ; et si l'on voit la corne raffermie, on peut emplir le creux du pied avec racines d'althéa pilées, et panser le cheval deux fois par jour pendant quelques jours.

SOLANDRE OU CREVASSE AU PLI DU JARRET. — C'est précisément la même chose que la malandre au pli du genou. Les remèdes sont les mêmes (voyez *Malandre)*.

SUROS. — C'est une excroissance calleuse et sans douleur qui vient sur l'os, ou canon de la jambe, en dedans ou en dehors, et quelquefois des deux côtés. C'est un défaut, mais qui n'empêche pas de tirer service d'un cheval, à moins qu'il n'augmente. S'il en vient deux l'un au-dessus de l'autre, c'est ce qu'on nomme une *fusée*. S'il vient entre l'os et le nerf, il est douloureux et rend le cheval boiteux. S'il est sur le genou, ce qu'on appelle un osselet, il estropie le cheval, et l'on ne doit point acheter un cheval avec ces derniers défauts.

Les Suspensoirs qu'on met aux chevaux dans certains accidents des jambes ou des pieds, croyant les soulager, sont dangereux, en ce qu'ils arrêtent la circulation.

Taupe (mal de). — Ce mal vient sur le sommet de la tête, entre les deux oreilles, ou un peu en arrière, à l'endroit où porte le licol, lorsque le cheval tire trop fortement dessus, ou bien lorsqu'il est longtemps exposé le front au soleil, comme sont les chevaux au piquet à l'armée ; ou bien encore de quelque coup sur la tête, ce qui leur fait venir quelquefois une tumeur qui excède la grosseur du poing et qui est remplie de sang extravasé ou d'eaux rousses, quelquefois elle s'étend le long de la crinière et gagne beaucoup en peu de temps, à cause de sa pente.

Remède. — Il faut commencer par saigner promptement le cheval, pour empêcher que le dépôt n'augmente, et réitérer même la saignée, puis raser le poil et mettre sur toute la tumeur une charge avec poix, térébenthine, farine, saindoux, huile de laurier et vieux oing. On purge après quelques jours le cheval et on réitère les purgations de temps en temps, car ces maux sont longs.

Outre la charge qu'on applique sur la tumeur,

on y passe encore à travers un bouton de feu de la grosseur du petit doigt, qui perce d'outre en outre, et ensuite un séton chargé d'un bon digestif de térébenthine et jaunes d'œufs crus. Le lendemain on bassine la place avec de l'eau tiède, et l'on frotte avec une teinture d'aloès, et faisant dissoudre de l'aloès dans de l'eau-de-vie, ou bien de l'oxycrat tiède. Il faut prendre garde que le cheval ne s'écorche en se frottant ; puis on jette sur la plaie de l'eau sèche en poudre, ou de la colophane, ou des os calcinés, ou bien on se sert d'égyptiac.

TEIGNE. — C'est une espèce de vermoulure farineuse qui vient à la fourchette, qui a une mauvaise odeur, et se gâte.

Remède. — Il faut bien parer la fourchette et la laver avec de l'eau-de-vie, ou du vinaigre chaud dans lequel on aura éteint un morceau de chaux vive, et appliquer par-dessus le restreintif de blancs d'œufs, suif et vinaigre.

La TOUX vient au cheval altéré par de trop grandes courses, mais surtout quand il a eu chaud et froid ensuite, ce qui produit les catarrhes, fluxions, rhumes ou morfondements, ou pour avoir avalé quelque plume dans une écurie où vont les poules, ou pour avoir mangé du foin poudreux.

Remède. — Quand la toux ne fait que commencer, trois poignées de feuilles d'éclaire ou chélidoine, hachées et mêlées avec l'avoine ou le son, ou le bouillon blanc, ou le pas-d'âne seul, tout vert et haché, ou mis en poudre parmi l'avoine ou le son, peuvent la faire passer.

Quand la toux est fort sèche, faites boire au cheval la décoction d'herbes émollientes et de racine de grande consoude ; jetez-y un peu de farine pour la blanchir et un peu de miel ; à défaut d'herbes émollientes, on se sert de graine de lin.

Si la toux vient du rhume ou morfondement, quelques-uns coulent dans chaque oreille une demi-cuillerée d'huile d'amandes douces, broient bien l'oreille pour la faire pénétrer, et continuent pendant cinq ou six jours.

Le mieux, si la toux est récente, est de donner tous les jours au cheval 2 hectogrammes 50 grammes de miel dans deux décalitres de son sec, qu'on frotte bien ensemble avec les mains, afin de les bien mêler, et vous ferez bien de continuer pendant huit ou dix jours, et de donner peu ou point de foin au cheval.

Si la toux vient d'avoir avalé une plume, cinq ou six jaunes d'œufs, battus dans 25 centilitres de vin blanc, qu'on fera avaler au cheval, suffiraient pour la faire passer.

Si la toux, provenue d'autre cause, est opiniâtre, un demi-litre d'huile de noix, 5 hectogrammes de miel et 1 hectogramme 50 grammes de poivre blanc concassé et bien mêlés, que vous ferez prendre au cheval, le guériront à la première ou seconde prise. Et si le cheval est trop incommodé de la toux, il n'y aurait pas de mal de le faire saigner auparavant, lui ôter le foin, lui donner une poignée de luzerne pour le faire boire, et préparer l'eau comme il est dit ci-dessus. Cela préviendra la pousse, dont la toux est souvent l'avant-coureur.

Tranchées. — Il y a différentes causes des tranchées ; les chevaux en sont attaqués quelquefois pour s'être déliés dans l'écurie, et avoir trouvé de l'avoine dont ils ont trop mangé ; d'autres fois, par un morfondement, ou une rétention d'urine, ou des vents, ou des vers dans le corps. La passion iliaque est une espèce de tranchées que les maréchaux nomment tranchées rouges : dans celle-ci, le cheval fait des efforts inutiles pour fienter ; il sue aux flancs et aux oreilles. Il est alors en danger.

En général, on reconnaît qu'un cheval a des tranchées lorsqu'il se débat, qu'il se vautre, qu'il ne fait que se coucher et se relever, qu'on entend des bourdonnements dans son corps, que les flancs lui battent, et qu'il les regarde souvent.

Remède. — Si l'on s'aperçoit que c'est pour avoir mangé trop d'avoine, il faut le vider, et lui donner des lavements émollients.

Si c'est pour ne pouvoir uriner, prenez 25 centilitres de bon vin blanc ; un verre d'huile d'amandes douces, 64 grammes de térébenthine de Venise la plus claire, et 64 grammes d'essence de genièvre : mêlez le tout et le faites avaler au cheval. Ce remède le fait uriner. N'épargnez pas les lavements les plus doux.

Il ne faut pas s'en prendre des tranchées aux avives, et les ouvrir, ce qui est une maladresse qui fait beaucoup de mal au cheval.

Dans les tranchées ci-dessus, on a guéri un cheval en voyage et sans séjourner, en lui faisant avaler 32 grammes de cristal minéral dans une bouteille de vin blanc ; et une autre fois, à défaut de cristal minéral, avec environ deux coups de poudre à canon écrasée et infusée dans le vin.

Et pour les *tranchées rouges*, 5 hectogrammes de genièvre écrasé dans 25 centilitres d'eau-de-vie. Ou bien, un petit verre d'eau-de-vie, une cuillerée d'encre, trois charges de poudre à canon : le tout délayé et donné au cheval qu'il faut promener bien couvert, et tenir toujours en mouvement jusqu'à ce que les tranchées passent.

Quand le cheval est dans une crise violente, que les yeux sont tournés, les flancs irrités, et de violentes convulsions, avec une fièvre considérable, on le sauvera si, après l'avoir fait vider, on peut avoir le sang d'un veau, et en faire prendre, dans sa chaleur naturelle, deux lavements au cheval, à un demi-quart d'heure l'un de l'autre. On lui fait boire aussitôt 1 hectog. 25 grammes d'huile d'olive. Au bout d'un quart d'heure, le cheval se lève avec vivacité, il se secoue, et après avoir vomi quelques flegmes, il cherche à manger ; qu'on ne lui en donne que deux heures après, et seulement moitié de l'ordinaire de son avec un peu d'eau, et non d'avoine : et le cheval se trouve bien rétabli, et en état de travailler modérément le lendemain. L'avoine qui a été trop mouillée sur terre et n'a pas bien séché, qui est lourde, trop pâteuse et indigeste, peut causer aux chevaux le dévoiement, qui est suivi de ces tranchées.

Varice. — C'est une tumeur longue, molle, qui obéit sous le doigt et revient à son premier état. Elle ne fait point boiter le cheval et ne l'empêche pas de travailler.

Remède. — La résoudre avec de l'huile de laurier.

Vers. — On connaît qu'un cheval a des vers quand on en voit dans les excréments, et s'il n'en rend pas, lorsqu'on s'aperçoit qu'il maigrit, malgré la bonne nourriture qu'on lui donne en suffisante quantité ; il se frotte souvent la queue jusqu'à la peler ; il paraît triste ; son poil, malgré le pansement, est terne et hérissé ; il regarde souvent son ventre où est le siége de sa douleur.

Remède. — Quelquefois cette vermine est d'une espèce fort commune qui se trouve dans les replis du fondement, et qu'on nomme *moraines ;* il suffit de les tirer et de vider le cheval, au cas qu'il y en ait dans le gros boyau. A l'égard des autres espèces qui peuvent être dans les autres intestins, on a recours aux remèdes suivants :

Deux litres d'eau-de-vie avec un bon verre d'huile d'olive.

Une bonne poignée de lierre terrestre dans un décalitre d'avoine.

Ces remèdes suffiront pour les détruire.

Vertigo. — L'un est tranquille, l'autre furieux. Dans le premier, le cheval met la tête entre les jambes, va droit devant lui et la tête contre le mur sans se détourner, parce qu'il ne voit pas, et même se laisse tomber rudement par terre.

Remède. — La saignée du flanc et du plat des cuisses, et ensuite un lavement avec deux litres de vin émétique tiède et 1 hectogramme 25 grammes d'onguent populeum, et le laisser quelque temps en repos.

Les sétons au toupet, ou à la crinière, sont dangereux.

Le vertigo furieux est une espèce de rage ; le cheval ne veut ni boire ni manger, il se débat, il se frappe la tête contre les murs et paraît comme désespéré.

Remède. — On ne peut ordinairement donner des remèdes au cheval dans cet état, puisqu'on ne peut en approcher ; si on le pouvait, la saignée jusqu'à la défaillance et les lavements rafraîchissants de petit-lait, ou de vinaigre et d'eau, pourraient lui donner du soulagement.

Vésigon. — Tumeur molle, grosse comme une petite pomme, qui vient par un effort entre l'os de la cuisse et le gros nerf du jarret, et passe, quand on y touche, d'un côté et de l'autre. Ce mal est sans douleur, ne fait pas boiter le cheval, et ne l'incommode pas beaucoup dans les commencements, de sorte que quelquefois le repos seul le dissipe ; mais invétéré, il n'est pas aisé à guérir. Les écuries trop en talus sont encore capables de procurer ce mal.

Remède. — Pour le dissiper, il faut résoudre et resserrer ; et pour cet effet, essayez d'y appliquer de la mie de pain chaud, trempée dans de l'eau-de-vie, comme aux *molettes*. Ou bien, 95 grammes de galbanum et autant de mastic, avec 5 hectogrammes de bol du Levant, et en faites une charge avec un litre de fort vinaigre.

Si ces remèdes ne réussissent point, vous percerez la tumeur d'une pointe de feu par en bas, pour faire écouler les eaux rousses que contient le vésigon ; vous mettrez ensuite dedans une tente chargée de suppuratif, et par-dessus un emplâtre d'onguent de céruse qui enveloppe tout le jarret, pour resserrer la tumeur, en achevant d'en faire sortir les eaux. Bassinez ensuite de quatre heures en quatre heures, avec le vin aromatique, et sondez de jour à autre avec la spatule graissée de basilicum ou suppuratif, afin que le trou ne se rebouche pas trop tôt; et comme le cheval reste en repos, il faut avoir soin de le saigner et purger, crainte de fourbure.

ULCÈRES. — Les ulcères calleux se guérissent avec la mumie minérale de Poterius. Ceux qui ne sont pas calleux se modifient et se sèchent avec l'égyptiac.

Onguent pour toutes sortes de plaies, et surtout pour les ulcères, chancres, vieilles blessures et autres difficiles à guérir : 3 hectogrammes 80 grammes de la meilleure huile d'olive, 64 grammes de la meilleure eau-forte, et 8 grammes de bonnes aiguilles ; celles qui plient ne sont pas d'acier et ne valent rien ; il faut les casser en deux pour s'en assurer : vous les mettrez dans un grand vase de terre avec l'eau-forte dessus, et sur-le-champ versez l'huile, en détournant la tête pour éviter la vapeur. On laisse cet onguent façonner pendant 24 heures sans le remuer, on l'enlève ensuite avec un couteau ; on le nettoie de l'écume restée à la superficie ; on ôte les parties d'aiguilles qui peuvent être restées ; on lave l'onguent dans différentes eaux, jusqu'à ce que la dernière conserve sa couleur ordinaire ; on ramasse alors l'onguent, qu'on met en pot pour s'en servir au besoin. Puis on nettoie la plaie avec du vin chaud, on fait fondre de cet onguent dans une cuiller, et avec une plume on en arrose un peu la plaie, ensuite on en imbibe légèrement de la charpie qu'on applique dessus, et on la couvre d'une compresse trempée dans du vin chaud ; on bande ensuite la plaie, et l'on panse le mal toutes les vingt-quatre heures.

Yeux (maux des). — Les maux des yeux sont la fluxion, les coups sur l'œil, les yeux lunatiques, le dragon. la taie. l'onglet et les cataractes.

Remèdes. — Il y a des fluxions si légères qu'il n'y a qu'à bassiner l'œil tous les jours avec de l'eau fraîche, cinq ou six fois par jour.

Pour les *yeux tendres* qui pleurent facilement, il n'y a qu'à les bassiner avec de l'eau-de-vie.

Pour le cheval *lunatique* et autres fluxions, voyez *Lunatique.*

Si la fluxion provient d'un *coup*, il faut saigner le cheval ; mais si elle provient de cause interne, il ne faut pas saigner ; quelques-uns prétendent que le cheval pourrait en devenir aveugle.

Remède également bon pour les coups et fluxions. — Après avoir fait durcir un œuf frais, fendez-le en

deux, pour en tirer le jaune, après avoir ôté la coque, et mettez à la place de ce jaune un morceau de
couperose blanche de la grosseur d'une petite noix ;
réunissez les deux moitiés, et après avoir enveloppé
l'œuf d'un linge blanc et fin, mettez-le tremper dans
un demi-verre d'eau rose pendant six heures ; jetez
ensuite l'œuf bien égoutté, et soufflez cette eau dans
l'œil du cheval avec un chalumeau, ou le lavez avec
une petite éponge, car souvent la façon de souffler
les poudres, surtout dans l'œil, effraie trop le cheval, de façon qu'on ne peut y revenir ; il vaut mieux
même, si l'on peut, faire entrer les poudres dans
l'œil avec le pouce.

Le *dragon*, qui est une tache blanche, ou rousse,
ou noire, et quelquefois de la figure d'un petit ver,
et qui croît jusqu'à ce qu'elle couvre enfin toute la
prunelle, est incurable.

L'*œil vairon*, qui est blanc et clair, et ressemble à
un cul-de-lampe, n'est qu'une défectuosité qui n'empêche pas le cheval d'y voir, et ne lui obscurcit point
la vue ; il n'y a aucun remède.

Pour la *taie*, l'*onglet* et les *cataractes*, qui sont ou
des taches ou des espèces de toiles qui, comme un
voile, se jettent au-devant de la prunelle, s'étendent,
obscurcissent l'œil, et rendent enfin le cheval aveugle, il y a peu de remèdes aussi, à moins qu'on ne
s'en aperçoive dans son commencement, ou que ce
ne soit que dans la cornée ou dans l'humeur aqueuse,
comme il arrive à quelques vues grosses. Il y en a
qui mettent du sucre en poudre dans l'œil pendant
quinze jours, si la guérison ne s'opère pas plus tôt,

ou du sel commun, ou bien des os calcinés et du tartre de sel gemme pulvérisé, autant de l'un que de l'autre, ou bien du sel ammoniac en poudre très déliée. Le vitriol blanc, le sucre candi, l'os de sèche, sont des remèdes excellents. Si, après avoir employé tous ces moyens, l'on n'arrivait pas à une solution efficace, il faudrait avoir recours au ministère du vétérinaire.

Du Haras

Choix des étalons et des cavales. — Pour avoir de belles races de chevaux, on choisit de beaux étalons et de belles juments, sans malice ni mauvaise volonté, ni aucun de ces défauts qui sont ordinairement héréditaires. C'est une erreur de croire, comme bien des gens, qu'un cheval usé au travail, ou vicieux, n'est bon qu'à faire un étalon ; il ne peut produire que des chevaux qui ont les mêmes vices, ou peu de vigueur. On ne se rend pas tout à fait si difficile sur le choix des cavales, parce que l'expérience fait voir que les poulains tiennent toujours plus de l'étalon ; pourvu que la jument soit bonne nourrice, c'est l'essentiel. On prétend que les juments dont on a coupé la queue sont moins propres que les autres à la bonne reproduction.

Les règles principales de la conduite du haras regardent la distribution du terrain, l'âge des étalons, et des juments, leur durée, la façon de les faire couvrir, et les attentions qu'il faut avoir quand elles mettent bas.

Quand on aura en vue un parc ou un grand enclos propre au haras, on songera à proportionner le nombre des chevaux à l'étendue du terrain et à la quantité du pâturage : on le partagera au moins en trois *parquets* ou enclos fermés de haies, ou de palis, plutôt que de fossés, où les poulains pourraient s'estropier, et on observera qu'il y ait dans chacun quelques arbres, pour mettre en été les chevaux, et les poulains surtout, à l'ombre, et les garantir des mouches. On y construira de plus un hangar en planches, couvert de même, ou de paille, pour les mettre en hiver à l'abri des frimas et des vents trop froids, et aussi, en été, des orages et de la grande ardeur du soleil.

Le pâturage le plus gras de ces parquets sera destiné aux juments pleines et à celles qui allaitent leurs poulains, parce qu'elles ont besoin de plus de nourriture que les autres. On s'assure qu'une jument est pleine en la faisant trotter cinq ou six tours, puis la mettre aussitôt à l'écurie, la faire boire ou manger ; alors, mettant la main sous le ventre, on sentira le poulain remuer : deux mois avant qu'elles poulinent, le pis s'affermit, la croupe et les flancs s'avalent et se creusent.

Le deuxième parquet, où le pâturage est moins gras, servira aux juments qui n'ont pas retenu de la dernière monte : on sépare celles-ci des premières quand on reconnaît qu'elles ne sont pas pleines ; se sentant plus légères et plus dégagées que les autres, elles pourraient, si elles étaient ensemble, leur donner des coups de pied qui les feraient avorter. De plus, ces juments vides, ne devenant pas si grasses, retiendront mieux à la monte prochaine, car le trop de graisse s'oppose à la génération.

Le troisième parquet, le moins gras de tous, sera destiné pour les poulains mâles, entiers ou hongres, et sera bien clos, pour ôter à ces jeunes chevaux toute communication avec les juments, car ils sont capables de couvrir à deux ans, et s'énerveraient bientôt. Quand il se trouve dans ce parquet des coteaux, des hauts et des bas, les jeunes chevaux s'y dénoueront les épaules et les hanches et en vaudront mieux.

On séparera encore ces parquets en plusieurs autres, pour les laisser se rétablir tour à tour, après que les chevaux en auront mangé l'herbe.

Pour ce qui est des étalons, on les tiendra dans de bonnes écuries bien closes, et séparées les unes des autres par des cloisons. Leur nourriture, principalement deux ou trois mois avant la monte, sera de bonne avoine, mêlée avec un peu de féveroles, très peu ou point de foin, mais beaucoup de paille de froment. On mènera l'étalon deux fois le jour à l'abreuvoir, on le promènera ensuite une heure sans l'échauffer, afin de le tenir en exercice: car s'il restait trop sédentaire, il pourrait devenir poussif, ou tout au moins gros d'haleine.

De l'âge que doivent avoir les étalons et les juments. — Si l'étalon est un barbe, un espagnol, ou autre des pays chauds, il faut qu'il ait sept ans faits avant que de le faire couvrir; mais s'il est anglais, danois ou allemand, on peut le faire couvrir à six ans, étant plus formé que les précédents. Quand on fait couvrir les chevaux trop tôt, avant qu'ils soient tout à fait formés, il n'en peut pas sortir des chevaux vigoureux. Lorsqu'un étalon a été ménagé, il peut servir dans le haras jusqu'à vingt et même vingt-cinq ans ; mais il est mieux de le réformer vers la seizième ou la dix-huitième année.

A l'égard de la jument, on la peut faire couvrir à l'âge de quatre à cinq ans : les femelles de toutes espèces d'animaux sont plus avancées que les mâles. On les retire du haras par la même raison vers la quatorzième ou quinzième année ; elle peut produire cinq ou six ans de suite, mais après cela elle devient stérile. Pour entretenir sa fécondité, il faut mettre un intervalle d'un an entre chaque portée, et lui réserver l'étalon pour l'année suivante ; il est rare même qu'avec cette attention elle pousse la fécondité jusqu'à l'âge de vingt ans.

Combien on peut donner de juments à un étalon. — Dans les haras considérables, on donne ordinairement dix ou douze juments à un étalon, parce que l'accouplement se renouvelant plusieurs fois jusqu'à ce qu'elles soient pleines, un plus grand nombre l'épuiserait, et les poulains en seraient plus faibles. On donne toujours à l'étalon la jument qui est la plus disposée à le souffrir.

Saison de faire couvrir les juments. — Les juments entrent en chaleur depuis la mi-mars jusqu'à la fin de mai et même jusqu'à la fin de juin. Le véritable temps de la chaleur se manifeste par les humeurs qu'elles jettent. Une jument ne reste pas plus de quinze jours ou trois semaines dans un degré de chaleur convenable : c'est à quoi il faut être attentif ; les juments qui n'ont point été couvertes rentrent en chaleur dans plusieurs temps de l'année. On peut donner l'étalon aux juments, si elles rentrent en chaleur, huit ou dix jours après qu'elles ont pouliné. Il est avantageux de faire couvrir les juments au printemps, parce que le poulain aura deux étés pour s'élever, contre un hiver ; et lorsque la jument n'est couverte qu'en automne, le poulain éprouvant deux hivers contre un été, avant d'avoir pris assez de force, il reste faible. La jument porte son poulain onze à douze mois.

. La jument doit, ainsi que l'étalon, avoir été bien nourrie, et n'être cependant pas trop grasse, comme nous l'avons dit, car elle ne pourrait pas alors retenir ; l'étalon doit aussi avoir été tenu en exercice par quelque travail modéré ; ils doivent l'un et l'autre être déferrés des pieds de derrière, de peur d'accident. On observera qu'on obtient d'excellents chevaux en croisant les races, c'est-à-dire, en donnant la jument d'Espagne au cheval anglais, et la jument anglaise au cheval d'Espagne, et ainsi des autres. Ces races mêlées donnent pour ainsi dire une race nouvelle, qui ne peut être qu'un bon composé, au lieu que les chevaux du même pays, accouplés ensemble, dégénèrent souvent ; mais il faut les assortir pour la taille et la figure. On a soin de donner un nom aux juments et aux étalons, et de tenir un registre de chaque accouplement, pour reconnaître les père et mère, et les races qu'ils ont produites.

Avant de faire couvrir une jument, on doit lui donner tous les matins, pendant huit jours, un picotin de chènevis, mêlé de son et d'avoine : cette nourriture la met en chaleur, et on la donne aussitôt à l'étalon.

On fait couvrir en main ou dans l'enclos. La manière la plus ordinaire et la plus sûre est de faire couvrir en main. Pour cela, un homme tient la jument pendant que deux autres conduisent l'étalon avec un caveçon et de bonnes longes. On peut aussi attacher la jument entre deux piliers. Sitôt que l'étalon l'a quittée, il faut la promener l'espace d'un quart d'heure, et elle retient mieux.

Ceux qui ne suivent pas la méthode de faire couvrir en main mettent dans un enclos séparé dix ou douze juments avec un étalon, qu'ils y laissent quatre ou cinq semaines, qui est à peu près le temps qu'il faut pour couvrir ces juments à plusieurs reprises ; après quoi on le retire. Pour connaître si une jument est pleine, l'épreuve ordinaire est de lui jeter de l'eau froide dans les oreilles ; si elle se secoue rudement, on peut en conclure qu'elle n'est pas pleine ; alors on la fait recouvrir par un autre étalon.

On prétend qu'une jument qui a avorté une fois produit par la suite des poulains de peu de valeur, et qu'elle n'est plus propre au haras.

Il se trouve aussi des juments qui sont deux ou trois ans sans porter : il faut absolument les réformer ; car, si, après avoir fait des poulains, elles étaient encore autant de temps sans en avoir d'autres, ce qui peut arriver, la dépense de la nourriture excéderait la valeur des poulains.

Lorsque le ventre d'une jument pleine commence à s'appesantir, il faut la séparer, parce que celles qui ne sont pas pleines, étant plus alertes, pourraient, en ruant, la faire avorter; nous l'avons déjà dit à l'article des *parquets*.

Du temps où la jument met bas. — Une cavale porte ordinairement onze mois et quelques jours, quelquefois douze mois : le terme n'est pas fixe ; c'est un abus que de compter ses années pour décider du jour qu'elle met bas.

On a dû marquer le jour, ou à peu près, qu'on a fait couvrir, afin de les veiller de près quand le temps de pouliner sera venu, et de les secourir au besoin. Si la jument a de la peine à jeter son poulain, on lui fera prendre de la poudre cordiale, dont on a donné la recette ici, ou de la thériaque dans du vin, pour lui donner de la force. Quelquefois en lui serrant les naseaux, l'effort qu'elle fait pour reprendre haleine la fait pouliner. Aussitôt qu'elle est débarrassée, on lui donne pour breuvage trois pintes d'eau tiède, dans laquelle on a détrempé de la farine et une petite poignée de sel, continuant de même pendant trois jours, soir et matin ; sa nourriture au reste doit être de bon foin, de son et l'ordinaire d'avoine, mais un peu moulue dans les commencements. On lui fera bonne litière dans l'écurie, et on ne l'attachera pas qu'elle ne soit bien rétablie et son poulain fortifié ; on la remet ensuite au pâturage, où son poulain la suit. On ne la fait point travailler d'un mois, et on laisse teter le poulain pendant dix mois.

Si le poulain était mort dans le ventre de la mère,

ce qui se connaît lorsque vers les derniers jours de son terme, et quelquefois plus tôt, en mettant le plat de la main sur le flanc, on ne le sent plus remuer, ce qui sera arrivé par quelque chute, coup de pied ou effort extraordinaire, il faut alors, pour conserver la mère, prendre une pinte de lait d'une autre jument, d'ânesse ou de chèvre, avec une pinte d'huile d'olive, trois chopines de lessive forte, et une chopine de jus d'oignon blanc ; faire tiédir le tout ensemble, et lui faire avaler en deux fois, laissant deux heures d'intervalle d'une prise à l'autre. Si ce remède ne fait pas d'effet, il faut que le maréchal, avec la main et le bras frottés d'huile, tâche de tirer le poulain en entier ou par pièces ; ou bien qu'il le retourne, s'il était en vie et se présentait mal.

C'est l'usage, comme nous l'avons dit, de faire recouvrir la jument huit à dix jours après qu'elle a pouliné, afin que la saison ne soit pas trop avancée : on met ainsi le temps à profit ; mais on le répète, si l'on est curieux de superbes chevaux, et qu'on ne craigne pas la dépense, il ne faut la faire couvrir que lorsque son poulain sera sevré, c'est-à-dire ne lui donner même l'étalon qu'un an après qu'elle aura pouliné ; le poulain qu'elle élèvera sera infiniment plus vigoureux que s'il tetait sa mère, étant pleine. Par cette méthode, une jument ne produira qu'un poulain en deux ans, mais on le regagnera par la qualité du poulain et la bonne constitution de la mère.

Dans quel temps il faut sevrer les poulains. — Les poulains ne doivent teter que six ou sept mois ; ceux qui tettent plus longtemps et jusqu'à dix ou onze mois, ne valent pas, pour la vigueur, ceux qu'on sèvre plus tôt, et qu'on nourrit de bonne heure avec des aliments secs et plus chauds, comme l'avoine ou l'orge moulue et mêlée avec du son, soir et matin, et un peu de foin du plus fin ; cette nourriture, dont la quantité doit être proportionnée à leur âge, les fait boire, leur donne du corps, des forces et du nerf : si on leur donnait le grain entier dans un âge trop tendre, il leur userait les dents et pourrait leur causer des fluxions sur les yeux par les efforts qu'ils feraient pour le mâcher. Lorsqu'on les sèvre, il faut les mettre dans une écurie bien nette, avec de bonne litière fraîche, nuit et jour, et avoir soin de la nettoyer deux fois par jour pour les tenir propres. On n'attache point les poulains qu'ils n'aient trente mois, et il ne faut pas non plus les panser de la main avant ce temps, on les empêcherait de profiter, leur corps étant trop tendre. Si la mangeoire et le râtelier étaient trop élevés, ils seraient obligés de lever la tête trop haut, ce qui pourrait leur donner une encolure fausse et renversée. Lorsqu'il fait beau, on leur fait prendre l'air dans quelque endroit fermé où il n'y a aucun embarras, soit de pierres, de bois, ni trous où ils pourraient s'estropier. Au printemps, lorsque l'hiver est bien passé et l'herbe devenue assez grande, on leur retranche peu à peu la première nourriture pour les faire pâturer ; mais il ne faut pas trop se presser, car l'herbe nouvelle et trop tendre lâche le ventre, affaiblit et pourrait même faire mourir le poulain. On a soin aussi de ne pas les y mettre trop matin, quand l'herbe est encore trop mouillée de la rosée, et de les retirer de bonne heure le soir, de ne pas les laisser dehors par les grandes pluies, de ne pas les laisser paître des regains dont l'herbe est trop molle, et de leur donner deux jointées de son le soir en rentrant et non le matin, car alors l'herbe les ferait vider et cet aliment ne leur profiterait pas.

On tond la queue des poulains d'un an, afin qu'elle devienne plus touffue, plus forte et plus belle. On peut même la tondre deux ou trois fois, de six mois en six mois chaque fois, elle en sera plus épaisse, et les crins plus forts pour résister au peigne.

Il faut bien se donner de garde de mêler les poulains mâles d'un an et demi ou deux ans, avec les pouliches du même âge, non plus qu'avec les autres cavales du haras, parce qu'ils s'y amuseraient, et au lieu de profiter, ils dépériraient. Pour éviter cet inconvénient, on met les jeunes cavales de deux ans avec leurs mères et les poulains de même âge avec les poulains mâles de trois ou quatre ans.

Lorsque les poulains ont atteint l'âge de trente mois, il faut leur donner un licol, les attacher dans des places séparées; les panser de la main en se servant d'abord d'un bouchon de paille avant de prendre l'étrille, et les couvrir comme les chevaux d'âge plus avancé. On peut alors leur donner le grain entier à manger, sans craindre les inconvénients dont nous avons parlé. On ne les remet plus au pâturage lorsqu'ils sont parvenus à l'âge de trois ans; à l'égard des juments, on peut les y laisser jusqu'à leur quatrième année accomplie.

Il arrive souvent que les premiers jours que les poulains sont à l'écurie, les jambes leur deviennent enflées ; cette enflure s'en va ordinairement quelques jours après, mais il vaut mieux la faire dissiper en les frottant d'eau-de-vie, et les faire saigner même, pour prévenir l'effet du changement de nourriture.

C'est enfin lorsque l'on commence à distinguer mieux les chevaux qu'il est temps d'en faire un choix ou triage, selon les usages auxquels on voit qu'ils seront le plus propres : les uns pour étalons, et les juments pour le service des haras, et ce sont toujours les plus beaux et les meilleurs qu'il faut prendre pour les renouveler ; d'autres pour les hongres et en faire des chevaux de selle ou de carrosse ; d'autres qu'on laisse entiers pour le labour, selon leur taille, leur espèce et leur figure.

[illegible]
[illegible]
[illegible]
[illegible]
[illegible]
[illegible]
[illegible]
[illegible]
[illegible]
[illegible]
[illegible]
[illegible]
[illegible]
[illegible]
[illegible]

DEUXIÈME PARTIE

—

DES BÊTES A CORNES

Plus nous remontons dans les temps anciens, plus nous voyons des troupeaux de bestiaux produisant des revenus considérables.

Ulysse dans Homère, et Latinus dans Virgile nous disent d'une manière compétente que les troupeaux de bœufs ont fait la richesse des rois ; il en était de même chez les Romains, et cela est si vrai que quelqu'un ayant demandé à Caton le Censeur quel était le moyen le plus efficace de s'enrichir à la campagne, il répondit que c'était la nourriture des bestiaux.

Elle procure en effet aux cultivateurs intelligents des résultats on ne peut plus avantageux.

Des Bœufs

Le bœuf est le plus estimé d'entre les bêtes à cornes ; il est de petit entretien, et rend profit ; il est très bon au trait et à la charrue, -peu sujet aux maladies, et aisé à en guérir ; il vit assez longtemps, et les harnais qu'il lui faut ne sont presque rien, quoiqu'il n'y ait pas d'animal qui remue les terres comme celui-là ; quand il est usé à force de servir, on l'engraisse pour la boucherie; ou s'il se casse quelque membre, on le tue, et on en fait des provisions fraîches ou salées : sa peau, ses cornes même, sont d'un bon débit : sa graisse est le suif dont on fait de belles chandelles, ainsi que celui de mouton, avec lequel on le mêle. Le suif sert aussi à beaucoup d'autres usages, c'est pourquoi il est d'un grand commerce; il s'endurcit et se rompt facilement quand il est fondu et refroidi, au lieu que la graisse ordinaire reste molle et huileuse. Le fiel de bœuf sert aux enlumineuses et à jaunir les cuirs et l'airain. La moëlle, ses cornes, sa fiente même servent à quantité de choses fort utiles.

La conformation des parties du bœuf est la première connaissance qu'il faut avoir pour juger s'il est bon, et pour pouvoir remédier aux maladies auxquelles il peut être sujet.

Nous n'entendons point parler ici d'un bœuf qu'on veut engraisser, car il suffit en ce cas qu'il soit gras ou jeune : il s'agit d'un bœuf destiné à la charrue.

Des membres du Bœuf

La *tête* doit être courte et ramassée, les *oreilles* grandes, bien velues et bien unies ; les *cornes* fortes, luisantes, vives et de moyenne grandeur ; le *front* large et crépu ; les *yeux* gros, noirs et luisants, afin qu'on y puisse voir, comme dans un miroir, son ardeur, son courage, sa santé ou sa maladie ; le *mufle* gros et camus ; les *naseaux* point étroits, mais toujours bien ouverts, afin que le bœuf ait une grande facilité à respirer lorsqu'il travaille ; la *bouche* et la *langue* n'y font rien ; les dents doivent être blanches, longues et égales, car lorsqu'elles sont noires, usées et inégales, c'est une marque que l'animal est vieux, et qu'il faut s'en défaire ; les *lèvres* doivent être noires, le cou gros et charnu ; les *épaules* larges, grosses, chargées de chair et peu mourantes ; la *poitrine* de même ; le *fanon*, c'est-à-dire la peau du devant, pendant jusque sur les genoux ; les *reins* fort larges ; les *côtés* étendus et non serrés, pour que le bœuf respire et travaille mieux ; le *ventre* spacieux, tombant en bas ; les *flancs* suffisamment grands pour le ventre, et il faut prendre garde qu'ils ne soient altérés ; les *hanches* les plus estimées, à l'égard du bétail à cornes, sont les longues ; la *croupe* doit être large, fort épaisse et bien ronde ; les *jambes* grosses, nerveuses et charnues ; les *cuisses* de même ; le *dos* droit et plein ; la queue pendante jusqu'à terre, et garnie de poils touffus et déliés ; les pieds fermes ; le cuir grossier et maniable ; les muscles élevés ; l'ongle court et large. Enfin il doit avoir le corps bien membru, large et ramassé, être vif, jeune, de belle taille, ferme et raide, et cependant le plus docile qu'il se pourra ; prompt à l'aiguillon, obéissant à la voix et facile à manier.

Il faut aussi observer que sa taille soit médiocre, et qu'il ne soit ni trop gras ni trop maigre : ceux qui

mangent lentement fournissent mieux leur carrière
à toute sorte de travail que ceux qui mangent bien
vite.

Choix d'une bonne Vache,

Pour tirer bien du lait d'une vache et en avoir
beaucoup de veaux et même la bien faire servir au
labourage et au trait, il faut la choisir de grand corsage, ayant le ventre gros, le front large, les yeux
noirs et ouverts, les cornes belles, polies et brunes,
les oreilles velues, les mâchoires serrées, le fanon
grand, ainsi que la queue, la corne du pied petite et
les jambes courtes. Quelques-uns veulent qu'outre
cela elle ait la tête alerte et courte, les yeux gros,
les oreilles hérissées, les cornes courbées en dedans,
les naseaux bien ouverts, beaucoup d'encolure, les
côtes longues, tous les membres gros jusqu'au pied,
les pis gros et grands, les trayons gros et longs et le
poil court et doux.

Mais à quoi il faut s'attacher, c'est à l'âge, à l'œil,
au lait, à l'embonpoint de la vache, et au pays d'où
elle vient.

On en connaît l'âge, comme au bœuf, aux dents et
aux cornes : plus la vache est jeune, meilleure elle
est : à dix ou douze ans, elle n'est plus bonne qu'à
engraisser pour la boucherie.

Elle doit avoir l'œil vif et alerte : s'il est triste,
c'est signe de maladie ou de mauvais tempérament.

Son lait ne vaut rien s'il est blanchâtre et clair ;

c'est une marque qu'il n'a point assez de substance butireuse, et que la vache est par conséquent une mauvaise vache à lait. Quand, en la marchandant, on lui trouve le pis et le trayon sensibles et douloureux, ce n'est pas toujours une preuve qu'elle y ait mal ; cette sensibilité ne vient fort souvent que de ce que le lait, qui n'aura point été tiré depuis quelque temps, est en grumeaux et a peine à passer ; mais il se liquéfie bientôt en le trayant.

Une vache maigre ne vaut rien, du moins quand elle est dégoûtée, et qu'elle a l'œil triste, la marche lourde et nonchalante, car cela marque la mauvaise constitution du dedans ; au lieu que si on était sûr que la maigreur ne vînt que faute de bonne nourriture, les bons pâturages la répareraient bien vite.

Quelques connaisseurs prétendent qu'il vaut mieux acheter les vaches quand elles sont aux pâturages, parce qu'alors on connaît mieux leur tempérament et leur action, que quand elles mangent du foin.

Pour le poil, celles qui sont d'un noir moucheté, ou tout à fait noires, passent pour donner le meilleur lait, parce qu'à cause de leur tempérament mélancolique, tout ce qu'elles mangent profite, fait un lait très substantiel et en assez bonne quantité.

Les blanches sont celles qui en donnent le plus ; et les rouges ont plus de force, et servent assez souvent au tirage.

Vaches de différents pays

Quant au pays d'où on les tire, il est certain que les vaches des pays froids ou aquatiques sont beaucoup plus grosses que celles des pays chauds ; mais en récompense, celles des pays chauds sont beaucoup plus fortes et plus vivantes que celles des pays froids ; ainsi, celles d'Afrique, qui sont à peine aussi grosses que nos veaux, sont plus fortes, plus laborieuses et vivent plus que celles de Hollande, d'Angleterre et de Flandre, qui sont bien plus grosses et plus hautes que celles de France. La raison de ces différences est que dans les pays chauds, les herbes* ont des principes exaltés par la chaleur ; au lieu que les herbages des pays froids ont plus de suc et d'abondance, et se convertissent plutôt en nourriture grossière.

C'est à peu près par cette raison que quelques curieux préfèrent les vaches nées et élevées sur des montagnes, ou autres lieux découverts ou exposés au soleil, à celles qui n'ont vu que des bois ou des marais, parce que ces dernières, qui n'ont respiré qu'un air sombre et pâturé qu'une herbe grossière, ont la tête plus lourde et plus grosse, les cornes plus effilées et plus longues, le poil plus rare, plus long et beaucoup plus dur, sont beaucoup plus sujettes aux maladies et vivent beaucoup moins que les montagnardes, qui vivent trois ou quatre ans plus que les

autres et rendent plus de services et de profit ; elles
dépérissent quand on les met dans les marais.

Quoi qu'il en soit, comme on voit de très bonnes et
de fortes vaches sortir des marécages, cette remarque
n'est bonne que quand il s'agit de changer les vaches
de climat : par exemple, une vache d'un pays froid
dépérira dans un pays chaud ; mais dans nos climats
tempérés, ce serait un scrupule condamné par l'u-
sage, que de ne pas vouloir mettre dans des vallées
des vaches élevées dans des plaines. On observe seulement que le changement de la qualité de nourriture ne soit pas trop grand, non plus que celui du
climat ; c'est pourquoi on les prend ordinairement
dans trente lieues à la ronde.

Des Vaches flandrines ou bâtardes

Nous avons cependant en France des vaches qui
sont beaucoup plus grandes, et qui donnent une
fois plus de lait et de beurre que nos vaches communes. Elles ont été amenées des Indes en Hollande,
et de là en France ; on en voit beaucoup dans les
contrées qui possèdent des pâturages gras et abondants, comme en Bretagne et en Normandie.

On appelle ces vaches, vaches *flandrines* ; elles font
un profit très considérable, puisque, outre qu'elles
sont bien plus grandes et plus grosses que les communes et qu'elles rendent une fois plus de lait, elles
donnent aussi des veaux plus grands et plus forts,
et elles ont du lait toute l'année sans discontinuer,

même quand elles sont pleines, excepté quatre ou cinq jours avant de vêler ; au lieu que les communes ne donnent plus de lait deux ou trois mois auparavant, ou en donnent fort peu. De plus, il faut que leurs veaux tettent deux ou trois mois ; ainsi voilà au moins quatre mois de lait perdu par chaque année ; au lieu qu'on ne perd que quatre ou cinq jours de lait avec les flandrines, car leurs veaux ne tettent point : on les sèvre le jour qu'ils sont nés, on les nourrit de lait *ribotté*, c'est-à-dire du lait qui reste après que le beurre est fait ; on l'appelle aussi le *battis* en bien des endroits.

Les flandrines ne mangent cependant guère plus que les nôtres : ce qui fait qu'elles sont plus grandes et ont plus de lait, c'est qu'elles sont toujours maigres et n'engraissent jamais, en sorte que tout ce qu'elles prennent de nourriture se tourne en lait ; au lieu que les communes engraissent si le pâturage est trop gras, et ne donnent plus de lait.

Quoique le veau flandrin se passe très bien de téter, cependant si on n'a point la consommation de tout le lait et de tout le beurre que les flandrines peuvent donner, alors on ne sèvre pas leurs veaux, on les laisse téter un ou deux mois, tant que l'on veut ; ils deviennent extrêmement forts et grands, à proportion du temps qu'ils ont tété ; et même pendant tout le temps qu'ils tettent, on peut toujours traire hardiment la flandrine, elle fournira encore plus de lait que la meilleure vache commune.

On peut même consommer ou vendre tout le lait de cette flandrine et donner à son veau, pour qu'il

devienne fort et puissant, une vache commune à
téter; ou bien le mettre en nourrice dans les campagnes éloignées où le lait ne se vend point : du
moins il est bon d'élever ainsi quelques veaux et
génisses flandrins pour avoir une belle race.

Pour bien multiplier l'espèce des flandrines, il n'y
a qu'à les mettre dans de bons pâturages et avoir
un taureau flandrin de belle race pour les couvrir;
il faut le ménager et ne le donner qu'à des bêtes
choisies. Il peut servir depuis deux ans jusqu'à quatre ; passé cela, il devient trop furieux ; si on en
avait besoin au-delà de cet âge, il faudrait le tenir
attaché pour s'en servir par nécessité.

Lorsqu'on n'a pas assez de flandrines à lui fournir, on peut lui donner des vaches communes les
plus belles; celles qui en proviendront s'appelleront
vaches *bâtardes ;* elles seront plus grandes et plus
abondantes en lait que les communes, et elles seront
aussi fécondes à un tiers près que les flandrines. On
voit quelquefois de ces races bâtardes qui ont deux
veaux d'une ventrée. Pour maintenir cette race bâ-
tarde dans sa grandeur et dans sa force, il faut laisser téter les veaux longtemps ; c'est le moyen d'a-
voir des vaches et des bœufs très grands, forts et
vigoureux ; deux de ces bœufs font plus d'ouvrage
que quatre bœufs ordinaires. Dans bien des endroits,
on voit dans une même métairie de grands bœufs et
de petits, qui sont pourtant de même père et de
même mère : la différence ne vient que de ce que les
grands ont tété longtemps, et les petits beaucoup
moins ; la chose dépend principalement de là, et le

profit en est double; c'est pourquoi, quand on est éloigné des vallées et que le lait ne se consomme et ne se vend pas, il faut faire bien téter ces jeunes veaux, pour que la race en soit plus forte et plus belle.

A quel âge et en quel temps il faut donner les Génisses et Vaches au Taureau.

On ne doit point laisser saillir les génisses qu'elles n'aient au moins deux ans et demi. La plupart des paysans, impatients de voir leurs génisses pleines, les font accoupler avant cet âge, soit qu'elles le demandent ou non; mais ils se font tort en courant au profit, car elles ne donnent que des avortons; et cette fécondité prématurée les dérange et altère leur tempérament. Il y a aussi des génisses tardives qui ne souhaitent le taureau qu'à trois ou quatre ans, de même qu'il y en a qui le désirent dès dix-huit mois; mais il faut retenir celles-ci et hâter celles-là.

Les vaches portent neuf mois, et elles portent, si on veut, toutes les années, pourvu qu'elles n'aient pas passé dix ans; car alors elles ne valent plus rien que pour la boucherie.

Quant au temps de leur donner le taureau, si nous en étions les maîtres, nous choisirions pour cela les mois de mai, juin et juillet, pour avoir des veaux en hiver, qui est la saison qu'ils se vendent le mieux;

mais la chose dépend entièrement du naturel de ces animaux. Il faut attendre qu'ils soient en amour ; et c'est parce que les unes y sont plus. tôt que les autres que nous avons des veaux toute l'année, mais plus en certaines saisons qu'en d'autres.

Dans les pays chauds, on ne fait saillir la vache qu'aux mois de février et de mars, et jamais en d'autres temps ; c'est l'usage de presque tous les Italiens ; leur raison est que leurs vaches, qui vêlent en novembre et décembre, allaitent leurs veaux pendant qu'elles se nourrissent de fourrages, et elles sont libres quand les herbes renaissent ; en sorte que le lait est alors plus abondant, plus gras et de meilleur goût que quand elles ne mangent que du fourrage ; par ce moyen on a tout le lait, on ne le partage pas avec les veaux, on l'a meilleur, on en a davantage, et on tire tout le profit des bons beurres et des bons fromages qui se font alors. En récompense, nous avons toute l'année des veaux, du lait, du beurre et du fromage. Voilà le pour et le contre.

Des Vaches en chaleur

Revenons à notre usage, qui est de lâcher les vaches au taureau en toute saison, quand elles sont en chaleur. Aussitôt qu'elles ne font que meugler et sauter sur tout ce qui se présente à elles, bœuf, vache ou taureau, et que les ongles enflent aux génisses, il est temps, pourvu qu'elles aient, comme nous l'avons dit, deux ans et demi pour le moins, de les mener au taureau, pour ne pas laisser ralentir leur chaleur, parce qu'elles en retiennent mieux.

Les vaches grasses ne conçoivent pas si aisément que celles qui le sont moins ; et pour que l'embonpoint ne nuise pas à la conception, bien des gens font un peu jeûner la vache un jour ou deux avant que de la mener au taureau.

Cela n'empêche pas que pour les mettre en amour, quand elles sont tardives à s'y mettre ou peu animées auprès du mâle, on ne les nourrisse de bon foin et de pain fait avec un peu de farine et de la graine de lin, ou de marc de cette graine après qu'on en a exprimé l'huile, et avec cela un peu de sel ; d'autres ne font que broyer un oignon marin et en frotter la nature de la vache pour l'échauffer.

Du Taureau

Il n'est ici question du taureau que par rapport à la génération. Un bon taureau doit être gras, gros et bien fait, avoir l'œil noir, le regard fier, le front ouvert, la tête courte, les cornes grosses, courtes et noires, les oreilles longues et velues, le mufle grand, le nez court et droit, le cou fort charnu et fort gros, les épaules et la poitrine larges, les reins fermes, le dos droit, les jambes grosses et charnues, la queue longue et bien couverte de poil, l'allure ferme et sûre, et le poil rouge.

Il faut qu'il soit de moyen âge, entre trois et neuf ans au plus, et on ne doit lui donner que quinze

vaches ; car il ne faut pas se régler sur ce qu'on dit
qu'il y a eu des taureaux qui ont sailli à quatorze
mois , et qui ont suffi à vingt, .quarante jusqu'à
soixante vaches. Il y a des personnes qui disent que
le taureau couvre les vaches avec tant de vigueur,
que la semence s'en va sans qu'il se remue ; il ne les
caresse jamais quand elles sont pleines. D'autres prétendent qu'il aime les abeilles, mais qu'il a de l'aversion pour les paons, pour les bourdons, les guêpes,
les frelons, les ours, les tigres, et pour quelques couleurs, principalement pour le rouge.

Au surplus, quant à la corpulence du taureau, la
faculté générative à part, il ne diffère du bœuf qu'en
ce qu'il a le regard plus vif que le bœuf, les cornes
plus courtes, le cou plus charnu et si gros, qu'il doit
être, à proportion, la plus grosse partie de son corps :
il doit avoir aussi le ventre plus étroit et plus droit
que le bœuf, afin de couvrir les vaches plus facilement.

Pour le rendre alerte, il faut lui donner de temps
en temps de l'orge ou de la vesce ; et, pour bien le
mettre en rut, il est bon de lui donner un picotin
d'avoine chaque jour de travail. S'il manque d'ardeur
pour la vache, il faut prendre une éponge ou un torchon, en frotter la nature de la vache, et ensuite le
mufle du taureau, pour que sa vivacité se réveille
par l'odorat. Si c'est la vache qui ne veut pas souffrir le mâle, quoiqu'elle ait auparavant donné des
signes de chaleur, il faut la ranimer comme il vient
d'être dit ci-dessus à l'égard du taureau.

Des Vaches pleines

Les connaisseurs disent que c'est une marque que la vache a conçu, lorsqu'elle ne veut plus souffrir les approches du taureau. On ne doit point mettre les vaches pleines au labourage ni au charroi ; ou, s'il y a nécessité de le faire, on doit les ménager et les traiter doucement ; il faut aussi que le vacher prenne garde qu'elles ne sautent ni haies, ni fossés. Six semaines avant qu'elles vêlent, on les nourrira plus qu'à l'ordinaire, en leur donnant pendant l'été un peu d'herbes à l'étable, outre la pâture, qui doit se faire alors dans les herbages les plus gras, assez mûrs et non marécageux ; et l'hiver on leur donnera une fois par jour, et le matin, avant que d'aller aux champs, de la balle de blé et du son dans une chaudière pleine d'eau, ou de la luzerne, ou du sainfoin ; il fortifie les vaches, et fait une bonne masse de lait.

On doit aussi cesser de les traire six semaines avant qu'elles vêlent : il n'est pardonnable qu'à de pauvres gens de le faire pendant ce temps, encore en tirent-ils fort peu de lait : ce peu ne vaut rien, et ne fait par là qu'altérer la poitrine de la mère, et diminuer la substance du veau qu'elle porte. Il y a des vaches dont le lait tarit tout à fait un mois ou même deux avant qu'elles vêlent, et d'autres qui en donnent jusqu'à la veille du jour qu'elles mettent bas ; mais c'est principalement celles-là qu'on ne devrait pas traire six semaines auparavant, afin d'en ména-

ger la race, et les conserver elles-mêmes à cause de
leur fécondité.

Des Vaches pendant qu'elles vêlent

Quand le terme de neuf mois approche, c'est au
vacher à faire bonne litière, et à tenir l'étable bien
chaude l'hiver ; et c'est aux servantes à veiller au
moment que la vache voudra se délivrer, pour re-
pousser et redresser le veau, s'il ne se présente pas
la tête la première ; et pour faciliter la sortie, si la
vache y a de la peine.

Nous supposons qu'on l'aura mise dans un endroit
séparé, pour que les autres bestiaux n'incommodent
pas la vache ou le veau.

Aussitôt que le veau est né, on lui répand sur le
corps une poignée de sel et autant de miettes de
pain, pour exciter la mère à le lécher ; ce léchement
fortifie le veau, du moins il en ôte toute l'ordure,
que nul autre ne pourrait ôter, parce qu'il est encore trop tendre pour qu'on y touche.

Il faut en même temps prendre et jeter tout le délire (c'est ainsi qu'on appelle particulièrement l'arrière-faix des vaches) ; elles en sont très friandes ;
c'est pourquoi on doit prendre garde qu'elles ne le
mangent ; car cette masse grossière et corrompue fait
de si mauvais effets dans le corps d'une vache,
qu'aussitôt qu'elle en a mangé, elle reste toujours
maigre, quelque chose que l'on fasse pour l'engraisser.
Si l'on craignait qu'il ne fût resté du délire dans le

corps, il faut faire, avec une seringue, des injections d'eau chaude dans la nature, ce qui en ferait sortir tout ce qui en est resté.

Cela fait, si c'est en hiver que la vache vêle, on lui donne des balles de blé bien criblées, mêlées avec trois picotins de son dans une chaudière pleine d'eau chaude : elle mange ce mets avec appétit, et il lui rétablit l'estomac. On lui en donnera autant soir et matin pendant huit ou dix jours avec du bon foin ou de l'herbe sèche, de la luzerne ou du sainfoin. En été, elle n'a besoin que d'herbe fraîchement coupée, et on ne se met pas en peine alors de la tenir chaudement, la saison y supplée.

En quelque temps que ce soit, il est bon de donner de temps en temps un peu d'avoine à la vache : mieux on la traitera, plus elle et son veau se fortifieront.

Pour boisson, on lui donnera de l'eau blanchie avec de la farine ou du son; l'hiver on fait tiédir cette eau.

On ne donne ces soins que pendant huit ou dix jours, au bout desquels on gouverne la vache, qui a vêlé, comme à l'ordinaire, et elle va aux pâturages avec les autres; il faut seulement avoir soin de tenir le veau attaché à l'étable, jusqu'à ce qu'il ait assez de force pour suivre sa mère partout.

On ne doit traire les vaches que deux mois ou six semaines après qu'elles ont vêlé; le lait ne vaut rien avant ce temps, et on n'en peut faire ni beurre ni fromage.

Des Veaux nouveau-nés

Aussitôt que le veau est hors du ventre de sa mère, pendant qu'elle le lèche, ou que, pour l'y exciter, on répand du sel et des miettes de pain sur le corps du jeune veau, comme nous l'avons dit ci-dessus, il faut faire avaler au nouveau-né un jaune d'œuf cru, pour lui donner des forces ; mais en même temps on doit le manier le moins qu'on peut, parce qu'il est extrèmement délicat.

Pendant les cinq ou six premiers jours, il faut le laisser auprès de sa mère, surtout en hiver, pour qu'elle le chauffe et qu'il tette à discrétion. Au bout de ce temps, on l'attache un peu à l'écart, afin qu'il ne tette plus que quand on le juge à propos ; et après qu'il a tété, on le ramène à son lieu.

Après huit à dix jours la mère va paître, ainsi que nous l'avons dit, avec les autres vaches, et on retient le veau à l'étable, qu'on fait téter deux fois le jour avant que la mère ne sorte.

Il y a des veaux qui ne donnent point de peine à élever, parce qu'ils prennent le trayon de leur mère, et qu'ils savent téter dès qu'ils voient le jour ; mais aussi il y en a d'autres à qui il faut longtemps mettre la tétine dans la bouche pour les y faire ; et, quand ils répugnent longtemps à la prendre ou à tirer, c'est une marque qu'ils ont des barbillons, qui est une des indispositions auxquelles les jeunes veaux son sujets.

Quand la vache n'a point assez de lait pour nourrir

son veau, ou que c'est une bonne laitière qu'on veut ménager, et cependant élever son petit pour en conserver la race, il n'y a qu'à le faire téter peu, et lui donner pour supplément de nourriture, deux fois par jour, une demi-douzaine d'œufs crus, qu'on lui casse dans la bouche et qu'on lui fait avaler ; ou bien le nourrir de lait de vache bouilli et de pain qu'on y a fait mitonner ; ou bien encore lui donner de petites pelotes de pâte de farine d'orge ou de seigle ; c'est un peu de peine, mais aussi c'est le moyen d'avoir en deux mois ou six semaines de forts veaux et de belles génisses, dont les bouchers sont fort curieux, si on veut les leur vendre. La vesce, mise à tremper en grain dans l'eau tiède sur le feu, jusqu'à ce qu'elle se gonfle, est encore une excellente nourriture pour les veaux.

Il ne faut pas avoir l'avarice d'ôter aux veaux qui tettent une partie du lait de leur mère : ce lait ne vaut rien pendant les deux premiers mois ; et outre cela, si on ne remplace par d'autre nourriture ce qu'on en dérobe aux veaux, ce ne sont que des squelettes, dont les bouchers mêmes ne veulent pas se charger.

Maladies et infirmités auxquelles les jeunes Veaux sont sujets

Les maladies des veaux sont :

1º Le dévoiement, qu'on guérit en donnant aux veaux plusieurs fois par jour, jusqu'à guérison, des jaunes d'œufs délayés dans deux litres de petit-lait, ainsi qu'une forte poignée de thym que vous faites bouillir pendant dix minutes et, en leur administrant des lavements faits avec la racine fraîche de grande consoude, ou de la graine de lin ;

2° La gale et les poux ; frottez le veau avec de l'onguent gris qui se fait avec 500 grammes de saindoux et 63 grammes de vif-argent, que l'on broie ensemble dans un mortier jusqu'à ce que le mercure soit éteint.

Il y en a beaucoup qui ont la gale presque en naissant, ils ont alors la peau rude et mal unie, et le poil hérissé.

On la guérit en leur frottant tous les endroits galeux avec du beurre frais et de l'huile de chènevis.

La gale vient assez souvent par la négligence des domestiques, qui laissent croupir l'urine sous le veau, ou qui ne donnent pas assez de litières fraîches.

Les veaux sont encore sujets aux barbillons et aux poux, dont le remède est indiqué ci-après à l'article des maladies des bêtes à cornes.

Du temps de sevrer les Veaux ; règles d'économie pour qui veut en élever

L'usage du lieu ou la fantaisie décident seuls de l'âge auquel on sèvre les veaux et génisses. Quelques-uns ne les font téter que quinze jours, pour avoir plus tôt le lait de leurs mères ; mais, en si peu de temps, le lait ne peut avoir assez de corps et de graisse, et le lait de cet âge ne peut servir qu'à faire la soupe fort fade. Ainsi il vaut mieux laisser téter les veaux et génisses trente à quarante jours, comme on fait aux environs de Paris ; après ce temps, on les vend aux bouchers ; mais si on veut les garder pour les élever tout à fait, on les laisse téter deux mois entiers : plus ils tettent, plus ils sont gras et forts.

On appelle veau de *lait,* celui qui n'a pas encore mangé de foin ; les veaux de *rivière* sont des veaux extrêmement gras qui viennent aux environs de Rouen, où il y a de bons pâturages, et où on les nourrit de lait. On appelle veau *montane,* un veau nourri dans une ménagerie du lait de plusieurs vaches, et de quelques autres ingrédients, comme œufs et sucre, ce qui est une façon de les nourrir venue d'Italie.

Pour élever avec profit des veaux et des génisses, ce n'est point assez que d'en avoir à sevrer ; il faut en régler le nombre sur ce que l'étendue ou la fertilité des pâturages en peuvent nourrir. On peut aussi faire quelque fonds sur les fourrages qu'on aurait de surabondance ; mais il est rare d'en avoir trop, ou qu'on n'en puisse pas faire d'argent ; et, outre cela, les veaux et génisses s'accommodent mieux du pâturage que du fourrage.

Il y a encore une chose à considérer pour l'économie, c'est de ne point élever des veaux ni génisses quand on a débit de ses fromages. Dans les cantons où il s'en fait un grand commerce, on fait couvrir les vaches rarement quand ce sont de bonnes laitières, et l'on vend leurs veaux de bonne heure : on trouve mieux son compte à acheter une vache de quatre ou cinq ans, pleine, que d'élever des génisses qui ne rapportent de profit qu'à trois ou quatre ans.

Mais enfin, quand on a assez de pâturages en prés ou en bois, et assez de fourrages pour élever ses veaux et ses génisses, soit qu'on veuille conserver quelque bonne race de vache, ou en augmenter le nombre, et avoir des bœufs pour la charrue, il faut d'abord choisir les veaux et génisses les plus forts ou les plus beaux, de belle race, s'il se peut, promettant beaucoup pour l'usage auquel on les destine, surtout mangeant bien.

Il faut prendre, par préférence, ceux qui sont nés depuis le mois de mars jusqu'au mois de juin, parce que ceux qui naissent plus tard ne sont pas assez forts pour résister aux rigueurs de l'hiver suivant, qui les fait mourir, ou du moins qui les altère assez pour qu'ils ne deviennent presque jamais beaux.

Les veaux et génisses qu'on veut élever, étant ainsi choisis et sevrés à l'âge de deux mois au plus tôt, il faut leur donner quelque temps auparavant un peu d'herbe ou de foin, du meilleur et du plus fin, afin de les y accoutumer ; ensuite on les met paître en été, depuis le matin jusqu'au soir, dans de bons endroits séparés de leurs mères, et la nuit on les enferme dans des étables à part, de peur qu'ils

n'aillent toujours téter ; il est même à propos de les
mettre paître et coucher à l'écart, de peur que les
autres bestiaux, qu'ils iraient tâtonner, ne les bles-
sent ; ou bien on leur met des muselières qui les
empêchent de téter et non pas de paître, et on
les laisse aller pêle-mêle avec leurs mères et les autres.

L'hiver leur est beaucoup plus difficile à passer,
à cause qu'ils sont très sensibles au froid : c'est
pourquoi il faut tenir l'étable bien fermée et bien
chaude, les changer souvent de litière ; et, outre le
fourrage ordinaire, leur donner de temps en temps
du foin, du sainfoin et de la luzerne, pour les maintenir en embonpoint et en force ; et, quand ils vont
aux champs avec leurs mères, le nez toujours mu-
selé ; il faut avoir soin, au retour, de les bien frotter
avec de la paille, pour les garantir des effets des
frimas. Quand on les a sauvés du premier hiver, les
autres ne sont plus à craindre.

Lorsqu'on a ainsi élevé les génisses, il ne faut
que trois mois de pâturage pour les engraisser et
les bien vendre, si on ne juge pas à propos de les
garder ; elles sont en cela différentes des vaches qui,
n'étant pas si jeunes, prennent graisse avec plus de
peine.

Quant aux veaux, lorsqu'on ne les vend point
jeunes, on les destine à la charrue ou au charroi ;
et, pour cet effet, on les châtre à deux ans, à
l'exception de quelques-uns des plus forts, qu'on
laisse croître entiers, quand on manque de taureaux.

Quelques personnes leur font cette opération à six mois, mais c'est les exposer à une mort presque certaine ; au lieu qu'à deux ans ils ne courent aucun risque, et il n'y a point de temps perdu, parce qu'ils ne portent le joug qu'après cet âge.

C'est toujours le matin, avant qu'ils n'aient sorti, qu'on les châtre : les uns prennent le mois de mai, parce qu'alors les veaux ne se sentent plus de l'hiver ; d'autres aiment mieux attendre à l'automne, mais il faut toujours que le temps soit modéré et doux, car le froid et le chaud sont également dangereux pour cette opération.

Pour la faire, on prend les nerfs des testicules du veau avec de petites tenailles ; ensuite, prenant les bourses, on y fait l'incision et on coupe les testicules, même en n'en laissant que l'extrémité qui tient aux nerfs ; c'en est assez pour ôter au veau la vertu d'engendrer, et il ne verse pas beaucoup de sang et ne perd point ses forces.

Aussitôt que l'opération est faite, on frotte la plaie de cendres de sarment, mêlées avec la litharge d'argent, et on y applique un emplâtre : ce jour-là, on doit lui donner un peu de nourriture, et point à boire, et peu les jours suivants. Les trois premiers jours, on le nourrit de foin haché et d'un décalitre par jour de son mouillé qu'on lui donne en ne fois. Le troisième ou quatrième jour on lève le premier appareil, et on met sur la plaie un emplâtre de poix fondue et de cendres de sarment, mêlées avec de l'huile d'olives, pour consolider les chairs ; et à mesure que l'appétit revient au jeune bœuf, on lui donne de l'herbe fraîche et à boire. A trois ans on le vend en foire, ou on le met au joug après l'y avoir dressé.

Maladies des bêtes à cornes

La plupart de leurs maladies viennent de ce qu'on les a trop poussées en travaillant, ou de ce qu'on les a fait travailler dans des temps qui leur sont contraires, comme le chaud, le grand froid ou les pluies froides.

Quand un bœuf est dégoûté ou qu'il a les yeux mornes et tristes, c'est signe de quelque maladie.

On la prévient en purgeant le bœuf quatre ou cinq fois l'an : pour cela, dans le temps qu'il a le moins à travailler, on le laisse reposer, et on lui donne pendant deux ou trois jours du son mouillé avec son herbe, si c'est en été, ou avec son foin, si c'est en hiver ; ensuite on le purge avec 32 grammes de sublimé doux et 4 grammes de cumin, le tout pulvérisé et mêlé dans un litre de vin blanc : on donne cette médecine tiède au bœuf, sans que le sublimé soit infusé.

Avant-cœur ou Au-cœur. — C'est, comme nous l'avons dit au sujet du cheval, une tumeur qui paraît en dehors sur le poitrail du bœuf. Quand ce mal ne serait pas extérieur, il est aisé de connaître si le bœuf en est attaqué, parce qu'alors il est extrêmement triste, lent et lourd ; il a les yeux stupides et inanimés, le cou penché, la bouche toujours pleine de salive, l'épine et le train du dos raides et le poil tout hérissé ; il est dégoûté, rumine rarement et est sujet à des défaillances de cœur qui le font quelquefois tomber tout de son long.

Remède. — Piquez la tumeur à deux ou trois endroits avec une alène bien piquante, mettez-y gros comme une aiguille de racine d'ellébore, et frottez le mal avec du beurre frais, de l'onguent althéa et de l'huile de laurier.

Et comme la tumeur est pleine d'une humeur maligne, pour empêcher que cette malignité ne se communique au cœur, il faut, outre l'ellébore qui l'attire en dehors, faire avaler au bœuf 25 centilitres de gros vin, dans lequel on aura dissous à froid gros comme deux fèves d'orviétan ou de thériaque. Si le mal s'opiniâtrait, il faudrait avoir recours à ce qui a été dit pour les chevaux au mot *Avant-cœur.*

BARBILLONS OU BARBES. — Ce sont certaines excroissances de chair qui viennent sous la langue des bœufs, et qui les empêchent de paître. Il faut y surveiller de temps en temps pour les leur ôter ; car les bœufs ne coupent pas l'herbe avec les dents, comme les chevaux, ils ne font que l'entortiller avec la langue et l'arracher, en sorte que lorsqu'ils ont ces excroissances, ils ne peuvent pas, à cause de la douleur qu'elles leur causent, appliquer leur langue autour de l'herbe, et ils deviennent maigres et sans force.

Remède. — Coupez-les avec des ciseaux et les lavez avec du vinaigre et du sel.

Le Battement des flancs marque une grande inflammation d'entrailles ; il vient ordinairement de ce qu'on a laissé morfondre le bœuf, après un grand travail, ce qui le tourmente beaucoup.

Remède. — 1° On laissera prendre du repos au bœuf; 2° on lui donnera aussitôt un lavement d'une décoction de bourrache, chicorée sauvage et bettes, le tout bouilli dans 2 litres de petit-lait de vache, réduits à 3 demi-litres ; on y ajoutera 1 hectogramme 25 grammes de miel et autant d'huile de noix, et l'on fera prendre ce remède au bœuf;

3° Le lendemain, on lui fera avaler un breuvage d'un litre d'eau tiède, dans laquelle on aura mis du sucre de poireaux. Et enfin, pour achever sa guérison, on lui fera un cataplasme de trois poignées de graine de choux avec 1 hectogramme 25 grammes d'amidon ; le tout pilé ensemble et délayé dans de l'eau froide, qu'on lui appliquera sur les parties affligées.

Sa nourriture sera de bonne herbe en été, et en hiver de balles de froment mêlées avec du son dans un seau d'eau : on lui ôtera le foin pour peu de temps, parce qu'il est contraire aux flancs altérés.

Blessures aux pieds. — Le soc de la charrue ou quelque autre chose blesse souvent le talon ou la corne du pied du bœuf.

Remède. — On prend de la poix noire, du vieux oing et du soufre, on mêle toutes ces drogues, on les met sur de la laine grasse et on les applique sur le pied du bœuf avec un bandage par-dessus pour le tenir en état.

BOITEMENT OU BŒUF BOITEUX. — Les bœufs ne boitent pas toujours pour s'être fiché quelque clou ou quelque chicot aux pieds ; ils boitent quelquefois pour y avoir eu trop froid.

Remède. — En ce cas, il faut leur laver le pied malade, y faire u e ouverture avec la lancette, laver la plaie avec de l'urine, ensuite le saupoudrer de sel et y infuser de l'huile chaude, ou bien de la cire fondue avec de l'huile, et l'envelopper de quelque linge.

Quelquefois aussi le sang du bœuf extravase et tombe sur le pied, ce qui le fait boiter, à cause de l'inflammation qui y survient et la douleur qui la suit. Aussitôt qu'on s'aperçoit du mal il faut d'abord visiter la corne du pied, la toucher, et où l'on sent de la chaleur et le bœuf de la douleur, on frotte l'endroit et on le scarifie, pour en faire sortir le sang. Mais s'il a déjà pénétré l'ongle, il faut, de crainte qu'il n'y cause un plus grand désordre, fendre un peu cet ongle avec quelque instrument tranchant, dans le milieu de la fourchette ; ensuite prendre de la charpie ou des étoupes, les imbiber de vinaigre mêlé de sel broyé, et l'appliquer sur la plaie avec un bandage par-dessus.

Il est nécessaire, pour lors, que le bœuf boiteux soit dans une étable dont le plancher ne soit point humide ; parce que, pour guérir, il faut qu'il ne mette pas le pied dans l'eau. Le premier appareil levé, on nettoie bien la plaie ; puis on prend du vinaigre, de l'huile et du sel, on mêle le tout, et on y trempe des étoupes, qu'on applique de nouveau sur le mal ; ou bien on prend du vieux oing et du suif de bouc ou de mouton, on les fait fondre ensemble pour en mettre sur la plaie.

Si on voit que le sang soit descendu jusqu'à l'extrémité de la corne, il faudra la couper jusqu'au vif, afin que le sang puisse en sortir. On ne doit pas fendre la corne par le milieu, mais seulement par le bout.

Il survient quelquefois une enflure aux genoux du bœuf boiteux, qui lui cause de la douleur : il faut frotter la partie avec du vinaigre chaud, et y mettre de la graine de lin imbibée d'eau et de miel ; ou, pour le mieux, on se sert de la charge qui suit :

Prenez trois litres de lie de vin rouge, un demi-litre de vinaigre, une poignée de racines d'orties grièches bien découpées, et 5 hectogrammes de miel ; faites bouillir le tout avec 25 centilitres de farine et seigle, et l'appliquez bien chaudement sur le mal.

On peut encore, pour résoudre ou dissiper la tumeur, prendre un demi-litre d'urine d'homme, 16 grammes de sel de tartre, 4 grammes de gomme ammoniaque ; on met bouillir le tout jusqu'à réduction de 25 centilitres ; ensuite on frotte l'enflure avec toutes ces drogues, jusqu'à ce qu'elle soit dissipée. Quelques-uns se contentent d'y mettre du levain et de la farine d'orge détrempée dans du vin cuit, ou

dans de l'eau emmiellée et cuite ; et si la tumeur vient
à suppuration d'elle-même, à la bonne heure ; sinon
il faudra percer avec la lancette, et y appliquer la
charge dont on vient de parler.

Autre remède, l'oignon de lis ou l'oignon marin,
auparavant appelé scille, avec du sel ou de l'herbe
qu'on appelle la renouée, le tout appliqué sur la
plaie, la nettoie très bien.

Chignon blessé ou enflé. — Pour l'enflure, s'il y
a entamure, on prend de la cire neuve avec de la
graisse de porc mêlées ensemble , qu'on fait fondre,
et on en frotte la partie malade.

Si le chignon du cou est déplacé, il faut examiner
de quel côté il penche et tirer du sang à l'oreille
opposée : ce qui se fait en prenant un brin de sarment, dont on bat la grosse veine qui paraît à cette
partie ; et lorsqu'elle est gonflée, on la pique pour
retirer le sang. Il faut bien nourrir le bœuf et lui
laisser prendre du repos pendant trois ou quatre
jours : après ce temps-là, on recommence à travailler
peu à peu.

Si le chignon ne penche point d'un côté ni d'autre,
et que l'enflure soit au milieu, on le saignera aux
deux oreilles dès qu'on s'en sera aperçu ; autrement
tout le cou s'enflerait, les nerfs se raidiraient, et il
s'ensuivrait une dureté qui empêcherait le bœuf de
pouvoir jamais porter le joug.

Après la saignée, on frotte l'enflure avec cet onguent :

On prend de la poix résine, moelle de bœuf, suif
de bouc et vieille huile d'olive, le tout à poids égal : on le

fait cuire dans un pot, et on en frotte l'enflure après
qu'on l'a lavée avec de l'eau et qu'on l'a laissée sécher.

Colique et tranchées. — Les signes de la colique
sont : lorsque le bœuf se plaint, allonge le cou, étend
la cuisse, se lève et se couche souvent, qu'il ne peut
se tenir en une place, et enfin qu'il sue. La colique
vient plutôt au printemps qu'en toute autre saison,
parce qu'alors le bœuf abonde plus en sang ; elle
vient ou de lassitude, ou de ce qu'il a travaillé par
un temps trop rude, ou de ce qu'il a bu trop froid,
ou bien d'un dépôt de matières dans les intestins ;
elle est violente alors, et le bœuf court risque de sa
vie s'il n'est secouru.

Aussitôt qu'on s'en aperçoit, il faut avec un bâton
rond lui frotter rudement le ventre, afin que l'air
subtil, entrant par respiration à travers les pores, le
sang qui s'est épaissi reprenne son cours.

Cela fait, on le promène une bonne demi-heure, et
à l'étable on a soin de bien le couvrir, pour le tenir
chaudement.

Pour nourriture, on lui donne de bon foin et un
décalitre d'avoine à midi ; et pour boisson, on lui
fait tiédir de l'eau dans laquelle on jette une poignée
de farine de froment.

Si ces remèdes n'apportent point de soulagement,
on lui fera avaler des oignons cuits, qu'on aura mis
tremper dans du gros vin, et l'on se servira d'une
bassinoire pleine de feu, et d'une poêle bien chaude
pour lui échauffer le ventre.

Ou bien prenez mauve, guimauve, mercuriale, violette, chicorée sauvage et bourrache; faites-en une décoction dans trois litres d'eau que vous laisserez réduire à moitié; ajoutez-y 64 grammes d'huile violat, autant de casse; passez le tout, et donnez-le en lavement tiède au bœuf.

Si ce lavement n'opère pas, il faudra y mêler un demi-litre de vin émétique, tenir le bœuf bien couvert, et lorsqu'il aura rendu son lavement lui donner le breuvage que voici : On prend un litre de la décoction dont on vient de parler, on y mêle 64 grammes d'huile d'amandes douces, au lieu d'huile violat, et on la fait avaler au bœuf malade.

Quelquefois aussi la colique n'est causée que par des ventosités retenues dans les intestins : pour lors, il faut prendre un litre de décoction faite d'herbes émollientes, y jeter 64 grammes d'huile de noix, quatre bonnes pincées de sel commun, et 64 grammes de suc de rue; on mêle le tout, on le coule, et on en donne un lavement tiède au bœuf.

Pour guérir les douleurs et bruissements de boyaux qu'excitent les vents, les matières crues, ou l'acrimonie des humeurs, qui bouillonnent et se fermentent dans les entrailles du bœuf, on lui retranche d'abord la nourriture; ensuite on prend 9 grammes de myrrhe, trois demi-litres de vin rouge et 75 centilitres d'huile; on en fait un mélange qu'on donne en breuvage au bœuf en trois fois, à égale portion, pendant trois jours.

On peut guérir avec succès les tranchées en faisant avaler au bœuf de la graine de céleri et de concombre, autant de l'un que de l'autre environ plein un verre, qu'ils mêlent avec autant de miel et de gros vin rouge; ou bien ayez une décoction faite d'herbes rafraîchissantes, environ deux litres, mêlez-y 80 grammes de nitre, 60 grammes d'huile de noix, et la donnez au bœuf.

Ou bien on prend un verre de suc de poirée, dans trois demi-litres de décoction de choux ; on y ajoute 64 grammes de séné infusé à froid dans deux verres d'eau ; ensuite on coule la liqueur, et on la donne en remède au bœuf. Lorsque le lavement est rendu, on lui fait avaler un litre de décoction faite d'épinards, bettes blanches et mauves, avec beurre frais et huile de noix.

CONSTIPATION OU PARESSE DU VENTRE. — Pour cette maladie, on donne au bœuf un lavement fait avec 5 hectogrammes de miel commun, 125 grammes de beurre frais et 64 grammes de séné, qu'on a fait bouillir dans une décoction qui aura été composée de mauves, de guimauves et pariétaires, de chacune deux poignées, bouillies dans trois litres d'eau réduits à deux, et bien coulées ; on ajoute à tout cela deux cuillerées d'huile de noix ; et quand le bœuf a pris ce remède, on lui donne, le lendemain de grand matin, un litre d'eau tiède, dans laquelle on met dissoudre 64 grammes d'aloès en poudre.

Le foin ne vaut rien aux bœufs paresseux du ventre, et le pâturage, au contraire, leur est excellent : hors les saisons de pâturer, on ne leur donne que de la paille, et, soir et matin, du son de seigle trempé dans de l'eau.

Dégout. — C'est moins une maladie qu'un symptôme ordinaire de maladie. Pour savoir si le bœuf n'est que dégoûté, on prend du sel avec du fort vinaigre, dans lequel on fait infuser des poireaux, des ciboules ou du céleri, qu'on lui fait avaler en lui tenant le mufle élevé en haut, pour qu'il ne laisse point tomber de cette salade pendant qu'il la broie entre ses dents ; s'il n'est que dégoûté, quand on lui aura donné ce remède soir et matin pendant deux jours, l'appétit lui reviendra ; sinon, c'est une vraie maladie, et il faut tâcher de la connaître pour y remédier dès son commencement, comme nous l'allons dire.

Une autre manière de ragoûter le bœuf est de prendre le plus tendre d'un chou, broyer ce qu'on en aura trié dans 25 centilitres d'huile de noix, et faire avaler le tout au bœuf, ensuite le couvrir d'une bonne couverture et le promener pendant une heure.

Il est encore bon de donner aux bœufs dégoûtés des feuilles de rave ou de raifort, ou des betteraves cuites et marinées dans du fort vinaigre, qu'on leur fait aussi avaler. Quelques-uns font une rôtie de pain bis qu'ils frottent de miel : ensuite ils leur frottent le palais et la langue avec ce vinaigre. D'autres leur donnent 32 grammes de thériaque ou d'orviétan dans 25 centilitres de vin. Il y en a aussi qui leur frottent la bouche de cinq ou six gousses d'ail concassées et infusées dans deux verres de vinaigre ou de verjus, où ils ont mêlé deux onces de sel égrugé avec 1 hectogramme 25 grammes de miel.

D'autres encore font prendre au bœuf dégoûté du marrube avec huile de noix et du vin rouge et des grains d'encens, de la sabine· ou de la rue, qu'ils leur font avaler dans du vin. Le serpolet, pilé et mêlé avec du vin, est encore très bon, ainsi que l'oignon marin coupé et trempé dans de l'eau. Il faut que ces remèdes soient donnés, durant trois jours seulement, dans un litre de vin. Ils purgent le ventre, dissipent les mauvaises humeurs, et rendent aux bœufs malades la santé et l'appétit.

On leur donne encore de la lie d'olives et de l'eau, autant de l'un que de l'autre. Ce remède se pratique dans les pays où croissent les oliviers, et il opère de très bons effets. D'abord on leur en donne fort peu, on en arrose seulement le fourrage dont on les nourrit, et on en met ussi un peu dans l'eau qu'on leur donne à boire, jusqu'à ce qu'ils y soient accoutumés ; ensuite on mêle l'eau et l'huile tout ensemble et on leur en donne autant qu'ils en peuvent prendre.

Duretés au chignon. — Pour résoudre ces duretés, qui empêchent le bœuf de porter le joug, il faut faire cuire dans de l'eau, où il y aura les trois quarts d'huile d'olive, 64 grammes de racines de lis, et autant de guimauve : quand ces racines auront bouilli pendant une heure, on y jettera deux poignées de feuilles de mauve, autant de feuilles de violette et une poignée de pouliot, tout cela bien haché ; on laissera cuire le tout, et on l'appliquera tout chaud sur la dureté, elle s'amollira.

Enclouures ou Chicots. — On prend le pied encloué, ou le chicot qui l'a blessé ; ensuite on jette
sur la plaie de l'huile toute chaude, sur laquelle on
met des étoupes, qu'on enveloppe avec un linge : ce
seul soin, pris deux ou trois fois, et un peu de repos,
opèrent la guérison.

On peut aussi faire fondre, sur l'enclouure, de
l'huile de térébenthine, de noix, ou de mille-pertuis.

On emploie ces mêmes remèdes, quand le bœuf
s'est piqué le pied à quelque épine, clou ou chicot.

Enflure. — Un insecte avalé, de l'herbe encore
chargée de rosée ou quelque piqûre de bête venimeuse, causent l'enflure, qui suffoquerait le bœuf,
si on n'y remédiait ; et la peau s'enfle quelquefois si
fort, qu'elle sonne comme un tambour.

Pour y remédier, on prend une corne percée,
qu'on met trois ou quatre doigts avant dans le fondement du bœuf ; puis on le promène jusqu'à ce
qu'il rende des vents.

Ou bien on lui donne un lavement de décoction de
mauve, de pariétaire, chicorée sauvage et bettes,
autrement dites poirées ; du son et de l'huile de
noix suffisent aussi.

64 grammes d'orviétan ou de thériaque, dans un
demi-litre de vin ou un demi-litre de vin émétique,
chassent le venin, surtout quand on en frotte la partie piquée, et qu'on lui a donné auparavant quelque
remède émollient.

Cet accident arrive souvent dans les lieux où les

bœufs trouvent sous l'herbe des buprestes ou enfle-bœuf, qui sont des espèces de mouches cantharides, dont nous parlerons ailleurs.

Enflure du ventre. — Les bestiaux sont sujets à devenir enflés après avoir mangé du trèfle et de la luzerne, et particulièrement quand la pâture est très humide après les pluies.

Remède. — Un lavement de décoction de mauve, pariétaire, chicorée sauvage, poirée, son, huile de noix, les guérit; ou bien faites-lui prendre 64 grammes d'orviétan dans un demi-litre de vin.

Enflure du cou. — *Remède.* — Frottez l'écorchure qui cause l'enflure avec de la graisse de porc et de la cire neuve fondues ensemble.

Ou bien si l'enflure vient d'une contusion, ou d'un abcès qui s'y est formé, on y appliquera un cataplasme fait de miel, de saindoux et de son, le tout bouilli dans du vin blanc, et on l'y laissera pendant trois ou quatre jours.

Enflure aux pieds. — Elle se guérit en y appliquant des feuilles de sureau broyées avec du saindoux et enveloppées d'un linge.

Pour l'Entorse, il n'y a qu'à prendre du saindoux, du miel et du vin blanc, faire bouillir le tout ensemble, et en frotter le mal pendant trois jours, quatre fois par jour, et il guérira.

S'il y avait *dislocation*, il faudrait remettre l'os,

frotter la partie disloquée avec la mixtion que je viens de dire, ou avec de la couperose dissoute à froid dans un litre d'eau (on se sert d'eau-de-vie, faute de couperose), et y appliquer, sur des étoupes, un cataplasme composé de 95 grammes de saindoux et de 12 centilitres d'eau-de-vie mêlée avec 2 grammes de farine de froment dans un demi-litre de vin blanc, le tout appliqué chaud.

S'il y a rupture entière de la jambe ou de la cuisse, il faut laisser le bœuf tranquille à l'étable et l'engraisser pour le vendre.

ÉPAULE DISLOQUÉE ET CORNE ROMPUE. — Il ne faut qu'un effort au bœuf à la charrue ou au harnais pour lui démettre l'épaule.

Remède. — On commence d'abord par le saigner de la jambe de devant opposée à la partie disloquée ; ensuite on la lui remet, on la frotte avec eau-de-vie mêlée dans son sang, tiré chaudement et bien manié, pour empêcher qu'il ne se coagule ; après on applique des éclisses sur l'épaule, on les y lie fortement, et on laisse le bœuf en repos. Le meilleur parti, quand ce malheur lui arrive, serait de le vendre s'il est en assez bon corps pour cela.

Quelquefois aussi un bœuf se rompt la corne, en faisant un effort au travail ; ce mal n'est pas autrement dangereux, quand il n'est point négligé ; il suffit de couvrir la plaie d'un linge imbibé de vinaigre, huile d'olive et sel ; le tout mêlé ensemble, et continuer durant trois jours.

Le quatrième jour, on y fait fondre de la poix

et du vieux oing, autant de l'un que de l'autre ; on met par-dessus de l'écorce de pin bien polie ; et lorsque le mal commence à se guérir, on le frotte de suie.

Ce mal, quoique de peu d'importance dans son commencement, ne veut point être négligé, d'autant qu'il s'engendre souvent des vers dans la plaie, qui pourraient y causer du désordre : on les fait mourir avec un poireau qu'on pile avec du sel, et qu'on met sur le mal ; les vers meurent aussitôt.

Lorsque la plaie est nette, on prend de la poix, de l'huile et du vieux oing, qu'on fait fondre ; on en couvre des étoupes que l'on met sur la plaie, et elle se guérit peu de temps après.

Les Étranguillons ne sont autre chose que des humeurs qui descendent d'un cerveau refroidi sous la gorge du bœuf, et qui forment des glandes qui, en grossissant, peuvent étouffer le bœuf.

Remède. — On lui ouvre, matin et soir, ces glandes avec une lancette, puis on lui frotte entièrement le dessous de la gorge avec de l'huile de laurier et du beurre frais battus ensemble à froid ; il faut, avec cela, lui tenir chaudement la tête, en la lui couvrant d'une bonne couverture ; autrement il courrait risque de mourir.

Il est à propos que sa saignée soit abondante ; et lorsqu'on voit que la tumeur se dissipe, il n'y a plus qu'à donner de bonne nourriture au bœuf, pour qu'il reprenne ses forces.

Lorsque la tumeur est venue à matière, si l'ouverture, par où elle sort, n'est pas assez grande, on pourra y faire une petite incision avec un rasoir ; tous les jours on nettoiera bien la plaie avec du vinaigre et du sel, et on y appliquera un emplâtre fait avec vinaigre, sel et lie d'huile, le tout à dose égale et bouilli ensemble ; mais de crainte que la plaie ne se ferme trop tôt, il est bon d'y mettre un plumasseau frotté d'onguent *Egyptiacum*. Et pour dissiper le mauvais levain qui pourrait rester dans les glandes du cou du bœuf, on le purge, en lui faisant avaler, dans quatre verres de vin, deux cuillerées de poudre de racine de concombre sauvage et un peu de miel de nitre mêlés ensemble.

Fièvre. — Elle vient ordinairement de ce que le bœuf a trop travaillé pendant les chaleurs ; et quand il l'a, sa tête est fort pesante, ses yeux sont tristes et enflés, et l'ardeur du dedans se fait sentir à travers le cuir.

Remède. — Il faut d'abord saigner le bœuf à la veine du front ou de l'oreille, et ne lui donner pour nourriture, que des aliments rafraîchissants, comme en été de l'herbe fraîchement cueillie, parmi lesquels on mêle des laitues, chicorées et feuilles de vigne ; et en hiver, du foin humecté et du son mouillé : on lui en donne deux fois par jour. Pour l'eau, il la faut claire et fraîche ; et pour en ôter la crudité, on peut y mêler deux poignées de farine de seigle.

Le bœuf qui a la fièvre ne doit pas sortir de l'étable.

On peut encore s'y prendre de cette manière pour la guérir : On fait d'abord une décoction de mauves, chicorées sauvages, laitues et bettes blanches ou poirées dans deux litres d'eau, qu'on met bouillir avec du son ; le tout passé dans un linge ; on y ajoute deux bonnes cuillerées de miel et autant d'huile de noix : on le donne au bœuf en lavement ; ensuite on le saigne à la veine du cou, ou entre les fourches du pied. Après cela, on prend un demi-litre de lait de chèvre, 25 centilitres d'huile de noix et quatre œufs ; on y mêle environ un verre de jus de pourpier, et on fait boire le tout au bœuf : on doit continuer pendant trois jours ce remède, et il le soulagera. Ou bien ayez de la farine d'orge, mêlez-la avec du vin, et donnez-le à boire au bœuf ; ou prenez du *gramen* qui soit venu à l'ombre, lavez-le bien, mêlez-le avec des feuilles de vigne, et le donnez à manger au bœuf : après ces remèdes, on peut réitérer le lavement ci-dessus.

Autre remède. — Le bœuf qui a la fièvre restera un jour sans manger : le lendemain on lui tirera du sang sous la queue, et une heure après on lui donnera pour nourriture des rejetons de choux cuits avec huile d'olive, qu'on lui fera avaler à jeun pendant cinq jours.

Dans les pays où naissent les oliviers et le lentisque, on en nourrit les bœufs fiévreux, on n'en prend que les sommités tendres et les feuilles : celles des vignes leur sont encore bienfaisantes. Il est bon de leur laver la bouche avec une éponge imbibée de vin, et de leur faire boire l'eau froide trois fois le jour. On peut aussi leur donner des feuilles de saule, de l'orge cuite dans l'eau et refroidie, ou de la farine d'orge mouillée ; et pour boisson, de l'eau, où on aura mis cuire des pommes aigres et vertes.

Souvent le bœuf atteint de fièvre est dégoûté, et ne fait que tâtonner la nourriture qu'on lui donne. Comme il faut qu'il ait de quoi se soutenir pour résister au mal qui l'atténue, on prend de la farine d'amidon, environ un litre, six œufs, 64 grammes d'huile rosat et un litre de vin blanc ; on mêle le tout et on l'entonne dans la bouche du bœuf avec une corne ; ou bien on lui fait prendre six œufs mêlés avec 64 grammes de sucre et autant de miel.

Flux de ventre. — Le flux de ventre n'est qu'un bénéfice de santé, s'il ne dure que deux jours ; mais quand il dure davantage, il abat extrêmement le bœuf, surtout lorsqu'il rend le sang.

Remède. — Le laisser trois ou quatre jours sans lui donner à manger que des pepins de raisin trempés dans du gros vin, et un peu d'avoine ; et pour boisson, on lui fera bouillir des gratte-cul ou des pelures de coing dans un litre d'eau, qu'on lui fera avaler une fois par jour seulement.

On peut aussi le guérir en lui donnant à boire de l'eau tiède mêlée de farine d'orge, et lui faisant prendre une décoction d'écorce de grenade ; ou bien on lui donnera à manger deux litres de farine de froment brûlé, détrempée dans un litre de vin rouge.

Dans les pays où croissent les oliviers sauvages,

on les nourrit de feuilles de cet arbre, mêlées de roseaux, tant que le flux dure ; et pour boisson on leur donne de l'eau dans laquelle on fait bouillir une poignée de graines de myrte, 5 hectogrammes d'origan, ou menthe sauvage fort tendre, et autant d'aurone de jardin.

Mais comme le flux de ventre peut provenir au bœuf par une intempérie de l'estomac, qui est trop faible pour digérer les aliments qu'il a pris, il faut aider la nature, en le rafraîchissant par quelques lavements comme celui-ci :

Prenez six poignées de bouillon-blanc femelle (tapsus Barbatus), 64 grammes d'orge pilée ; faites-les bouillir dans trois litres d'eau jusqu'à réduction d'un litre, passez cette. décoction, mettez-y dissoudre 32 grammes de miel rosat, et la donnez tiède au bœuf.

Il faut donner très peu à manger au bœuf qui a le flux de ventre, et même il ne faut lui en donner que pour se soutenir. Sa nourriture sera pour lors d'épeautre et d'orge rôties, arrosées de vin rouge ou de vinaigre, et passées ensemble à la poêle sur le feu.

On lui fait aussi manger de l'orge avec des lentilles et de la paille de froment hachée, le tout mêlé ensemble. Le son mouillé de bon vinaigre, ou mêlé de farine de millet, y est encore excellent, de même que les châtaignes pilées et mêlées avec du son de froment ; ou bien de l'eau ferrée avec graine de cresson rôtie, ou du gros vin avec sang-de-dragon et bol d'arménie pulvérisé ; ou bien encore du vin, dans lequel on a mis de l'encens réduit en poudre.

La Gale vient principalement d'un sang échauffé et corrompu : c'est pourquoi, pour la guérir, il faut saigner le bœuf à la veine du cou, et lui donner un lavement d'herbes rafraîchissantes ; ensuite lui faire avaler, pour médecine, un demi-litre de lait de vache, 32 grammes de tartre, et 1 hectogramme 25 grammes de miel mêlés ensemble.

On le nourrira d'herbes en été, et en hiver, de foin humecté et de son mouillé, deux fois par jour ; et durant quelque temps, on le frottera d'un onguent composé de cette manière :

Prenez environ 5 hectogrammes de saindoux, un demi-litre d'huile d'olive, 64 grammes de soufre vif, autant de myrrhe, et 16 grammes d'alun de plume ; broyez le tout ensemble dans un demi-litre de bon vinaigre, et frottez-en le corps du bœuf.

Autre remède. — Le bœuf galeux étant saigné, on le frotte le lendemain avec des cendres chaudes, de manière que le sang y vienne ; cela fait, on lui donne une potion avec le mercure préparé, mêlé d'alun en poudre et d'huile de lentisque.

On prend aussi de la sarriette, du soufre, de la vieille huile d'olive, de l'eau et du vinaigre, qu'on fait bouillir ; le tout étant cuit et tiède, on y jette de la poudre d'alun et on en frotte la gale du bœuf.

On peut prendre aussi environ un demi-verre de suc d'ellébore, qu'on met dans un demi-litre de vin, qu'on fait avaler au bœuf galeux : ce remède a la vertu de chasser par le bas toutes les mauvaises humeurs qui causent la gale.

Ou bien on frotte la gale, pendant trois ou quatre jours, de 64 grammes d'huile de chènevis et 500 gr. de cantharides qu'on a fait bouillir ensemble.

La graisse de volaille, mêlée avec de l'huile d'olive ou du fiel de bœuf incorporé avec du soufre vif pulvérisé, de l'absinthe, de l'huile, du bon vinaigre, et un peu d'alun de plume en poudre, sont aussi très bons contre la gale.

Il est encore bon de prendre une étrille ou un bouchon de paille, d'en frotter fortement les endroits galeux pour en ôter la croûte, de manière que le sang en sorte ; ensuite on frotte la gale, une fois le jour, avec du savon mêlé dans de l'eau de lessive, ou bien on la frotte une seule fois d'onguent gris ou *napolitain :* elle sera guérie en trois jours.

Lorsque la gale est guérie, pour nettoyer la peau du bœuf, il faut la frotter avec du soufre mêlé de poudre de térébenthine, ou avec du vinaigre.

INDIGESTION. — On connaît que le bœuf ne digère point, par les rots fréquents qu'il fait et par un bruit qu'on entend dans son ventre ; il est dégoûté, il a les nerfs tendus et raides et les yeux pesants ; on ne l'entend point ruminer, ni se nettoyer avec sa langue, ce qui est une marque de santé dans un bœuf.

Remède. — Prenez neuf litres d'eau chaude et trente rejetons de choux que vous ferez un peu bouillir ; ajoutez-y un bon verre de vinaigre, et donnez le tout à manger au bœuf, sans le nourrir d'autres choses.

Ou bien, tenez-le enfermé dans une étable, prenez deux kilogrammes de sommités de lentisque et d'olivier sauvage ; broyez-les bien, ajoutez-y 5 hectogrammes de miel, mêlez le tout dans quatre litres et demi d'eau, et le laissez infuser à l'air l'espace d'une nuit ; ensuite faites-le avaler au bœuf, en le lui entonnant dans la bouche. Cela fait, une heure après, donnez-lui à manger deux kilogrammes d'ers (c'est une espèce de vesce noire) macéré dans de l'eau, et ne lui laissez boire autre chose : en continuant ainsi pendant trois jours, toute la cause du mal se dissipera.

Si on néglige de remédier à l'indigestion, l'enflure survient au ventre, et le bœuf souffre de grandes douleurs dans les entrailles, de manière qu'il ne peut prendre aucune nourriture ; il se plaint et ne peut rester en place, il se couche par terre, agite la tête, et remue la queue plus souvent qu'à l'ordinaire. A la vue de ces symptômes, il faut employer ce remède singulier :

On lui prend la queue et on la lui serre avec un cordeau tout près des fesses, ensuite on lui fait avaler 75 centilitres de vin mêlé de 25 centilitres d'huile d'olive ou de noix, et après on le fait marcher vitement environ quatre cents pas.

Si la douleur continue, il faut se frotter la main d'huile, la lui fourrer dans le fondement, en tirer la fiente, et le promener un peu. Si ce remède est encore impuissant, on prendra des figues sauvages qui soient sèches, on les broiera et on les lui donnera avec neuf fois autant pesant d'eau chaude.

Il faut aussi, avant de soigner le bœuf attaqué d'indigestion, lui faire boire un litre de vin dans lequel on a fait macérer 95 grammes d'aulx pilés : quand il a pris ce breuvage, il faut le faire mârcher ; car il n'y a que le grand ferment qui puisse corriger le mauvais levain qui dérange l'estomac du bœuf.

On se sert aussi de dix oignons coupés par rouelles, les mêlant avec 5 hectogrammes de miel cuit, et 64 grammes de sel égrugé mince, ensuite on fait manger le tout au bœuf qu'on promène aussitôt.

Langueur. — Quelquefois le dégoût du bœuf n'est qu'une langueur qui vient de ce qu'il a trop travaillé, ou de ce qu'il a été trop exposé aux injures de l'air.

Remède. — Si c'est en été, et qu'il y ait apparence que le mal vienne de la trop grande chaleur, après le premier des remèdes ordonnés à l'article précédent, on jettera deux poignées de farine dans trois litres d'eau qu'on lui donnera à boire à midi, et autant le soir ; pour nourriture, on lui donnera le matin un décalitre de son humecté, mêlé d'une poignée d'avoine seulement, puis de l'herbe pour son fourrage ; on continuera ainsi jusqu'à ce qu'il mange bien.

En hiver, la langueur vient ordinairement de ce que le bœuf a bu de l'eau de neige, ou de ce qu'il a été refroidi par les pluies. Dans ce cas, après lui avoir fait prendre la potion de vinaigre dont on a parlé à l'article du *Dégoût*, on lui donnera du son tout sec avec moitié d'avoine le matin, et autant le soir, et de bon foin, dont on ne le laissera manquer ni jour ni nuit, observant, outre cela, de le tenir chaudement dans l'étable.

MAIGREUR. — Le bœuf est quelquefois si maigre que sa peau est collée aux os.

Remède. — Le premier soin qu'il faut y apporter est de l'oindre avec du vin et de l'huile mêlés ensemble, et de le frotter rudement à contre-poil, en approchant des parties qu'on frotte une pelle rouge, pour mieux faire pénétrer le remède et détacher la chair des côtes ; ensuite comme cette maigreur ne vient que de chaleur, on lui donnera un lavement d'une décoction de bettes blanches ou poirées ; chicorée sauvage et autres herbes rafraîchissantes, avec du son : on le donne tiède au bœuf, après y avoir ajouté deux cuillerées d'huile de noix ou d'olive.

Après ce lavement, sa nourriture sera, le matin, du foin humecté ; deux heures après, un picotin de son mouillé ; à midi, de l'eau blanchie de farine d'orge pour le faire boire ; depuis cette heure jusqu'au soir, de l'herbe fraîche, si c'est en été, ou, si c'est en hiver, toujours du foin mouillé, et on continuera ainsi jusqu'à ce qu'il se rétablisse ; ce qu'on connaîtra aisément par son poil qui sera doux au maniement.

Mal de cœur. — On le connaît par un battement de flancs fréquent, accompagné de temps en temps de nausées, qui font pencher la tête au bœuf, et qui lui rendent les yeux tout tristes.

Remède. — On lui fait prendre gros comme deux fèves de bon orviétan ou de thériaque, dans un demi-litre de bon vin rouge ; quand il l'a avalé, on lui frotte le mufle avec de l'ail ; deux heures après on lui fait des rôties au vin, ou une copieuse salade de poireaux, cives, ciboules, céleri et autres herbes fortes, qu'on trouve dans la saison, et on la lui donne à manger avec du vinaigre et du sel.

Si le mal s'opiniâtre, on fera une décoction de bourrache, violette, buglose et mélisse, qu'on fera prendre au bœuf, tant que le mal le tiendra ; il faut lui laver souvent la bouche avec du vinaigre. Si c'est en hiver qu'il tombe en défaillance de cœur, on prendra du sucre, du gingembre, cannelle et girofle, le tout pulvérisé, de chacun 64 grammes, on le mêlera dans du vin, et on le lui fera avaler. Si on s'aperçoit qu'il y ait battement de cœur, on prendra du girofle pulvérisé avec suc de marjolaine ou de buglose ; on mêlera le tout dans du vin qu'on lui fera avaler ; ou bien on lui donnera de la décoction de mélisse, de bourrache et de buglose : elle est spécifique contre le mal de cœur.

Le foie d'antimoine, après une demi-saignée, donné le matin et le soir, à la quantité de 32 grammes, dans du son sec, jusqu'à la consommation de 2 kilogrammes, est très bon pour rétablir les bœufs exténués, dont la peau est collée sur les os, et pour fortifier ceux à qui la fatigue ou un travail excessif ôte entièrement le désir de manger. Le foie d'antimoine, ainsi donné dans un décalitre de son, en continuant la nourriture ordinaire, leur donnera bientôt de l'appétit, de l'embonpoint et de la force.

Mal de tête. — Les humeurs qui descendent du cerveau, et que le bœuf jette en abondance par les yeux et par les naseaux, sont des marques certaines du mal de tête, surtout lorsqu'il se tourmente beaucoup, qu'il se plaint, et qu'on lui voit la tête enflée et plus chaude que de coutume.

Remède. — Prenez de l'ail bien broyé, mettez-le infuser à froid deux heures dans du vin, et le lui seringuez dans les naseaux ; cela facilitera l'écoulement des humeurs ; il faut, outre cela, lui tenir la tête bien chaude ; ou bien prenez du thym, de l'ail et du sel, broyez le tout ensemble, mêlez-y du vin rouge, et frottez-en la langue du bœuf.

Il est bon aussi de lui tirer du sang de la veine du cou, et de lui donner un lavement, dont voici la composition :

Prenez feuilles de centaurée, cardamome, pouliot, guimauve, ellébore et fenouil, de chacun deux poignées ; faites-les bouillir dans deux litres d'eau réduits à trois demi-litres ; joignez-y 32 grammes de séné que vous y laisserez un peu infuser sans bouillir, 5 hectogrammes de miel, un peu de sel, trois cuillerées d'huile de noix, 64 grammes d'algaric pulvérisé et 95 grammes de casse ; mêlez le tout, coulez-le et le donnez tiède au bœuf : ce lavement abattra les vapeurs des entrailles qui causent le mal de tête.

Si c'est en été, il faudra se servir de médicaments rafraîchissants, et donner au bœuf pour aliments des feuilles de vigne, laitue et chicorée sauvage ; et pour boisson, de l'eau blanchie avec farine de seigle ; mais si c'est en hiver, on le nourrira d'orge, d'avoine, d'épeautre et de bon foin, et on lui donnera à boire de l'eau avec farine d'orge.

MAL D'YEUX. — Lorsqu'un bœuf a les yeux enflés, on lui met dessus de la farine de froment détrempée clairement avec de l'eau et du miel. S'il paraît quelque blancheur dans l'œil, on le guérit avec du sel ammoniac pulvérisé, mêlé avec du miel, ou bien on prend de la poudre du poisson qu'on appelle *sèche* et on en souffle dans la partie malade : ou bien encore, prenez 16 grammes de poudre de benjoin et 1 hectogramme 60 grammes de sel ammoniac, battez le tout, et on en frotte les yeux du bœuf ; la racine de cette plante, pilée avec huile de lentisque, opère le même effet.

Lorsque les yeux lui pleurent, on prend de la farine d'orge cuite au four, on la met dans de l'eau et du miel, et on en frotte les yeux du bœuf ; la graine de panais sauvage, mêlée avec miel et suc de raifort sauvage, est encore fort bonne pour ce mal.

PALAIS ENFLÉ cause de la douleur au bœuf et le dégoûte.

Remède. — Pour la dissiper, il n'y a qu'à y faire une petite incision, afin qu'il sorte du sang, ou le saigner de la veine du palais.

Après la saignée ou l'incision, frottez-la avec du sel et du vinaigre, ou lui donnez une fois de l'ail bien macéré et pilé, et le nourrissez d'herbe bien tendre, ou du bon foin, vesce écossée, feuilles d'orme ou de vigne.

PIQURES DES BÊTES VENIMEUSES. — Il faut prendre de l'herbe-aux-teigneux, autrement appelée *glouteron*, la broyer avec du sel, et la mettre sur la piqûre, après l'avoir scarifiée ; la racine de cette herbe est préférable aux feuilles. Le trèfle des prés est merveilleux pour la morsure des bêtes venimeuses ; on l'applique dessus, comme le glouteron ; et pour préserver le cœur du bœuf des mauvais effets du venin, on prend le suc de ce trèfle qu'on lui fait boire dans du vin. A défaut des feuilles de cette plante, on en prend la graine qu'on lui donne dans du vin. Les racines du même trèfle, pilées et mêlées avec farine et sel et appliquées sur la piqûre, sont encore fort bonnes.

On peut encore prendre deux kilogrammes et

demi pesant de sommités de frêne tendres, les piler dans une égale portion de vin, presser le tout pour en exprimer le jus, le passer, le donner à boire au bœuf, et mettre les sommités, broyées avec du sel, sur la blessure.

La musaraigne est une petite bête dont la morsure est venimeuse ; on la trouve à la campagne ; elle ressemble à une taupe. Lorsqu'un bœuf en a été mordu, il devient éréné ; la plaie s'enfle et peut être mortelle si on n'y remédie promptement.

Pour cela, il y a lieu de prendre une alène d'airain, en percer la partie blessée et la frotter avec du savon trempé dans du vinaigre.

On prend aussi la musaraigne, la jetant dans de l'huile et l'y laissant mourir et macérer quelque temps ; ensuite on la broie et on en frotte la morsure.

Quand on n'a pas attrapé l'animal, on prend du cumin, on le broie avec poix-résine et vieux oing, et on en fait un emplâtre qu'on applique sur le mal ; mais si l'enflure vient à suppuration avant que d'être dissoute, il faut y appliquer le feu pour ôter tout ce qui paraît infecté, et, après la frotter avec de la poix-résine et de l'huile d'olive.

PISSEMENT DE SANG, OU BŒUF QUI PISSE LE SANG. — Cela vient de ce qu'il s'est trop échauffé, ou de ce qu'il a été morfondu, ou bien de ce qu'il a mangé quelques mauvaises herbes.

Remède. — Dès qu'on s'en aperçoit, il faut lui

retrancher toute boisson, excepté le breuvage que voici :

On prend un demi-litre d'urine d'homme, autant d'huile d'olive, six œufs frais, et plein la main de suie de four, le tout battu ensemble, qu'on fait avaler au bœuf; et comme ce mal ne va point sans douleurs, pour l'apaiser on lui lie les oreilles, on les bat avec une petite baguette jusqu'à ce qu'elles deviennent toutes rouges; alors on voit certaines petites veines qu'on perce, et il en sort du sang presque vert. Cela fait, on lui met du sel dans la bouche et on le promène.

Ou bien, prenez 95 grammes de chènevis, autant de millet marin ; pilez-les et mêlez-y 32 grammes de thériaque ou de bon orviétan ; mettez le tout dans deux litres de vin blanc, faites-le bouillir ; puis, étant refroidi, ajoutez-y 64 grammes de safran et faites-le avaler au bœuf ; il ne faut lui faire boire que de l'eau tiède, blanchie avec du son, et manger en été de l'herbe et du foin mouillé en hiver.

Autrement, prenez deux litres d'eau ou de jus de plantain, moitié de bon vinaigre et pareille dose d'huile d'olive ; joignez-y gros comme deux châtaignes de concombres sauvages, secs et pulvérisés, autant de coques d'œufs ; mêlez le tout et faites-le avaler au bœuf.

Outre tous les remèdes ci-dessus, il est bon de donner au bœuf quelques lavements rafraîchissants, principalement s'il a les flancs altérés, ce qui se remarque par leur battement fréquent. Voici la composition d'un lavement salutaire :

Prenez de la pariétaire, du mélilot et de la camomille, de chacun trois poignées ; faites-en une décoction dans deux litres d'eau que vous laissez réduire
à un ; ensuite, ajoutez-y 5 hectogrammes d'huile de
lin ou de noix, 1 hectogramme 25 grammes de
miel, un demi-litre de verjus et 64 grammes de
casse. Il faut que la décoction soit passée, et lorsque
le tout est ainsi incorporé, on le donne tiède au
bœuf.

POUMON ULCÉRÉ. — C'est une maladie fort dangereuse au bœuf ; il devient maigre et étique, ne fait
que tousser et n'est ni bon pour le travail, ni pour
la boucherie ; le mal devient incurable si on le néglige.

Remède. — Il faut de temps en temps donner au
bœuf du son mouillé, mêlé de 32 grammes de sperme
de baleine, et 16 grammes de soufre, de cinabre,
d'antimoine, ou bien on lui fait avaler le remède qui
suit :

Prenez 64 grammes de muscade, autant de safran,
16 grammes de gingembre, 1 hectogramme 25 grammes de cannelle, avec un peu de réglisse ; pilez le
tout ensemble ; ajoutez-y un demi-litre de vin blanc
et 1 hectogramme 25 grammes de miel ; mêlez le tout,
coulez-le et servez-vous-en.

POUX. — On frotte les bœufs, par tous les endroits du corps où ils en ont, de poussière de char-

bon ; on peut réitérer cela jusqu'à la guérison, ou bien y employer l'onguent composé d'urine d'homme, de poix-résine fondue dans du vin blanc, et du beurre salé ; le tout mêlé ensemble. Il suffit de leur faire un collier de vieille toile large de deux doigts, frotté d'onguent gris ou *neapolitatum*, qu'on leur fait porter pendant quelques jours, jusqu'à ce qu'on voie qu'ils n'ont plus de vermine.

RÉTENTION D'URINE. — Pour peu qu'on observe un bœuf, on s'aperçoit aisément qu'il est travaillé d'une rétention d'urine quand il a de fréquentes envies et qu'il fait souvent des efforts pour uriner sans pouvoir le faire.

Remède. — Pour guérir ce mal douloureux, on prend de la pariétaire, du seneçon et des racines d'asperges ; on les met bouillir ensemble et on en fait une fomentation avec du beurre frais, qu'on applique aux bourses du bœuf dans un linge ; on continue ainsi tous les jours jusqu'à ce qu'il urine aisément.

Pour breuvage, on prend un demi-litre de vin blanc dans lequel on a mis bouillir deux cuillerées de miel et autant d'huile, qu'on lui fait avaler pendant trois jours, le matin, en pareille quantité ; et pour aliment on lui donne des feuilles de raves, le plus souvent et en plus grande quantité qu'on peut, avec un décalitre de son mouillé à midi, et autant le soir : ces remèdes le guériront en huit jours de repos.

On peut encore lui donner de la graine de céleri bien pilée, qu'on lui fait avaler dans une pinte de vin blanc.

Si la rétention continue, prenez 4 grammes de nitre avec de l'ail, pilez le tout, mêlez-le dans un litre de vin blanc, et donnez-le à boire au bœuf ; ou bien prenez : mauve, guimauve, pariétaire et chicorée sauvage, de chacune deux poignées ; faites-en une décoction dans deux litres d'eau que vous ferez bouillir et réduire à un litre et demi ; mettez-y dissoudre 64 grammes d'esprit de térébenthine, 24 gr. de sel végétal et 24 grammes d'eau de rave ; le tout étant bien mêlé, vous le donnerez tiède au bœuf, après l'avoir fait marcher pendant une demi-heure.

Quand il aura rendu ce lavement, on lui fera prendre 64 grammes de salpêtre résiné dans un demi-litre de vin blanc ; ensuite on le promènera encore : c'est par le moyen de ces mouvements que les obstructions de la vessie se débouchent et que la nature pousse aux urines.

On peut encore donner au bœuf 95 grammes de colophane pulvérisée dans un litre de vin blanc.

Sangsue avalée. — Il arrive souvent qu'en buvant, un bœuf avale une sangsue, ce qui l'incommode beaucoup. Les sangsues ont coutume de se jeter à la bouche et de s'attacher au palais de l'animal quand il boit dans un lieu où il y en a ; ou bien le bœuf l'avale en buvant ; pour lors, elle s'attache à l'orifice de l'estomac, qui gonfle de manière que le bœuf ne peut avaler de nourriture. Quoique ce petit reptile soit excessivement faible, il ne laisse pas pourtant que d'affaiblir beaucoup ce fort animal. Quand une sangsue est attachée au palais, on prend une feuille de figuier ou un morceau de drap rude, et on la détache ; mais quand elle est descendue dans l'estomac, ce n'est qu'à force d'huile d'olive ou de noix, mêlée avec de l'eau, que l'on fait avaler à l'animal, qu'on fait détacher et mourir la sangsue. Quelques-uns font boire au bœuf de la saumure, d'autres du vinaigre chaud.

TESTICULES ENFLÉS. — Prenez de la fiente de bœuf avec des fleurs de camomille et de mélilot, ou simplement du saindoux, et frottez-en les testicules du bœuf : il guérira en le laissant un peu de temps sans rien faire, pourvu que cette enflure ne vienne que de quelque légère contusion ; mais si elle vient d'inflammation, elle est plus dangereuse. Alors prenez de l'huile rosat, blancs d'œufs, eau de rose et lait ; mêlez le tout et frottez-en les testicules du bœuf ; ou bien servez-vous d'huile rosat, huile violat et lait, le tout mêlé ; ou bien-encore, du suc de plantain ou de pourpier mêlé avec huile rosat et blancs d'œufs.

Il est à propos, pour lors, de mener le bœuf à la rivière et de lui faire baigner les parties enflées : rien n'est meilleur pour répercuter les particules du sang qui causent l'enflure.

On peut aussi appliquer sur les testicules un emplâtre fait avec craie blanche pulvérisée, vinaigre et sel, le tout battu jusqu'à ce que l'on voie qu'il ne fasse qu'un corps.

Ou bien prenez de la farine d'orge, écorce de grenade, semence de rhue, feuilles de *semper vivum :* mettez le tout en bonne quantité dans du vin, faites-le bouillir et ajoutez-y du lait ; quand le tout est cuit, servez-vous-en. On peut encore se servir de farine de fèves avec saindoux qu'on fait cuire ensemble avec consistance d'onguent.

S'il arrive que les testicules aient abcédé, on les frottera avec huile rosat et huile de camomille mêlées et battues ensemble. On peut aussi ordonner le cataplasme fait avec pariétaire, ou vitriol bouilli dans du vin blanc, ou avec fiente de bœuf, cumin, eau et vinaigre mêlés ensemble.

Toux. — Le froid, la poussière, la crudité de la boisson, la sécheresse des poumons causent la toux ; quand elle ne serait que simple, elle fatigue toujours beaucoup un bœuf qui est obligé de travailler ; c'est pourquoi, lorsqu'on l'entend tousser, il faut lui faire une décoction d'hysope pour lui donner à boire, et lui faire prendre en remède des poireaux pilés avec du froment.

Si la toux ne diminue point, il faudra prendre deux verres de miel, autant d'huile, 1 hectogramme 25 grammes de beurre frais, avec 64 grammes de vieux oing ; faire bouillir le tout et le faire avaler au bœuf.

Si le mal s'opiniâtre, on prend de l'herbe appelée marrube, on la pile et on en exprime du suc plein un bon verre; ensuite on y mêle autant d'huile de noix, autant de vin rouge et moitié sel, et on fait prendre de ce breuvage au bœuf.

L'herbe appelée dent-de-chien, hachée et mêlée avec des fèves pilées, ou trois litres de lentilles moulues et mêlées dans trois demi-litres d'eau chaude, sont encore bonnes contre la toux du bœuf, surtout quand elle est récente.

TROISIÈME PARTIE

ANTIDOTE EXPÉRIMENTÉ POUR TOUTES SORTES DE BESTIAUX

Prenez de la racine d'angélique et graine de genièvre, de chacune deux poignées, faites-les sécher et pulvériser finement, mêlez-y une poignée de feuilles de rue toutes vertes et deux têtes d'ail ; ajoutez-y du miel suffisamment ; battez le tout ensemble et l'incorporez bien ; ensuite donnez au bœuf de cet antidote la grosseur d'un œuf de pigeon dans demi-litre de vin rouge tout chaud. On en fait prendre pareille dose aux chevaux, et gros comme une noix aux bestiaux de moyenne taille, dans un verre de vin seulement.

On peut se servir de ce remède, comme on se sert du mithridate, de la thériaque ou de l'orvétian ; il est spécifique contre le mauvais air et le poison ; il est également souverain pour les hommes. Si on en met sur un charbon de peste, il le fait venir à matière ; il est encore merveilleux contre les morsures des bêtes venimeuses ; on prétend aussi qu'il est bon pour les chiens enragés.

Maladies épizootiques ou contagieuses, et mortalité des bestiaux. — Les symptômes des *maladies épizootiques* sont partout les mêmes ; c'est toujours perte d'appétit, tristesse, larmoiement, diminution et cessation de lait ; enfin cours de ventre et déjections sanguinolentes.

Remède. — Prenez soufre en bâton que vous ferez bouillir dans de l'eau ; faites sécher ensuite les bâtons de soufre jusqu'à ce qu'ils paraissent se réduire en poudre très fine. Donnez 48 grammes de cette poudre matin et soir, dans du son et de l'avoine. Ce remède ne doit que seconder les saignées, tant de cou que sous la langue. De plus, on recommande de faire boire à la bête malade la plus grande quantité de petit-lait qu'il sera possible.

Il faut aussi visiter les bestiaux deux ou trois fois par jour, faire nettoyer leurs étables, et les parfumer avec de l'encens ou du genièvre ; on frotte aussi leurs auges et leurs râteliers, et on les lave avec de l'eau dans laquelle on a mis tremper des herbes odoriférantes.

Cela observé, si on voit qu'il se forme à la racine de la langue de l'animal une espèce d'abcès, qui la couperait en 24 heures, on ratisse ce mal avec un couteau ou une cuiller d'argent ; ensuite on le lave d'une liqueur dont voici la composition : on prend du vinaigre, dans lequel on fait tremper de l'ail un peu écrasé, on y ajoute du sel et du poivre et on s'en sert.

Mais si le bœuf ou la vache, qu'on examine, se trouve attaqué intérieurement d'une certaine maladie appelée *palonid*, on prendra 16 grammes d'aloès et 8 grammes de foie d'antimoine concassé ; on mêlera le tout et on le fera avaler au bœuf malade avec une corne. Il faut en donner 32 grammes aux bœufs ou vaches, 28 grammes aux veaux d'un an, 24 grammes aux autres qui sont plus jeunes, 16 grammes à un mouton, et aux agneaux à proportion.

L'herbe aux vaches, qui est la même que l'*ellébore noir*, est quelquefois seule suffisante pour guérir la maladie des bestiaux. On fait un trou à la peau qui pend au gosier des bœufs et des vaches ; on passe de l'herbe aux vaches à travers ce trou, on la lie avec de la ficelle, et on la laisse jusqu'à ce qu'il en coule quantité d'eau et de pus qui entraîne la maladie avec soi. Quand il ne s'y fait point de tumeur et de suppuration, c'est une marque de mort.

Maladies des bestiaux qui se déclarent par un bouton sous la langue. — Prenez 64 grammes d'impératoire, 64 grammes d'angélica la boëme, et une petite poignée d'herbe nommée la rue ; mettez le tout dans un pot de vin de 2 litres, faire bouillir jusqu'à diminution de moitié ; ensuite jetez-y 5 hectogrammes de poudre cordiale ; et quand cette liqueur sera refroidie, jusqu'à n'être que tiède, donnez-la à la bête malade : il faudra auparavant lui bien láver la langue avec du vinaigre.

On se sert encore utilement d'assa fœtida qu'on fait infuser dans le vinaigre avec ail, sel et poivre, pour laver la langue des bœufs et des vaches aux-

quels il survient une espèce d'abcès à la racine de
la langue, qu'on a soin auparavant de ratisser avec
une cuiller, et on la lave ensuite avec cette infusion.

Quelques-uns ont observé de mettre un morceau
d'*assa fœtida* dans un trou fait à l'auge ou au râtelier des étables, près de l'endroit où on attache le
bétail, ou bien de frotter les auges avec la lotion
précédente. On a aussi fait entrer cette drogue dans
la poudre thériacale et l'orviétan qu'on a fait préparer pour ces maladies.

Fièvre dite maligne. — Cette maladie est une
fièvre maligne, pestilentielle et pourpreuse. Quelques
jours avant que les vaches paraissent malades,
qu'elles soient dégoûtées, tristes, etc., dans le temps
même qu'on les croit encore en bonne santé et que
le lait fournit, on s'aperçoit d'un mouvement de
fièvre considérable, en sorte que le battement du
cœur augmente de vivacité et de vélocité presque
du double.

Dès ce temps, il faut tenir ces animaux à la diète
la plus sévère ; et si on ne le fait pas, ou qu'on ne
se soit point aperçu de ce mouvement de fièvre,
cette fièvre ayant, pour ainsi dire, couvé plusieurs
jours, suivant la disposition plus ou moins grande
de la bête malade, les accidents suivants se mani-
festent tout à coup : des frissons irréguliers reviennent plusieurs fois le jour, leurs yeux sont rouges et
larmoyants, leurs cornes et leurs oreilles froides, la
tête lourde et pesante ; on leur voit couler une bave

gluante et épaisse des naseaux et de la bouche ; le lait diminue insensiblement ; et au lieu de trois litres qui est la traite ordinaire, on a de la peine à en tirer un litre, quelquefois même un demi-litre par jour. Ces animaux toussent fréquemment, poussent de longs soupirs, sont dans une tristesse, une langueur, une insensibilité prodigieuses; dans leurs excréments, on voit, les premiers jours de la maladie, des filets de sang. Les unes ont un flux de ventre considérable, d'autres ne fientent qu'avec des tranchées ; on remarque un mouvement convulsif de l'épine, depuis la tête jusqu'à l'extrémité du dos ; elles ne se soutiennent plus sur leurs jambes, elles battent du flanc ; la respiration devient de plus en plus gênée ; en appuyant sur les reins on sent la peau presque séparée de la chair, et on s'aperçoit d'un froissement semblable à celui d'un parchemin sec ; enfin si on ne leur donne promptement les secours nécessaires, elles meurent, les unes au bout de huit jours, d'autres au bout de trois, quatre et cinq jours : on en a vu mourir en quatre heures de temps, qui, avant, n'avaient eu aucun symptôme de la maladie, et qui, à l'ouverture de leurs corps, en avaient intérieurement tous les accidents.

Dans les animaux qu'on ouvre, qui sont morts de cette maladie, on trouve le premier estomac, en suivant d'abord les organes de la digestion, rempli d'une quantité prodigieuse d'aliments, quoique souvent ces animaux aient été trois, quatre, six et huit jours sans manger. En poursuivant toujours on trouve le *feuillet* rempli d'aliments durcis et semblables à des mottes à brûler ; les membranes de ces viscères noirâtres, gangrenées, et se déchirant aisément. Le dernier estomac, autrement appelé la *franche mule*, est partout d'un rouge pourpre, semé de taches violettes ; on y trouve quelquefois du pus ; la membrane intérieure s'enlève facilement ; les intestins sont gangrenés. Dans plusieurs de ces bêtes on remarque des taches noires au foie, des hydatides, des marques de gangrène au poumon, le cerveau enflammé, la rate et les reins dans l'état ordinaire ; mais dans presque toutes on trouve la vésicule du fiel remplie d'une bile de consistance trop fluide ; la couleur en est altérée, elle n'est plus de ce vert foncé qui lui est naturel. A l'intérieur on remarque, dans quelques vaches, vers les mamelons du pis, des taches livides et pourpreuses ; le fondement rend un peu de sang noirâtre et gangrené.

Remède. — Cette maladie bien connue et bien caractérisée par tous ces symptômes, il s'agit à présent d'enseigner la manière de la guérir :

Il faut faire des cautères sous la gorge de ces animaux, à l'endroit qu'on nomme fanon. On en perce la peau avec un instrument tranchant (les paysans appellent cette méthode *herber)* : ensuite on introduit le doigt dans le trou pour détacher la peau de la chair et former une espèce de cellule dans laquelle on met un morceau d'ellébore noir. Pour rendre ce morceau de racine d'ellébore plus actif, on le roule dans un digestif fait avec le suppuratif et les mouches cantharides, un tiers de cantharides et deux tiers de suppuratif. On peut animer la racine avec de l'orpiment, du sublimé corrosif ou quelque autre caustique qui ait de la force ; ensuite on doit entretenir la suppuration avec du saindoux ou du suppuratif ordinaire pendant quinze jours au moins, et avoir soin de mettre un séton'dans le voisinage, pour procurer un écoulement suffisant à la matière du dépôt. On pourrait faire venir de ces dépôts à différentes parties du corps de l'animal malade, et ce serait le moyen d'en tirer plus d'avantages. Il faut accompagner cé remède d'une seule saignée, d'une grande diète et de boisson fréquente avec l'eau blanche pour laisser les estomacs se vider. On doit aussi avoir soin, deux fois le jour, de mettre un bâillon à la bête malade, pendant une heure ou deux. On garnit ce bâillon d'une toile entortillée, dans laquelle on a mis un mastigadour fait avec sel, poivre long, un peu d'ail et miel ; par ce moyen la salive devient plus fluide, se rectifie et contribue à la digestion. Il faut aussi frotter les narines et le derrière des oreilles, plusieurs fois par jour, avec du vinaigre aromatique.

Outre ces remèdes, il est encore nécessaire de parfumer l'étable deux fois le jour avec des baies de genièvre, ou des feuilles de romarin, sauge, rue, absinthe, lavande, thym, etc., séchées et brûlées pour purifier l'air.

La nourriture doit être fort légère, un peu d'herbe, de son, de farine de seigle ou do l'orge moulue, le tout en très petite dose, et à la sixième partie de la nourriture ordinaire.

Ces animaux ne peuvent guérir qu'en maigrissant :

et plus ils sont gras, plus leur guérison est difficile et leur mort inévitable. Ce remède réussit mieux aussi aux bêtes délicates qu'aux bêtes grasses et robustes, aux jeunes qu'aux vieilles, à celles qui sont moins malades qu'à celles qui le sont beaucoup.

Les vaches qui guérissent passent par différentes périodes : d'abord leurs yeux ne sont plus rouges et ne larmoient plus, leur dos se couvre d'écailles, leur pis est parsemé de boutons ou pustules ; aux environs de leur cou et surtout près du dépôt, on voit une grande quantité de boutons couverts de croûtes qui tombent au bout de quelques jours ; elles commencent à se lécher les naseaux et la peau, le poil se raffermit, le lait revient, la fiente est plus ferme, et on n'en voit point qui soient attaquées une seconde fois de la même maladie.

Lorsque les vaches attaquées de cette maladie ont des pustules sur la langue, ce qui est bon signe, il faut la leur ratisser jusqu'au vif, et la bassiner avec du vinaigre et du sel.

Les principaux symptômes des maladies des vaches, en général, et surtout des maladies épizootiques et inflammatoires, sont le dégoût et la constipation, ou un dévoiement en petite quantité, le larmoiement, etc.

Les remèdes qui réussissent sont la saignée réitérée les deux premiers jours de la maladie, ensuite inutile.

Les lavements émollients avec du son et du miel, ou des herbes dans la saison.

L'eau blanche seule, les jours de saignée et de purgation. On y ajoute, les autres jours, de l'orge cuite à petite quantité, et 8 grammes de sel marin, trois fois par jour.

On les purge avec 64 grammes de crême de tartre mêlée avec un peu d'eau, toutes les vingt-quatre heures jusqu'à guérison; ou bien une fois avec 16 grammes de séné, 8 grammes de jalap en poudre, et 2 hectogrammes 50 grammes de miel, avec suffisante qnantité d'eau.

On évite tout usage de thériaque ou orviétan, vin et eau-de-vie, ne leur donnant rien de spiritueux et qui soit propre à augmenter l'inflammation.

On sépare les vaches des autres, pour les préserver, et l'on fait des fumigations journellement avec du vinaigre, feuilles de rue, de sauge, de lavande, romarin, genièvre ou autres herbes fortes. On leur frotte la bouche tous les jours, trois fois avec une gousse d'ail pilée avec du vinaigre et du sel, et l'on fait bonne litière pour tenir les animaux toujours sèchement.

Mais pour ceux qui ont le frisson et les cornes froides, on leur donne un peu de vin; on y ajoute de la thériaque dans cette occasion; c'est tout ce qu'il est besoin de faire.

MALADIE QU'ON NOMME LENTE, CE QUI EST UNE ESPÈCE DE FLUX DE SANG. — Il faut prendre une grosse poignée de l'herbe nommée verveine, et la faire bouillir dans un pot de vin jusqu'à ce qu'il soit réduit à moitié : on fera prendre cette boisson à la bête malade, le plus chaud qu'on pourra, et aussitôt on lui fera manger un décalitre de seigle ; il faudra bien la couvrir et ne lui donner de nourriture que deux heures après le remède.

Du Scorbut ou du Chancre. — C'est un mal épidémique qui attaque les chevaux, bœufs et vaches, et qui leur prend, comme aux cochons, par des grains de ladrerie à la lèvre de dessus et de dessous, et à la langue qui est fort rude : elle tombe dans peu de jours, et l'animal meurt aussitôt.

Remède. — Grattez d'abord, avec une cuiller d'argent, les marques du scorbut, jusqu'à ce qu'il n'y ait plus rien de rude : plus la langue saigne, mieux c'est ; ensuite frottez ces endroits avec la pierre de vitriol, faites saigner l'animal et gargarisez-lui la bouche avec le gargarisme qui suit :

Prenez une poignée de gousses d'ail, deux litres de fort vinaigre, une poignée de la plante nommée éclaire, une poignée de ronces, force sel et poivre, et laissez infuser le tout pendant vingt-quatre heures.

On peut en faire usage à froid dans le besoin, mais il vaut mieux chaud : il faut s'en servir trois fois par jour quand le mal est pressant et deux fois quand il ne s'agit que de le prévenir.

Quand la cuiller d'argent a servi pour un animal malade, il la faut passer par le feu avant de s'en servir pour un autre.

De la Rage. — *Remède*. — Commencez d'abord, s'il y a plaie entamée, par la bien nettoyer avec quelque ferrement, et la bien laver avec de l'eau tiède où vous aurez mis une pincée de sel et du vin.

Cela fait, prenez de la sauge, de la rue et des marguerites sauvages, une pincée de chacune, joignez-y quelques racines d'églantier, ou bien de la scorsonère, autrement des salsifis d'Espagne : broyez ces racines, ajoutez à tout cela cinq à six gousses d'ail et une pincée de gros sel, et pilez le tout jusqu'à consistance de marc ; ensuite prenez de ce marc, appliquez-le sur la plaie en forme de cataplasme, et si cette plaie est profonde, vous y ferez distiller du jus de ce marc, puis vous l'envelopperez jusqu'au lendemain.

Après ce premier appareil, il restera du marc dans le mortier environ la grosseur d'un œuf, que vous imbiberez d'un verre de vin blanc ou rouge, il n'importe, en broyant le tout ensemble dans le mortier ; ensuite vous exprimerez le suc en le passant par un linge, et vous le ferez prendre à jeun en breuvage au bœuf ; après la prise vous lui laverez la bouche avec du vin seulement, et vous ne lui donnerez point à manger que trois heures après.

Pendant neuf jours on met de ce marc sur la plaie, et chaque jour on fait prendre de ce suc à l'animal mordu.

Il arrive ordinairement qu'au bout de ces neuf jours la plaie n'est point refermée ; mais pour lors il n'est plus question que de la traiter comme une plaie simple.

Autre remède contre la rage. — Prenez la coquille

de dessous d'une huître à l'écaille mâle, c'est-à-dire de celles dont le poisson a un bord noir et dont l'écaille a en dedans des marques qui sont noires quand l'huître est vieille, et qui sont jaunes quand l'huître est encore jeune ; faites-la calciner au feu ou au four jusqu'à ce qu'elle se rompe sans effort ; réduisez-la en poudre impalpable, et si vous le pouvez, passez-la au tamis ; ensuite faites-la prendre au malade : il y a trois manières de donner ce remède.

La première, et celle qui agit le plus promptement, est de la donner en bol comme le quinquina, en mettant cette poudre simplement dans du pain à chanter mouillé, et en multipliant les bols à proportion de la facilité avec laquelle le malade pourra les avaler.

La seconde est de la donner dans du vin blanc.

La troisième est de battre cette poudre dans quatre œufs frais, et d'en faire une omelette avec de l'huile, et non avec du beurre, qui empêcherait absolument l'effet ; on fait manger cette omelette au malade sans pain et sans boire.

La dose ordinaire pour ceux qui sont dans l'accès est le poids de 24 grammes pour la première fois, qui doit se donner au malade le plus promptement possible : les deux jours suivants, il faut lui en donner 16 grammes à jeun, et qu'il ne mange que trois heures après.

La dose, pour ceux qui sont mordus à sang, et pour ceux qui ont été à la mer et qui n'en ont point été guéris, est le poids de 16 grammes pour chacun

des trois jours ; il faut le donner au malade le premier jour au moment qu'il se présente, les deux
autres jours à jeun, et qu'il ne mange que trois
heures après l'avoir pris.

Quand le malade n'a été que pincé, léché ou éraflé,
ou qu'il se trouve dans une grande crainte, qui est
souvent aussi dangereuse que la morsure à sang, la
dose n'est que du poids de 8 grammes, et il ne doit
en prendre qu'une seule fois.

La dose pour les animaux doit se proportionner à
leur grosseur, et leur être donnée avec quelque
chose qu'ils aiment, pourvu qu'il n'y ait point de
beurre.

L'effet en serait plus prompt, si on pouvait leur
faire avaler cette poudre avec de l'eau ou du vin.

A l'égard des chevaux, bœufs ou vaches, il faut
la poudre de quatre à cinq écailles, avec huile d'o-
live.

Il est bon de faire provision de cette poudre d'é-
cailles, et d'en calciner beaucoup, afin d'en avoir toujours en réserve, surtout dans les pays où ces
écailles sont rares ; la poudre ne s'en corrompt
point.

QUATRIÈME PARTIE

DES MALADIES DES BÊTES A LAINE

Comme les bêtes domestiques sont délicates, elles
sont aussi sujettes à bien des maladies que les bêtes
sauvages n'ont pas ; elles leur viennent ou des tem-
pératures de l'air qui leur sont contraires parce
qu'elles n'y sont point habituées, ou de la mauvaise
nourriture et de la négligence du berger ; c'est pourquoi il doit veiller continuellement à les gouverner
suivant leur naturel, à les défendre du froid, mais
surtout de la trop grande chaleur du soleil et des
étables, de l'humidité et de tout ce qui leur est contraire, et à ne leur donner que de bonne nourriture ;
et pour prévenir les maladies, on aura soin de leur
faire une bonne litière fraîche, haute et menue, de
leur mettre un petit sac plein de sel suspendu dans
la bergerie, de la nettoyer à propos, de la parfumer
de temps en temps d'odeurs agréables et saines ; et
surtout on aura grand soin de les éloigner des eaux
croupies, et des pâtures et lieux battus d'orages ou
de ravines ; car ce sont les causes ordinaires de
leurs maladies, qui sont souvent quarante jours à
se déclarer.

Pour maintenir les brebis en santé, on leur donne des baies de laurier sèches, avec du sel, depuis qu'elles ont agnelé jusqu'à ce qu'on les fasse saillir : cette nourriture les engraisse, les rend saines et abondantes en lait ; mais on cesse de leur en donner aussitôt qu'elles sont pleines, parce que si on la leur continuait, elles seraient en danger d'avorter. On donne aussi de ces baies, dans du son, aux agneaux qui commencent à manger, afin qu'ils prennent un bon corps ; mais il faut les laisser peu boire.

Le berger doit donner un peu de sel à ses bestiaux deux heures avant que de les mener aux champs, et il ne doit les laisser boire qu'après deux bonnes heures de pâturage ; autrement le sel pourrait les rendre malades, loin de leur faire un bon effet.

Quand les brebis sont malades, il faut les séparer, car presque toutes leurs maladies sont contagieuses : il faut aussi parfumer les bergeries et donner aux bêtes saines du sel et un quart de soufre mêlés ensemble, pour les purger et les exiler de la contagion.

Leurs signes ordinaires de maladies sont quand elles ont la tête lourde, les yeux troubles, qu'elles paissent négligemment, qu'elles cherchent les écarts, l'ombre et la solitude, qu'elles chancellent en marchant, qu'elles se couchent et qu'elles reviennent après les autres ; le berger ne saurait trop être attentif à tout cela.

Quand les moutons ou brebis sont malades et ont besoin d'être purgés, le sel dissous dans de l'urine humaine leur sert d'émétique, et l'antimoine ou le soufre dissous avec la lie de bière est un bon laxatif.

Voici un remède général qui leur est excellent : prenez 5 hectogrammes d'antimoine et autant de salpêtre, faites-les pulvériser ensemble, mettez-y le feu dans un pot de fer ou autre vaisseau de métal : après que cela aura bien bouilli, jetez-y de l'eau ou du vin, lavez bien le tout ; il restera une certaine matière, comme un verre épais et obscur, qu'on appelle foie d'antimoine. (Le plus court est d'en acheter de tout fait.) Prenez donc 32 grammes de foie d'antimoine, enveloppez-le dans un linge, ensuite mettez-le tremper dans un litre de vin (le blanc est le meilleur), et mêlez-y 32 grammes de séné ; vous pouvez y mettre du sucre, de la noix muscade et autres épiceries chaudes, car les maladies des animaux paissants viennent presque toutes de froid et d'humidité. Cependant quand vous n'y mettriez point d'épiceries, le remède n'en serait pas moins bon pour cela ; on l'a éprouvé de toutes façons : vous laisserez tremper la drogue pendant vingt-quatre heures, ou bien la ferez bouillir l'espace de trois ou quatre minutes, et vous en donnerez 25 centilitres à chaque brebis. Il faut tenir l'animal dans un lieu chaud, pendant le jour, et bien couvert, et ne lui donner à manger qu'au soir : il se purgera par haut et par bas. Si les brebis ont la gale ou la rogne, tout sortira au dehors, et vous achèverez de guérir cette gale en la frottant avec le vin où vous avez lavé votre foie d'antimoine, après y avoir mis le feu ; il n'y a point de gale que cela n'emporte.

Abcès. — *Remède*. — Les abcès qui viennent aux brebis sont aisés à remarquer, par la tumeur que l'abcès pousse en dehors : en quelque endroit du corps que cette tumeur paraisse, il faut toujours l'ouvrir pour en faire sortir toute la corruption, et distiller dans la plaie de la poix fondue avec du sel brûlé et mis en poudre ; puis donner à boire à la brebis malade de la thériaque délayée dans de l'eau, elle poussera toute l'humeur maligne au dehors et purgera la brebis.

Cassure. — *Remède*. — Aussitôt qu'une brebis s'est rompu la jambe, il faut la lui remettre droite, et la frotter avec de l'huile et du vin mêlés ensemble, ensuite l'envelopper d'un petit morceau de drap, et y mettre tout autour de petites éclisses, de manière qu'elles n'empêchent pas la brebis d'aller aux champs, après qu'elle aura pris deux ou trois jours de repos dans la bergerie.

Clavelée. — La clavelée est une maladie fort dangereuse quand elle se met dans les troupeaux de moutons : cette maladie est une petite vérole véritable ; elle se déclare en dehors par de certains petits clous dont les bêtes sont couvertes, et qui les font mourir. Quand on en voit quelques-unes attaquées de ce mal, il faut les séparer des autres parce que ce mal se communique aisément. La plupart des gens de la campagne confondent ce mal avec une espèce de toux qui attaque les brebis ; mais ils se trompent. Pour le guérir, ils font une espèce de liqueur composée d'alun et de soufre dissous dans du fort vinaigre, dont ils frottent le mal ; et pour guérir le cœur de la bête, ils lui donnent de l'orviétan ou de la thériaque gros comme une fève, détrempée dans une cuillerée d'eau. Mais pour le mieux, frottez la tête des moutons avec le baume d'asphalte, et leur en faites avaler à chacun une cuillerée.

Au commencement de la maladie, le soufre en poudre, à la dose de 16 grammes, mêlé avec de l'avoine et du son, qu'on donne pour nourriture aux brebis, avec du foin à discrétion ; et pour boisson unique, on fera dissoudre 32 grammes, ou une poignée de sel marin, ou de salpêtre dans de l'eau.

Lorsque la clavelée se manifeste par des boutons d'un pourpre foncé, elle est presque toujours mortelle. On peut cependant tenter les remèdes.

La clavelée se guérit encore avec de la poix-résine seule, ou avec de l'alun, du soufre et du vinaigre mêlés ensemble ; ou bien on prend une pomme de grenade encore tendre, avant que les pepins soient formés. on la broie avec de l'alun et un peu de vinaigre dont on l'arrose. On prend aussi du vert-de-gris pulvérisé et on en frotte le mal. On se sert en outre de noix de galle brûlée et mise en poudre avec du gros vin.

Il y a de ces clous plus dangereux les uns que les autres : ceux où il y a un ver le sont beaucoup ; et pour en guérir ce bétail, il faut adroitement les inciser tout autour et prendre garde de ne point toucher au ver qui est dessous ; car, lorsqu'on le blesse, il jette une ordure si maligne, qu'elle infecte tout ce qui est ulcéré et met la brebis en danger de mort. Quand les clous sont bien incisés, on met dans les plaies du suif qu'on fait dégoutter d'une chandelle.

Chaleur des moutons. — Le mal que la trop grande chaleur cause aux bêtes à laine a été nommé du même nom, la chaleur. Les moutons les plus forts y sont les plus sujets ; ceux qui en sont attaqués tiennent la bouche ouverte pour respirer ; ils écument, ils rendent le sang par le nez, ils râlent et ils battent du flanc ; l'animal enfin baisse la tête, chancelle et bientôt il tombe mort.

Remède. — Tous ces signes indiquent évidemment la saignée ; aussi fait-elle cesser le mal promptement, lorsqu'elle est faite à temps.

Dartres. — Les dartres se produisent généralement par les mêmes causes que la gale ; aussi est-il bon d'employer les mêmes remèdes. L'emploi des remèdes gluants et gommeux est de beaucoup préférable à celui des remèdes actifs, l'on doit employer les topiques émollients de lait de vache, les décoctions de mauve, de graine de lin et de racines de guimauve pour assouplir les peaux et éteindre la démangeaison, les cataplasmes que l'on doit appliquer sur les dartres doivent être composés de farine de lin bouillie dans du lait, il faut les frotter sur la fin avec parties égales d'huile de laurier et d'onguent mercuriel. Si elles sont fort anciennes, il faut les laver deux ou trois fois par jour avec du lait coupé d'eau, et les frotter le soir avec de l'onguent populeum, on l'enlève le matin et on lotionne, on met plusieurs sétons au fanon, et quand la suppuration est bien établie, on fait des onctions de mercure et d'huile de laurier sur la tête, siége ordinaire des dartres.

ENFLURE. — Les brebis deviennent enflées, ou pour avoir mangé des herbes qui leur sont contraires, principalement celle qu'on appelle corrigiole ou renouée *(centinodia)*, ou pour en avoir pris que des bêtes venimeuses auront infectées ; elles en crèveraient si on négligeait de les secourir : cette enflure se remarque aisément, et elle est dangereuse lorsqu'on leur voit la bouche baveuse et puante.

Remède. — Pour les en guérir, on les saigne d'abord sous la queue, en la partie qui est proche des fesses, ou bien aux veines des lèvres; ensuite on leur donne à boire de l'urine d'homme, ou bien de l'orviétan ou de la thériaque délayée dans de l'eau. Ce mal doit être promptement secouru, car si l'on souffre que le poison gagne le cœur, il n'y a plus de remède.

FIÈVRE. — Les brebis sont fort sujettes à la fièvre, ce qui les dessèche entièrement et les rend dangereusement malades.

On connaît qu'une brebis a la fièvre lorsqu'on la voit souvent chercher le frais, ne brouter que la pointe des herbes et ne brouter que nonchalamment, ou bien lorsqu'elle ne marche qu'avec peine, qu'elle se laisse tomber en paissant et qu'elle se retire seule et fort tard des pâturages.

Remède. — Le remède contre la fièvre est d'éteindre d'abord l'ardeur intérieure qui consume les brebis : pour cela on les saigne entre les deux cornes du pied et du talon.

Pendant qu'elles ont la fièvre, il faut absolument ne point leur donner à boire de deux jours, et ensuite ne leur en donner encore que peu.

Il y en a qui font saigner les brebis à la veine de l'œil droit et de l'oreille droite, et qui emploient les remèdes qu'on a enseignés pour les bœufs, en proportionnant les doses des drogues qui y entrent. Il faut prendre garde que les brebis qui ont la fièvre n'aillent à la pluie, parce qu'il ne faudrait que cela pour les faire mourir.

GALE DES BREBIS. — Les signes de cette maladie, avant qu'elle soit palpable, sont ceux qui ont été détaillés ci-dessus. La rogne ne leur vient que par des pluies froides qui les morfondent, ou par un trop grand chaud qui les frappe lorsqu'elles sont tondues et qui les met tout en sueur, ou bien lorsque les mouches les tourmentent trop, ou que les ronces leur déchirent quelque coupure qui leur sera restée après la tonte.

La gale ou la rogne les prend souvent par le menton, leur cause une extrême langueur et un grand dégoût; de temps en temps on les voit se frotter contre les arbres et contre tout ce qui se présente à elles.

Remède. — Cette maladie se guérit quelquefois aisément en frottant le museau de la brebis avec un onguent fait d'huile de chènevis, d'alun de glace et de soufre vif.

Il y a quantité de remèdes pour la gale des brebis, mais ils sont sujets à beaucoup d'inconvénients.

Voici encore un excellent remède, le plus simple et le moins coûteux.

Faites fondre 5 hectogrammes de suif ou de graisse. La graisse est préférable au suif en hiver, parce qu'elle s'étend plus aisément sur la peau du mouton; mais le suif est meilleur en été, parce qu'il ne se liquéfie pas si tôt que la graisse par la chaleur. Retirez du feu et mèlez, avec le suif ou la graisse, 1 hectogramme 25 grammes d'huile de térébenthine.

Cet onguent ne produit aucun mauvais effet sur la laine; il adoucit la peau du mouton durcie par la gale, et il guérit cette maladie. Si la gale était forte et invétérée, on peut le rendre plus actif en augmentant la dose de l'huile de térébenthine.

Il est facile de l'employer sans couper la laine à l'endroit de la gale, il suffit d'en écarter les flocons pour mettre la partie galeuse à découvert. Alors le berger frotte la peau avec le grattoir seulement pour enlever les croùtes, et il applique l'onguent en l'étendant avec le doigt. Il faut bien se donner de garde, comme l'on ne fait que trop souvent, de frotter la peau du mouton avec un tesson ou un morceau de brique jusqu'au point de la faire saigner, car on fait une petite plaie qui est un mal de plus.

Quelquefois aussi la gale et la grattelle ne sont que l'effet d'une maigreur qui ne vient que de ce que la brebis n'a pas assez de nourriture ; en ce cas, le moindre remède appliqué sur le mal le guérira, pourvu qu'on renforce la nourriture de l'animal.

Gonflement du pis. — *Remède*. — Si le pis devient enflé, il faut délayer de la terre franche avec du vinaigre, les faire bouillir ensemble dans une poêle de terre ou de fer, le cuivre serait dangereux, et ensuite étendre cette terre sur toute la partie malade. Il ne faut pas qu'elle ait bouilli trop longtemps, de peur qu'elle ne se dessèche et durcisse. Cette espèce de cataplasme doit être un peu chaud, c'est-à-dire plus que tiède.

Hydropisie. — Cette maladie se manifeste ordinairement par une tumeur sous le menton, que les bergers de quelques contrées appellent le *Gamon*.

Remède. — On doit réduire à la pâture la plus sèche toutes les brebis menacées d'hydropisie. On a vu aussi quelquefois des moutons guérir de ce mal au moyen de châtaignes sèches qu'on leur donnait crues et avec leur peau, pour toute nourriture, pendant quinze jours ou trois semaines.

Il est bon d'avoir : thym, marjolaine, serpolet, origan, pimprenelle, sarriette et même lavande, que l'on coupe et fane comme du foin, pour en donner aux moutons l'hiver, dans les temps humides et pluvieux, après les avoir grossièrement hachés et arrosés avec de l'eau, où l'on aurait fait fondre quelques poignées de sel.

On peut fâire aussi, en cas d'*épidémie*, un pain avec 25 kilogrammes de terre glaise, purgée de graviers à travers un tamis sec ; autant de chaux lavée à plusieurs eaux ; 1 kilogramme 2 hectogrammes 50 grammes de soufre et 6 kilogrammes de sel commun, pulvérisés et mêlés avec une suffisante quantité d'eau, pour en former un pain qu'on fera sécher au four ou au soleil. Les moutons en léchant ce pain, surtout les plus affectés de l'eau qui noie les pâturages, se purgeront et se rétabliront.

Inflammation. — Lorsqu'on voit sur quelques parties du mouton, où il se gratte, une enflure, plus ou moins grosse, chaude, dure, tendue ou douloureuse, c'est le phlegmon, que produit l'amas du sang dans l'extrémité des vaisseaux sanguins.

Le phlegmon est plus dangereux sur les parties tendineuses, comme les jambes, que sur les parties charnues, celui des articulations est encore plus à craindre ; il faut se hâter de traiter cette tumeur inflammatoire, afin de la guérir en ramenant le sang dans les voies de la circulation.

Remède. — On mettra dans un litre d'eau, que l'on fera bouillir à l'étuvée, une poignée de guimauve, de mercuriale ou de seneçon, que l'on fera passer, on appliquera ensuite sur la tumeur un cataplasme de mauves lavées, hachées, bouillies : ces herbes, à la quantité d'une brassée, formeront le cataplasme.

A défaut de ces herbes, on fera un cataplasme avec 1 kilogramme de mie de pain blanc fraisée et 3 litres de lait de vache, l'on fera une panade en la mettant bouillir et en la remuant continuellement, on y ajoutera un jaune d'œuf, après l'avoir retirée du feu, et l'on renouvellera ce cataplasme toutes les deux heures, ces remèdes pourront résoudre la tumeur et remettre en circulation le sang qui la formait.

Mal rouge. — Il y a à observer les différents symptômes qui se présentent dans cette maladie. D'abord la maladie du sang, dont la pléthore est la première cause ; l'ardeur du soleil, une nourriture trop considérable et trop nutritive, de fortes courses en sont les causes secondaires et déterminent parfois des attaques d'apoplexie ; le mouton tient la bouche ouverte pour mieux respirer, il râle, il bat des flancs, il rend le sang par le nez et le globe de l'œil devient rouge ; devant de tels symptômes il faut se hâter de le saigner à la veine angulaire, veine qui passe au bas de la joue ; laissez ensuite l'animal couché à l'ombre et tenez-le à la diète pendant deux jours.

Morsure de vipères et serpents. — Il arrive souvent que les reptiles mordent les brebis aux mamelles.

Remède. — Prenez de l'huile de scorpion et du vinaigre, parties égales, du bol d'Arménie et des feuilles de plantain hachées bien menu. Formez-en un mélange aussi épais qu'un onguent, dont vous frotterez trois fois par jour la mamelle, et faites-lui boire du vin dans lequel vous aurez fait infuser de la nielle.

MORSURE DE CHIENS. — Quand un chien a fait de profondes morsures au mouton, il faut inciser la peau pour dégorger le sang extravasé ; si les chairs sont meurtries, on les coupera jusqu'au vif, afin d'établir une bonne suppuration : à cet effet on lave la plaie avec du vin chaud, et on y applique des plumasseaux imbibés dans de l'essence de térébenthine.

Si le chien est enragé, incisez fortement la plaie, ou plutôt appliquez-y un fer chauffé jusqu'à blanc, donnez des lavements émollients, tenez-le bien chaudement et administrez le breuvage hydrophobique suivant : prenez deux poignées de tiges, feuilles et fleurs de mouron rouge, faites-les infuser dans un litre d'eau et passez ; ajoutez-y de l'alcali volatil concret, donnez ce breuvage trois fois par jour et deux fois la nuit, pendant huit jours, matin et soir.

MORSURE DE LA MUSARAIGNE. — La musaraigne ou museline, comme on l'appelle en quelques contrées, est une espèce de petit mulot, à museau pointu, qui habite volontiers les étables, et dont la morsure est dangereuse pour tous les bestiaux.

Remède. — On prendra aussitôt une alène de cordonnier, avec laquelle on piquera l'endroit de la plaie aussi avant qu'elle est enflée. On prendra ensuite de la terre la plus sèche des ornières où les voitures passent ou de celle qui s'attache aux roues des charrettes, qu'on délaiera avec du vinaigre de vin blanc : cette terre calmera la douleur et guérira l'enflure.

Morsure du hérisson. — La morsure du hérisson, qui tette quelquefois les brebis, porte un venin si actif que la tétine et la mamelle s'ulcèrent promptement, ce qui leur cause presque toujours la mort, et à leur agneau, si on ne le sépare promptement.

Remède. — Faites bouillir de l'urine, du sel et du savon ensemble, et en frottez la tétine souvent, le plus chaud qu'il sera possible. Il se passera souvent un mois avant l'entière guérison.

Poux. — La maladie pédiculaire n'est pas dangereuse pour les brebis, mais cette vermine leur est fort incommode, les dessèche et les empêche de profiter.

Remède. — On se sert pour les détruire du même onguent que pour la rogne, et de l'eau de lessive, après quoi on les lave dans de l'eau nette.

Ou bien, prenez de la racine d'érable, faites-la bouillir dans de l'eau, et frottez-en les brebis.

Piétin. — Ce mal est un ulcère que vous apercevez par le suintement d'une humeur séreuse et fétide qui corrode la face interne et supérieure de l'onglon du mouton. L'animal alors marche sur les genoux ; prenez un couteau bien effilé, coupez légèrement la corne désorganisée et lavez l'onglon avec

du vitriol bleu. Avant que le mouton soit plus à
même de faire usage de ses pieds, il commence par
boiter et vous apercevez une petite tache blanche
sur la sole de l'onglon du côté interne. Nettoyez
aussitôt le pied avec un couteau tranchant si vous
ne pouvez découvrir la plaie, parez légèrement en
amincissant la corne le moins possible afin de découvrir le mal ; si vous l'apercevez, vous prenez une
plume d'oie dont vous trempez les barbes dans de
l'eau-forte et vous la passez deux fois en sens opposé
sur la tache blanchâtre; une petite fumée se produira
et le piétin sera radicalement guéri.

Piqûres d'insectes. — Deux sortes d'insectes atta-
quent extérieurement le mouton. Ce sont : l'Hyppobosque et l'Œstre.

L'Hyppobosque se tient caché dans la laine du
mouton et y produit des tumeurs en y déposant ses
œufs; avec de l'observation on a bientôt guéri le
mal. Il s'agit d'extraire la larve et de frotter le mal
avec de la moelle de jambon.

L'Œstre est un mouche qui s'introduit dans le nez
du mouton pour y déposer ses œufs depuis la moitié
de l'été, époque où l'œstre s'introduit; la larve vit
neuf mois dans les sinus frontaux du mouton qu'elle
inquiète à l'excès, il n'en résulte cependant aucun
accident grave, mais l'animal mange moins, s'écarte
davantage et maigrit. Ayez donc soin autant que
possible d'écarter l'œstre avec un rameau, et surtout
en éloignant le troupeau du soleil.

Maladies des Agneaux

Les agneaux ont leurs maladies particulières, mais elles sont en petit nombre ; pour peu qu'ils soient malades, ils sont dégoûtés, ont le front fort chaud et ne tettent point.

Dès qu'on s'aperçoit qu'ils sont atteints de quelque infirmité, il faut d'abord les ôter d'auprès de leurs mères ; les signes qu'ils donnent des maladies sont les mêmes qu'aux brebis ; il n'y a de la différence que dans les remèdes ; ainsi lorsque les agneaux ont la fièvre on prend du lait de leurs mères, avec autant d'eau de pluie qu'on leur fait boire.

Quand les agneaux mangent de l'herbe encore mouillée de rosée, la grattelle leur vient au menton.

Remède. — Pour les en guérir, on prend de l'hysope avec du sel broyés ensemble et on en frotte le palais, la langue et le museau de l'agneau ; ensuite on lave la grattelle avec du vinaigre, et on la frotte après avec de la poix-résine fondue dans du saindoux. On prend aussi du vert-de-gris et deux fois autant de vieux oing ; on incorpore bien le tout à froid et en frottant la grattelle. On peut mêler dans de l'eau des feuilles de cyprès broyées qu'on y laisse macérer et ensuite on en lave le mal.

Pour les autres maladies des agneaux, on emploie les remèdes qui viennent d'être enseignés pour les brebis.

Du choix des bêtes à laine

Le profit qu'on tire. d'un troupeau dépend principalement de la bonté des brebis : c'est pourquoi il faut s'y connaître, soit qu'on les choisisse dans son troupeau, pour ne conserver que les meilleures.

Une bonne brebis doit avoir le corps grand, les yeux de même, fort éveillés et non troubles, la queue, les jambes et les tétines longues, le ventre grand et large, la démarche libre et alerte, les jambes bas-jointées, la tête, le cou, le dos et le ventre bien garnis de laine ; et cette laine, si la brebis est d'un bon tempérament, doit être longue, soyeuse, déliée, luisante et blanche : les noires ne sont pas si estimées, et les grises ou celles qui sont tachetées de différentes couleurs, le sont encore moins à cause de l'incertitude de la couleur des laines ; mais c'est principalement aux bonnes races qu'il faut s'attacher.

On ne doit pas choisir de brebis trop jeunes n trop vieilles : celles de deux ans sont bonnes à garder pour le profit, et il ne faut point les prendre quand elles en ont plus de trois.

On connaît l'âge des bêtes à laine par les dents de devant de la mâchoire de dessous ; elles sont au nombre de huit ; elles paraissent toutes dans la première année de l'animal, qui porte alors le nom d'agneau mâle ou femelle. Ces dents ont peu de largeur et sont pointues.

Dans la seconde année, les deux du milieu tombent et sont remplacées par deux nouvelles dents que l'on distingue aisément par leur largeur qui surpasse de beaucoup celle des six autres.

Dans la troisième année, deux autres dents pointues, une de chaque côté de celles du milieu, sont remplacées par deux larges dents, de sorte qu'il y a quatre larges dents au milieu et deux pointues de chaque côté.

Dans la quatrième année, les larges dents sont au nombre de six, et il ne reste que deux dents pointues, une à chaque bout de la rangée.

Dans la cinquième année, il n'y a plus de dents pointues, elles sont toutes remplacées par de larges dents.

On peut donc, par l'état de ces huit dents, s'assurer de l'âge des bêtes à laine pendant leurs cinq premières années. Ensuite on l'estime par l'état des dents mâchelières : plus elles sont usées et rasées, plus l'animal est vieux. Enfin les dents de devant tombent ou se cassent à l'âge de sept ou huit ans. Il y a des bêtes à laine qui perdent quelques dents de devant dès l'âge de cinq ou six ans.

Les moutons doivent être choisis comme les brebis.

Quant aux béliers, il faut prendre ceux qui ont le corps long et élevé, le ventre grand, la queue longue, les testicules gros, la tête de même, le nez camus, le front large, les yeux noirs, gros et hardis, les oreilles grandes, le râble et l'encolure larges ; qu'ils soient bien chargés de laine, même aux endroits où ils doivent en avoir le moins, comme le ventre, la queue, les oreilles et la tête, jusqu'autour des yeux.

On préfère ordinairement, surtout dans les pays froids ou même tempérés, le bélier qui a des cornes à celui qui n'en a point : ceux qui en ont sont plus ardents, et les brebis conçoivent mieux ; mais aussi les béliers cornus, se sentant la tête armée, incommodent fort le reste du troupeau, et par jalousie se battent souvent contre les brebis, et surtout contre les autres béliers qu'ils ne peuvent souffrir, au lieu qu'un bélier sans cornes est plus tranquille. Au reste, quand on en choisit un qui en a, on doit prendre garde si elles retortillent en forme de volutes : il est moins estimé quand il a de grandes cornes droites et ouvertes.

On donne ordinairement cinquante brebis à un bélier ; il y a des gens qui ne lui en donnent que vingt-cinq ou trente ; d'autres, au contraire, lui en donnent soixante et plus. Il faut que le bélier ait deux ans, et qu'il n'en passe pas huit. On connaît l'âge du bélier à ses dents comme à la brebis : on le connaît encore à ses cornes, quand il en a, car il a autant d'années qu'il a d'anneaux à l'extrémité des cornes.

Pour former un troupeau, il faut aussi choisir les brebis à l'âge de deux ans, qui n'aient point encore porté, s'il est possible. A sept ou huit ans, elles s'affaiblissent aussi, parce que les dents de devant leur manquent pour brouter. On prend les moutons à l'âge de deux ou trois ans, pour en tirer les toisons jusqu'à l'âge de sept ans, et alors on les engraisse pour la boucherie.

Des différentes espèces de Brebis outre les communes

Outre les brebis ordinaires que nous avons par toute la France, il y en a d'espèces étrangères qui y réussissent parfaitement bien. Ces brebis étrangères rapportent ordinairement plus que les communes. Il est vrai que les bestiaux, et notamment les brebis, dégénèrent assez souvent dans les pays où on les transfère, ou du moins, ils n'y rend nt pas tant de profit ; cependant, comme on ne les en tire que parce qu'ils ont quelque chose de plus que ceux qui nous sont ordinaires, du moins ils donnent toujours plus que les autres.

Il y a des brebis qu'on appelle flandrines parce qu'on les a amenées des Indes en Hollande et en Flandre ; elles donnent au moins deux agneaux par an, sont plus fortes que nos brebis ordinaires, portent deux fois plus de laine, et elle est plus fine, en sorte que le profit en est considérable, tant pour la qualité et la finesse des laines que pour le nombre et la force des moutons et béliers qui en viennent. Cette race a fort bien réussi en France et ailleurs, et elle n'est pas difficile à établir ; il n'y a qu'à tirer un bélier et quelques brebis des contrées qui possèdent cette espèce, notamment dans la Charente, la Provence et du côté de Bayonne ; il suffit même d'avoir un bélier flandrin dans un troupeau de brebis communes ; les agneaux qui viendront tiendront du père, tant pour la fécondité que pour la laine qu'ils portent, qui est plus belle et en plus grande abondance.

Il faut observer cependant que les bêtes à laine de la plus grande race ont besoin de pâturages très abondants, et ne conviennent pas dans les pays secs où l'herbe est rare et fine. Les petites espèces qui demandent moins de nourriture y conviennent mieux. On ne met pas non plus des moutons de grande race sur les terrains humides, parce qu'ils y sont plus sujets à la maladie de la pourriture que les moutons de petite race. D'ailleurs si ceux de plus petite espèce étaient attaqués de ce mal, il y aurait moins à perdre que sur les plus grands.

Un mâle de cette race peut servir à cinquante brebis ; mais pour conserver un bélier sans l'affaiblir, et pour avoir de forts agneaux qui ne dégénèrent pas de l'espèce du bélier, il ne faut lui donner que quinze ou vingt brebis. On appelle les béliers qui en proviennent, des béliers bâtards ; et quoiqu'ils tiennent beaucoup du père, on fera bien mieux d'en avoir de flandrins et de belle origine : le profit en est plus grand quand on a un bel étalon.

On trouvera de ces béliers flandrins, comme nous l'avons dit, en Hollande et en plusieurs autres lieux de la France renommés pour leurs pâturages ; ils commencent à être bons à l'âge de huit mois, et durent jusqu'à quatre ans. Pour conserver la race de ces béliers, il serait à propos d'avoir toujours quelques brebis flandrines, ou des bâtardes des plus belles.

Pendant l'été les agneaux flandrins trouvent leur nourriture dans le lait de leur mère et' dans les pâturages qu'ils broutent à la campagne ; mais pendant l'hiver, il est plus difficile de les nourrir et de les élever, parce que les mères ont peu de lait, et que souvent on manque d'herbe et de foin. Dans ce cas, pour faire avoir du lait aux mères brebis, il faut les mener paître en tout temps, pourvu que la terre ne soit point couverte de neige ; comme elles ne craignent ni la pluie, ni le froid, ni les frimas, tant leur tempérament est robuste, il est donc aisé de les nourrir.

De la nourriture et du pacage des bêtes à laine

Les bêtes à laine ont deux sortes de nourriture : celle qu'on leur donne à la maison, et celle qu'elles prennent aux champs.

A la maison on les nourrit d'herbes, de foin, de paille et de son ; on leur donne aussi des raves, des navets et des joncs marins hachés ; la vesce, la dragée, le sainfoin et la luzerne sont aussi très bons aux brebis, et, dans la disette, on leur donne des feuilles d'ormeau, de frêne et bouleau, du cytise, des cosses et feuillage de légumes, des choux, etc. C'est principalement l'hiver qu'on emploie ces secours, parce qu'alors on manque de pâturages : c'est pourquoi il faut se précautionner de bonne heure, et amasser beaucoup de dragées, vesces et autres fourrages et nourriture. Le fourrage et le grain de l'orge et de l'avoine, semés et dépouillés ensemble, sont encore excellents pour nourrir les moutons en hiver, ainsi que le foin des prairies que l'eau de la mer baigne. Il y a même des endroits où l'on fait amas, en juin et juillet, de petites branches de genêt sauvage, avec leurs cosses et fruits : on les fait bien sécher au soleil et on les garde pour en nourrir les moutons et les brebis en hiver : le grain en est un peu amer, mais ils y sont bientôt accoutumés ; en tout cas, on peut mettre tremper tout ce fourrage dans l'eau, ou même lui donner un bouillon sur le feu, pour en ôter toute l'amertume. On peut encore ne prendre que la graine du genêt, en la semant sur les draps, quand elle est bien mûre, pour leur en donner l'hiver quelques poignées parmi d'autres nourritures.

Enfin dans des années où la sécheresse trop longue du printemps cause une grande disette de fourrages, rien n'est meilleur, sans difficulté, pour suppléer à la nourriture des bestiaux, que d'ensemencer dès le printemps, sur les jachères, et à la fin de juillet, de gros navets, dits *turneps*, dont on fait un usage continuel dans certaines contrées où l'on hache ces navets dans une auge en les mêlant avec du son.

Quant au pacage des bêtes à laine, au printemps, en automne et en hiver, on ne les mène paître qu'une fois le jour, sur les neuf heures, lorsque le soleil a dissipé la gelée, la froidure et l'humidité qui causent aux brebis des flux de ventre, des catarrhes, des pesanteurs et autres incommodités, et on les ramène avant le soleil couché : et même on les mène l'hive^r aux champs, plutôt pour leur faire prendre l'air, les promener et les divertir, que pour leur faire prendre de la nourriture : c'est pourquoi on ne les sort alors que sur les dix heures, et on ne les fait boire qu'une fois le jour.

En été, la chose est différente ; c'est aux champs qu'elles prennent toute leur nourriture, et c'est la meilleure qu'elles peuvent avoir. On les y mène durant cette saison deux fois par jour : la première, dès le grand matin, néanmoins après que la rosée est tombée ; on les ramène sur les dix ou onze heures ; et après les avoir fait boire, on les enferme dans la bergerie, où on les laisse reposer jusqu'à trois heures, qu'on les ramène aux champs jusqu'au coucher du soleil : alors on les fait boire une seconde fois, et on les enferme dans la bergerie ou dans le parc.

Il ne faut pas mener paître loin du logis les brebis qui ont des agneaux, afin que leur lait ne s'échauffe point, et que les jeunes agneaux, quand ils seront assez forts pour suivre leurs mères, ne se fatiguent point trop. Il est même à propos de donner du bon foin aux mères, matin et soir, outre ce qu'elles paissent aux champs, afin qu'elles aient plus de lait ; et faire manger de bonne vesce moulue ou de l'herbe tendre aux jeunes agneaux pour les fortifier plus tôt.

Le temps de faire traire les brebis est avant qu'elles aillent aux champs, et aussitôt qu'elles en reviennent.

Il faut aux bêtes à laine des lieux secs, aérés et élevés, parce que ces endroits abondent ordinairement en plantes odoriférantes qui leur plaisent et leur font bon corps, comme le serpolet, la marjolaine, le thym et autres ; c'est pourquoi on les mène sur de belles collines ou dans de belles campagnes, dans de beaux chaumes ou de belles jachères, et même dans de belles et hautes futaies et des prairies sèches. On évite les bruyères, les friches ou terres incultes, et les revers les plus arides leur fournissent la nourriture la plus saine en général.

On évite les lieux aquatiques, même ceux où l'eau séjourne un peu trop, les forêts et les endroits où il y a des chardons, des ronces et des épines, parce que ces plantes leur donnent la gale et gâtent la laine. Il faut aussi éviter de leur faire paître les herbes sur lesquelles l'eau aura croupi, et celles qui auront été battues d'orages : ces nourritures les gâtent et les font mourir en peu de temps, de même que la sauvé, quand elle est mouillée et dont les bêtes à laine, qui sont ordinairement affamées au sortir de l'hiver, mangent trop. Il faut encore souvent les changer de pâturage, cela les divertit et leur fait plus de bien que ne ferait l'herbe du meilleur pacage, s'ils la paissaient toujours. La luzerne est une excellente nourriture pour les bestiaux en hiver ; mais comme cette nourriture est très substantielle, il faut prendre garde de leur en donner trop ; deux livres de luzerne par jour suffisent, ou deux livres et demie de paille d'avoine pour chaque brebis. Ces animaux ne boivent pas souvent, mais il leur faut de l'eau claire, nette et bien chaude.

Pour empêcher que les brebis ne se dégoûtent de leur nourriture ordinaire, le berger doit aussi mêler un peu de sel parmi leur fourrage, ou l'arroser de saumure, et même il n'y a pas de meilleur pâturage que les marais salants et les lieux proches de la mer : leur chair en est bien plus tendre et plus agréable, et le lait plus abondant et meilleur.

Les grandes chaleurs incommodent fort les brebis : c'est pour cette raison, quand on n'a pas soin de les en garantir, qu'on les voit presque toujours baisser la tête et se mettre toutes en un monceau, sans songer à paître : ainsi le berger aura donc soin pendant les chaleurs de les faire toujours paître à l'ombre ; et pendant la canicule, de les conduire le matin du côté du couchant et l'après-midi au levant, en sorte qu'en paissant elles aient toujours le derrière au soleil et la tête à l'ombre, parce qu'elles l'ont très sensible aux coups de soleil.

On se souviendra que le berger doit toujours veiller à ce qu'aucune de ses brebis ne se perde ou ne fasse du dégât ; qu'il les doit mener tantôt d'un côté, tantôt de l'autre, l'après-midi ailleurs que le matin, et toujours dans des pâturages fins et abondants. Il ne doit guère les laisser pâturer plus de quatre à cinq heures de suite : au bout de ce temps il les doit mener boire à quelque ruisseau, rivière ou autre eau claire non corrompue, et les ramener ensuite à la bergerie pour, après quelque repos, les

mener paître une seconde fois, si c'en est la saison ;
et après cette seconde pâture, les faire boire et les
ramener comme le matin. Il ne faut cependant
abreuver les bêtes à laine qu'avec circonspection,
selon la nourriture sèche ou humide qu'elles prennent, de peur de leur causer des maladies. Mais
pour engraisser les moutons, on les fait boire souvent, en leur donnant de bonne nourriture ; l'animal prend bientôt de l'embonpoint qui, ayant été
favorisé par une boisson abondante, est une vraie
maladie dont il mourrait : on la prévient en le
livrant au boucher.

Quant au bélier, il est nécessaire de lui donner
souvent du pain, de l'avoine ou de l'orge ; le chê-
nevis lui est encore meilleur, parce qu'il est fort
chaud, et qu'il le rend vigoureux, fort et de belle
race.

Il ne faut jamais mettre le bélier avec les brebis,
soit à la maison, soit aux champs, mais on doit toujours les en tenir séparées, hormis le temps qu'elles
sont en chaleur : c'est aussi pour cela que bien des
gens n'achètent des béliers que pour cette saison, et
qu'ils s'en défont après ; ou bien ils les font châtrer
et les engraissent parmi les moutons, pour les vendre ou tuer pour la provision du ménage ; après
quoi, ils en achètent d'autres à la nouvelle saison
de l'accouplement.

La bonne saison de donner le bélier aux brebis
est généralement en septembre et octobre, afin que
les agneaux ne naissent qu'aux mois de février et
mars, et ne soient pas exposés aux grands froids

qui retarderaient leur accroissement dans le premier âge, parce qu'ils n'auraient que de mauvaises nourritures s'ils étaient nés plus tôt. Au contraire, dans les pays chauds, on peut donner le bélier aux brebis dans les mois de juin ou de juillet, et l'on aura des agneaux en octobre ou novembre ; car les brebis, comme on le voit, portent environ cinq mois.

Ce n'est pas le tout d'augmenter tous les ans son troupeau, il faut aussi trier les vieilles bêtes pour s'en défaire (on appelle une brebis ou un mouton vieux lorsqu'il a sept ans) : c'est vers la fin d'avril qu'on fait ce triage ; pour lors elles sont ordinairement maigres, parce que le fourrage dont elles ont été nourries l'hiver ne leur fait pas tant de bien que le pâturage.

On les vend, comme on le juge·à propos, tondues ou avec leur laine ; mais quand on a de bons pâturages, il est plus à propos de les tondre et de les y mettre pâturer pendant quelque temps, pour s'en défaire ensuite grasses et charnues ; il n'en coûte que la garde, on les vend beaucoup plus cher, outre la laine qu'on en a retirée.

La paille de froment qu'on donne aux bêtes à laine se remet ensuite en gerbes, qu'on vend pour empailler des chaises, parce que les moutons ne rongent que l'épi, sans presque toucher au tuyau. Ils diffèrent par là des autres bestiaux qui fourragent et broient toute la paille qu'on leur donne, de sorte qu'elle n'est plus bonne qu'à faire litière.

CINQUIÈME PARTIE

DES MALADIES DES PORCS

On connaît qu'un porc est malade quand il penche l'oreille, qu'il est plus paresseux et plus pesant que de coutume, ou qu'il est dégoûté : quelquefois aussi, quoique malade, il ne donne aucun de ces signes. Quand on le voit diminuer, peu à peu il faut lui arracher, à contre-poil, une poignée de soies sur le dos : si la racine en paraît nette et blanche, c'est un bon signe; mais si on y voit quelque marque sanglante ou noirâtre, le cochon est malade. La maladie la plus dangereuse est la colique.

COLIQUE DU PORC. — *Traitement.* — Prenez une bonne poignée de boutures de cassis, infusez-la dans un litre d'eau, ajoutez-y 25 centilitres de bonne eau-de-vie, ainsi que 62 grammes de sucre blanc et 62 gr. d'huile d'olives. Vous brûlez l'eau-de-vie avec le sucre et vous mélangez le tout ensemble, que vous divisez en deux potions et que vous donnez l'une de suite, l'autre une demi-heure après. Ce remède est des plus efficaces.

SCROFULES OU ENFLURES DES GLANDES DU COU, CATARRHES. — *Remède*. — Pour guérir les cochons du catarrhe, saignez-les sous la langue et frottez le mal de sel broyé et de pure farine de froment.

Vous emploierez le même remède quand vous verrez qu'un cochon a les glandes du cou enflées, ou le cou plein de tumeurs, qui ne viennent que d'une abondance d'humeurs grossières, qui n'ont point de mouvement. On peut encore faire saigner le cochon aux épaules, et lui frotter tout le cou et le groin de sel et de farine, ou bien lui faire avaler, avec une corne, 190 grammes de garum.

ENFLURE. — Dans la saison des fruits, les cochons en mangent souvent de pourris et en si grande quantité qu'ils en deviennent enflés, et cette enflure deviendrait dangereuse si on n'y remédiait.

Remède. — On fait une décoction de choux rouges qu'on leur donne à boire; ou bien on mêle de ces choux dans leur nourriture, ou bien on les nourrit simplement de feuilles de mûrier bouillies dans de l'eau : tout cela dissipe l'enflure en peu de temps.

FIÈVRE. — On juge que le cochon a la fièvre quand on le voit baisser la tête, la porter de travers, courir dans les champs, ensuite s'arrêter tout court et tomber étourdi. Il faut alors prendre garde de quel côté il penche la tête, pour le saigner à l'oreille opposée, et ne lui donner à manger que des choses qui puissent le rafraîchir. On saigne aussi les cochons à une veine qu'ils ont au-dessous de la queue, à deux doigts des fesses : pour ne pas manquer cette veine, on en bat l'endroit avec un morceau de sarment, afin de la faire enfler. Quand on en a tiré assez de sang, on y fait une ligature avec de l'osier ou de la grosse ficelle ; on tient le cochon enfermé deux ou trois jours, jusqu'à ce que la fièvre soit guérie, et on le nourrit avec de l'eau tiède mêlée de deux livres de farine d'orge.

GALE. — *Remède.* — On la frotte rudement, à contre-poil, avec de l'eau de lessive, ensuite on fait baigner le cochon dans de l'eau claire. Il est également bon de frotter la gale avec du tabac infusé dans de l'eau tiède, ou avec de l'urine et un peu de fleur de soufre. On peut encore se servir du remède des catarrhes.

INDIGESTIONS, VOMISSEMENT, DÉGOUT ET MAL DE RATE. — La gourmandise des cochons les rend sujets aux vomissements et à l'indigestion, et souvent les mauvaises herbes leur causent le dégoût : leur vomissement leur vient de réplétion, et l'indigestion est causée par la dureté ou la crudité de leur nourriture.

Remède. — Pour guérir le simple vomissement, ratissez de l'ivraie, mêlez-en les ratissures avec du sel, que vous aurez bien fait sécher, et de la farine de fèves, et donnez le tout au cochon, avant qu'il n'aille aux champs.

Pour guérir l'indigestion et le dégoût, tenez le cochon enfermé dans son toit, afin de lui faire faire diète pendant vingt heures ; ensuite donnez-lui beaucoup d'eau tiède, dans laquelle vous aurez fait infuser, pendant quinze ou vingt heures, de la graine ou des racines de concombre sauvage bien pilées. Il est bon de donner de' ce breuvage, de temps en temps, aux cochons ; il les préserve de maladies contagieuses auxquelles ils sont sujets.

Les douleurs de rate les prennent aussi, à cause du trop de fruits qu'ils mangent pendant les grandes chaleurs. On les en guérit en leur faisant boire de l'eau où l'on aura laissé macérer du bois de romarin ; il a la vertu de dissiper les crudités et les enflures intérieures.

Lèpre ou ladrerie. — Le cochon y est sujet à cause de sa gourmandise et de sa saloperie. Quand cette maladie commence elle rend le porc pesant et endormi ; ensuite sa langue qu'on lui fait tirer avec un bâton, son palais et sa gorge se chargent de petites pustules noirâtres : les taches gagnent la tête, le cou et tout le corps ; le cochon se pose à peine sur ses pieds de derrière, et la racine de sa soie est toute sanglante. C'est à ces symptômes que les langayeurs des porcs, qui les visitent, particulièrement dans les marchés, reconnaissent qu'ils sont ladres.

Remède. — Cette maladie est difficile à guérir ; tout ce qu'on peut y faire, c'est de mettre le porc ladre dans un toit à part, le nettoyer tous les jours soigneusement, et lui donner toujours bonne et fraîche litière ; ensuite on le saigne sous la queue, on le baigne souvent en eau claire et on le laisse longtemps se promener. Il ne faut point lui épargner l'eau ni la mangeaille, et sa nourriture doit être de marc de vin mêlé avec du son et de l'eau.

La ladrerie ne se connait pas toujours à la langue, car souvent il n'y a que peu ou point de grains ; et cependant quand on vient à ouvrir le cochon et à le mettre en pièces, on en trouve toute la chair chargée ; en ce cas, comme elle est malsaine, elle doit être jetée à la voirie, et le vendeur de porc en doit rendre le prix ; mais, si la chair est seulement sursemée de quelques grains, le sel la corrige, en la laissant quarante jours en salaison ; et ces sortes de viande douteuses et corrigées par le sel peuvent être néanmoins vendues.

LÉTHARGIE. — C'est quand les cochons qu'on mène paitre tombent au milieu des champs et s'endorment au soleil.

Remède. — Pour guérir cette maladie, qui leur fait perdre l'appétit et les fait maigrir en peu de jours, il faut les tenir enfermés dans un toit, sans manger ni boire pendant vingt-quatre heures ; le lendemain, s'ils sont altérés, on leur donne de l'eau où l'on a fait macérer des racines de concombre sauvage broyées. Après qu'ils en ont bu, il leur prend un vomissement qui les guérit ; ensuite on les nourrit de pois chiches, ou de fèves arrosées de saumure ;

puis on leur fait boire de l'eau chaude, afin de les désaltérer ; on peut y mêler deux poignées de son pour la leur faire avaler.

Peste. — Dès que les cochons en sont attaqués, il n'y a point de remède, il faut les jeter ; on ne peut donc que les en préserver.

Remède. — Prenez de l'eau claire, faites-y infuser, pendant un jour, des racines d'affrodille, et la donnez à boire, de temps en temps, aux cochons.

Scorbut. — *Remède.* — Grattez d'abord avec une cuiller d'argent les marques du scorbut jusqu'à ce qu'il n'y ait plus rien de rude : plus la langue saigne, mieux c'est ; ensuite frottez ces endroits avec la pierre de vitriol, faites saigner l'animal et gargarisez-lui la bouche avec le gargarisme qui suit : prenez une poignée de gousses d'ail, deux litres de fort vinaigre, une poignée de la plante nommée *éclaire*, une poignée de ronces, force sel et poivre, et laissez infuser le tout pendant vingt-quatre heures. Il faut s'en servir à chaud trois fois par jour quand le mal est pressant, et deux fois quand il ne s'agit que de le prévenir.

De la nourriture et du pacage des Cochons

On élève des cochons dans toutes sortes de terrains, soit terres labourables, en friche, montagnes ou vallons, marais et près, bois et hautes futaies ou autres, et les lieux fangeux.

Les bois sont cependant ce qu'il y a de meilleur, à cause des glands, des faînes, des châtaignes et autres fruits sauvages : c'est la nourriture qui leur plait le mieux, et qui leur fait prendre une bonne graisse, sans qu'il en coûte beaucoup. On les mène paître ces fruits dans le bois en automne et on leur en amasse aussi pour l'hiver, comme nous allons le dire. Le gland leur donne plus de corps, plus de chair et de fermeté que la faîne ; mais la faîne les rend plus gaillards, et la chair en est plus aisée à cuire et à digérer, quoique plus huileuse.

Les marécages et les terres fangeuses et limoneuses sont encore très bonnes pour les cochons, parce qu'en se vautrant et fouillant aisément la terre, ils y trouvent des vers et des racines qui les nourrissent, surtout quand il y a beaucoup de glaïeuls, joncs, roseaux et autres herbes aquatiques.

On les engraisse aussi dans les champs labourés, quand ils sont couverts d'herbes et de quelques arbres qui donnent des fruits sauvages. On leur donne les fruits que les vents ont abattus et tous ceux qui sont pourris, des feuilles de vigne et d'arbres, comme de figuier, noyer, mûrier, orme, chêne et hêtre.

On en fait même des amas qu'on laisse sécher pour les garder ; et pour les leur donner, on les fait bouillir et on y mêle un peu de son. Les châtaignes, les figues et les olives bouillies leur sont très bonnes; c'est pourquoi on leur en donne dans les lieux où ces fruits sont fort abondants. Les jardins fournissent les choux, les raves, les naveaux, les citrouilles, les concombres, les melons, les fèves, et quantité d'autres fruits, herbes, légumes et racines, dont on les nourrit dans l'arrière-saison ; on leur donne aussi des joncs marins pilés.

On les mène paître depuis le mois de mars jusqu'au commencement d'octobre deux fois par jour : le matin, après que la rosée est dissipée (car elle ne vaut rien aux cochons), jusqu'à dix heures, et depuis deux heures après midi jusqu'au soir. Depuis le mois d'octobre jusqu'à celui de mars, on les laisse paître pendant tout le jour, pourvu qu'il n'y ait ni neige, ni pluie, ni vent.

En quelque temps que ce soit, surtout pendant la canicule, il ne faut jamais leur laisser souffrir la soif ; elle les amaigrit tout d'un coup et leur cause la fièvre : on connaît qu'ils ont bien soif à une petite toux sèche ; il n'y a qu'à avoir soin de les faire toujours bien boire, et que l'eau ne leur manque jamais à la maison non plus qu'aux champs : le petit-lait leur est excellent pour apaiser la soif et les mauvaises suites qu'elle peut avoir.

Les cochons sont si gourmands, qu'outre leur pâture, il faut encore leur donner quelque chose au retour des champs, principalement l'hiver. On leur fait chauffer les lavures d'écuelles ou le petit-lait des fromages ; ou bien on leur donne des fruits, des légumes ou des herbes et du son dans un peu d'eau tiède : cela les attire tous ensemble au gîte et leur fait bon corps ; il est bon de leur en donner autant le matin.

Il est encore à propos de.leur donner de temps en temps du grain, quand la pâture est rare, ou quand l'herbe qu'ils vont paître le matin est encore nouvelle, parce qu'elle leur lâche trop le ventre et les amaïgrit : la graine corrige la crudité de la nourriture, elle supplée à sa rareté et fortifie les cochons. Ceux qui ont été nourris de grain sont meilleurs que ceux nourris de glands; de même que ceux-ci valent mieux que ceux nourris de son ou de farine.

Soins nécessaires lors de la mise bas des Truies

On connaît que la truie est en chaleur quand on la voit souvent se vautrer dans la boue; mais il ne faut pas la lâcher au mâle qu'elle n'ait un an.

La bonne saison de lui donner le mâle est en février, mars et avril, afin que, comme la truie cochonne dans son cinquième mois, les petits naissent en juin, juillet et août, et soient assez forts pour résister à l'hiver suivant. La méthode de ceux qui donnent le mâle plus tard aux truies, comme en mai et juin, et qui ont par conséquent des petits en septembre et octobre, est très mauvaise, parce que les cochons tardifs ne se fortifient point durant les froidures, souvent même ils y périssent, ou ils ne viennent jamais aussi beaux que ceux qui sont assez forts pour résister à la rigueur de la saison.

Le meilleur est de donner les mâles aux truies à la fin de février, afin que les petits venant dans le temps de la moisson, les mères trouvent abondance de grains et d'herbages, et que leurs petits et elles profitent de la glandée qui vient ensuite : par là on a des cochons beaux et forts dès la première année, et le débit considérable qu'on en fait n'a presque rien coûté.

Ceux qui viennent au mois de mai sont encore fort bons, à cause de l'abondance des pâturages ; mais il est nécessaire de donner un peu plus de grain aux truies pour qu'elles fournissent mieux à la nourriture de leurs petits : s'il en vient pourtant en hiver, il faudra les tenir bien chaudement dans leur toit, et ne point épargner aux mères le son, le grain, le gland et autres nourritures.

Aussitôt que les truies sont pleines, il faut en séparer les verrats et les laisser avec elles le moins qu'on pourra, soit aux champs ou à la maison, de peur qu'ils ne les mordent et ne les fassent avorter : on doit surtout avoir bien soin qu'ils n'approchent pas des truies quand elles cochonnent, parce que souvent ils mangent les nouveau-nés.

La truie elle-même mange quelquefois ses petits : c'est pourquoi il faut qu'elle ait bonne et ample nourriture, surtout beaucoup de son, d'eau tiède et d'herbes fraîches. Elle est aussi fort sujette à manger sou arrière-faix par gourmandise : le porcher doit y veiller et la bien nourrir.

Une truie donne à chaque ventrée autant de cochons qu'elle a de tétines : si elle en donne moins, c'est une marque qu'elle n'est point féconde ; c'est pourquoi il faut s'en défaire : si elle en donne davantage, c'est une espèce de prodige.

La truie porte à chaque fois dix, douze et quinze cochons ; mais on ne doit lui en laisser que huit ou neuf à nourrir, afin qu'elle les élève mieux, et qu'elle dure elle-même plus longtemps ; les autres cochons seront portés au marché au bout de quinze jours ou trois semaines au plus. On gardera les mâles par préférence aux femelles, parce qu'ils sont toujours meilleurs à nourrir ; on ne conserve tout au plus qu'une femelle sur quatre mâles, et on ne les sèvre qu'à deux mois.

Trois semaines après que les cochons sont nés, on commence à les mener paître aux champs, et soir et matin on leur donne de l'eau blanchie avec du son ; on continue ainsi jusqu'à ce qu'ils aient deux mois, qui est le temps de les sevrer ; alors on trie ceux qu'on veut garder et on vend le reste.

Les cochons étant sevrés, comme on n'en a pas une aussi grande quantité, on leur donne une nourriture un peu plus ample, et au lieu d'eau simple, on leur fait boire soir et matin du petit-lait mêlé avec du son, un peu plus que quand on en avait beaucoup à nourrir. Faute de petit-lait, on se sert de lavures de vaisselle.

En hiver, on les leur fait tiédir sur le feu, puis on les leur jette dans leur auge, avec un peu de son et quelques fruits pourris, ou bien quelques grosses raves ou navets hachés. On les nourrit ainsi jusqu'au mois d'avril, que les herbes commencent à pousser. Alors on les envoie tous aux champs ; car ils coûteraient trop à nourrir, et ne viendraient pas si beaux, si on voulait les élever sans pâture. L'été se passe ainsi à paître ; et l'automne étant venu, on les engraisse : c'est la saison de le faire.

Temps et manière de châtrer et d'engraisser les Cochons

Il faut châtrer les cochons pour les engraisser, pour qu'ils soient de meilleur goût : ils doivent avoir six mois quand on les châtre ; en les châtrant plus jeunes la chair en est plus délicate, et c'est pourquoi bien des gens les châtrent à quatre mois, mais ils n'en deviennent pas si beaux. Il y en a qui attendent qu'ils aient un an ; mais plus on attend, plus ils durcissent, et plus ils sont hors d'état de prendre une bonne graisse.

Le printemps et l'automne sont les deux saisons propres pour châtrer ; car il est dangereux que, pendant les chaleurs, la plaie ne se gangrène, et le froid la rend si sensible que souvent les cochons en meurent.

On les châtre par simple incision. Les cochons étant châtrés et ayant environ six mois, c'est l'âge qu'on les engraisse pour les tuer ou les vendre ; on les nourrit de grain pur, ce qui fait la meilleure porchaison, ou de son mêlé avec du petit-lait, des choux, etc., ou enfin des glands.

Pour avoir un fort cochon, qui fournisse beaucoup de chair et de bon lard, il faut le prendre à l'âge d'un an et d'un grand corsage ; puis avoir vingt-quatre boisseaux d'orge pour lui distribuer en por-

tions égales pendant cinq ou six semaines, qu'on
le tiendra enfermé avec de bonne eau mêlée de son :
au bout de ce temps, il sera en état d'être tué ou
salé.

Si on ne veut pas faire cette dépense pour disposer les cochons à prendre graisse, il ne faut pas leur
donner tout d'un coup une forte nourriture; il suffit
que, pendant huit jours, on leur fasse bouillir des
choux dans une chaudière, dans laquelle on mêle du
petit-lait, des lavures d'écuelles et du son ; au lieu
de choux, on y met des raves hachées, et quand
cette mangeaille est bien détrempée et qu'elle a bien
bouilli, on la laisse refroidir jusqu'à ce qu'on y
puisse souffrir la main, et on la donne aux cochons.
Après huit jours de cette nourriture, on tient les
cochons dans leur toit pour n'en plus sortir qu'ils ne
soient tout à fait gras; on leur ôte les choux et on
ne leur donne plus, soir et matin, que plein leur
auge d'eau ou de petit-lait, dans lequel on fait bouillir du son un peu épais. On ne le leur donne que
quand il a été refroidi; on y ajoute un décalitre
d'orge bouillie et autant d'avoine crue. Après une
nouvelle huitaine de cette nourriture, on leur donnera à manger du son bouilli bien épais, et ce, jusqu'à ce qu'ils en laissent de reste : de cette manière
ils seront bientôt engraissés.

Les cochons prennent graisse en moins de deux
mois, surtout les jeunes, principalement quand
on a commencé à les faire jeûner deux ou trois
jours.

La manière la plus aisée et la plus ordinaire d'engraisser les cochons, et d'en engraisser beaucoup, avec moins de soin et de dépense, c'est de les mettre à la glandée dans les forêts. On ne les y met que quand le gland est mûr, c'est-à-dire quand il tombe, et que les châtaignes, faînes et autres fruits sauvages quittent leur enveloppe ; ils y courent avec avidité et ils engraissent en peu de temps, surtout quand le soir, au retour du bois, on leur donne à boire de l'eau tiède, mêlée d'un peu de son ou de farine d'ivraie ; cette buvée les endort tous soûls, et c'est le moyen de leur faire prendre graisse bien vite. Les premiers froids de l'automne contribuent aussi à l'engrais des cochons, parce qu'alors il se fait une moindre dissipation des esprits et que la nourriture se convertit bien plus en aliment que pendant l'été, d'autant plus volontiers que, trouvant dans cette saison la terre plus dure, ils ne s'amusent pas tant à la fouiller, et vont plutôt prendre les bons aliments qui s'y trouvent.

Les cochons aiment les vers et les racines, c'est pourquoi ils s'amusent assez à fouiller la terre tant qu'ils la trouvent molle ; mais comme cette nourriture ne leur est pas aussi bonne que l'herbe et la glandée, on leur met un anneau au groin, ou bien on leur fait une incision aux naseaux pour les leur rendre douloureux et les empêcher de fouiller.

SIXIÈME PARTIE

DES MALADIES DES CHIENS EN GÉNÉRAL

FIÈVRE CATARRHALE. — *Symptômes*. — Au début de la maladie : tremblement, lassitude, frisson et perte de l'appétit.

Au second jour, quelquefois même le premier, les symptômes du catarrhe se déclarent, le nez devient brûlant, les yeux rouges et larmoyants, l'animal éternue, tousse quelquefois, et il lui sort du nez des mucosités plus ou moins épaisses ; au bout de trois ou quatre jours, l'animal est complètement rétabli.

Causes. — La fièvre catarrhale est toujours la suite d'un refroidissement ; les petits chiens d'une constitution délicate y sont plus sujets que les chiens de grande taille qui prennent beaucoup d'exercice.

Traitement. — Il faut garantir le chien du froid, s'il tousse, il faut lui donner le remède suivant : 30 grammes de centaurée, 9 grammes de fleur de soufre, 9 grammes de grains d'anis, 16 grammes de baies de genièvre.

Il faut concasser ces ingrédients, mélanger le tout et y ajouter du suc de carottes et de sureau en parties égales pour donner une consistance convenable que doit comporter cette composition.

Pour un petit chien la dose est de 4 grammes le matin et le soir.

Pour un gros chien on la double.

Fièvre nerveuse. — *Symptômes.* — L'animal est triste et abattu et reste presque continuellement couché, il a perdu l'appétit et est fort altéré, le pouls est rapide en même temps que très faible, les yeux troubles, la langue sèche, les yeux demi-fermés ; il pousse des hurlements et est agité de mouvements convulsifs.

A ces symptômes se joint souvent la diarrhée dont les matières sont parfois sanguinolentes ; la sueur et les excréments du chien ont une odeur fétide ; lorsque l'animal est sur le point de succomber, la respiration devient accélérée et les battements de son cœur sont presque insensibles.

Causes. — Des fatigues excessives, ainsi que l'échauffement, sont les causes les plus ordinaires de la fièvre nerveuse ; elle attaque aussi les chiens qui ont mangé trop de viande ou de chair provenant d'un animal mort d'une affection maligne.

Gale. — *Remède.* — Mettez de l'huile de chènevis ou de l'huile de noix dans un pot de terre neuf sur la braise ; quand elle commencera à frémir, jetez-y du soufre bien pilé et le remuez toujours avec un bâton ; une petite demi-heure après, vous y mettrez de la couperose, vert de-gris et noix de galle, que vous aurez pilés, mais plus de soufre que des autres drogues ; continuez de remuer, et si cela veut bouillir par-dessus, vous y jetterez une poignée de sel et un peu de vinaigre pour le faire abaisser. Pour connaître quand la drogue sera cuite, il en faut mettre sur une tuile ; et si elle blanchit, elle sera cuite. Si vos chiens sont fort galeux, vous y ajouterez de la poix neuve de Bourgogne, et, après que votre onguent sera fait, vous en frotterez vos chiens fortement afin d'émouvoir la gale et que l'onguent pénètre mieux. Il faut qu'il soit chaud à pouvoir y tenir la main, et pour cela que le pot soit sur un peu de charbon pour tenir la chaleur égale ; lorsqu'ils sont frottés, on doit les laisser sur la paille sans les sortir, parce que cet onguent leur a ôté une partie du sentiment qui ne reviendra que quelques jours après.

En frottant les chiens avec du beurre frais non lavé et de la fleur de soufre pétris ensemble sans autre chose, ils guériront, et cet onguent n'aura pas si forte odeur que l'autre.

On fait aussi infuser dans de fort vinaigre du sel, du poivre, de la poudre à canon et des feuilles de tabac, et on frotte les chiens avec un bouchon de paille, on lave bien la gale avec cette composition, et on les tient enfermés sur la paille fraîche.

FLUX DE SANG. — Les trop grandes fatigues que

les chiens éprouvent et les frimas qui les morfondent leur causent le flux de sang. Cette maladie est contagieuse.

Remède. — Il faut séparer les chiens aussitôt qu'on s'en aperçoit et les mettre dans un lieu où ils soient bien chaudement et nettement, ne leur donner rien de salé, les nourrir de potage fort épais où l'on mêlera de la terre sigillée ; et s'ils n'en guérissent point, prendre de la farine de fèves et en faire de la bouillie fort épaisse dans laquelle on mêlera aussi de la terre sigillée ; si c'est un jeune chien, il en guérira ; mais s'il est vieux, cela est douteux.

Vers. — *Remède pour les faire mourir et sortir du corps.* — Prenez 8 grammes de jus d'absinthe, même quantité d'aloès hépatique et de staphysaigre, 4 grammes de corne de cerf brûlée, même quantité de soufre, le tout pilé et incorporé ensemble avec de l'huile de noix jusqu'à la valeur d'un demi-verre, et les faites avaler au chien malade.

Remède pour faire tomber les vers qui s'engendrent dans les plaies des chiens. — Prenez des noix vertes, pilez-les, mettez-les dans un pot avec un demi-litre de vinaigre et les laissez tremper quatre heures ; faites-les ensuite bouillir sur le feu et passez le tout à travers un linge ; ensuite, mettez cette décoction dans un pot et ajoutez-y 32 grammes d'aloès hépatique, 32 grammes de corne de cerf brûlée et 32 gr. de poix de résine, le tout en poudre ; mêlez bien le tout ensemble et nettoyez l'endroit où sont les vers avec cette composition.

Mal dans les oreilles. — *Remède*. — Mettez du verjus dans une écuelle avec de l'eau de feuilles et fleurs de l'arbrisseau qu'on appelle troëne, ou de l'eau de chèvrefeuille, et gros comme le bout du doigt de miel commun que vous mêlerez avec ; versez de cette composition dans l'oreille du chien, lui broyant et mouvant avec le pendant de l'oreille ; puis faites chauffer de l'huile de laurier que vous lui mettrez dans le fond de l'oreille, la lui bouchant avec du coton ; quand même vous ne lui mettriez que de l'huile de laurier, elle peut guérir, à moins que le mal ne s'opiniâtre.

Remède pour faire pisser les chiens. — Les chiens qui ont fait de grandes courses, surtout dans les chaleurs, ou qui ont couru les lices en amour, se sont échauffé les reins et ne peuvent pisser. Prenez cinq ou six raves coupées par rouelles, une poignée de feuilles de guimauve, autant d'une herbe qui s'appelle *archaquance*, qu'on trouve dans les vignes, racines d'asperges, de fenouil et de pissenlit, à doses égales ; faites bouillir le tout avec du vin blanc jusqu'à la réduction du tiers, que vous ferez avaler aux chiens.

Remède pour guérir les chiens de la crevasse des pieds et des autres plaies ou ils ne peuvent porter la langue. — Il faut prendre un oignon blanc, le piler dans un mortier, y ajouter une pincée de suie et une de sel, et piler le tout ensemble pour le mettre dans un morceau de linge blanc ; et après avoir lavé les pieds du chien avec du vin un peu chaud, on les essuiera, et ensuite on pressera le linge avec la main dans les crevasses : elles se resserreront et la plante du pied s'endurcira.

A l'égard des plaies, on prendra des feuilles de pêcher que l'on pilera dans un mortier, et après les avoir mises dans un morceau de toile, on lavera la plaie du chien avec du vin un peu chaud, puis on pressera le linge avec la main, afin que l'eau tombe dans la plaie, ce qui guérira le chien et fera mourir les vers qui pourraient s'engendrer dans la plaie.

PIEDS ENGRAVÉS. — Les chiens sont sujets, par de grandes chaleurs et sécheresses, à s'engraver et s'échauffer les pieds, et, dans les gelées, à se les écorcher.

Remède. — Prenez des jaunes d'œufs, selon le nombre de chiens que vous avez à panser ; délayez les œufs avec du fort vinaigre et de la suie que vous prendrez à la bouche d'un four, et la passerez, ne mettant que le plus délié avec les œufs et le vinaigre ; étendez le tout sur de l'étoupe et le mettez sur un linge en double, dont vous envelopperez le pied du chien ; s'il y a beaucoup de mal, vous continuerez plusieurs jours, jusqu'à ce qu'il soit guéri.

MORSURES DE SERPENTS ET VIPÈRES. — *Remède.* — Prenez de l'herbe nommée la croisette, de la rue, des feuilles de poivre d'Espagne, du bouillon-blanc, des pointes de genêt et de la menthe, de chacun une

poignée ; pilez bien ces herbes, faites-les bouillir
dans du vin blanc pendant une heure ; passez le tout
dans un linge et mettez dissoudre dans la décoction
le poids de 24 grammes de thériaque ; on fait avaler
au chien blessé plein un verre de cette décoction, et
ensuite on en lave la morsure et on met sur la plaie
une feuille de bouillon blanc.

BLESSURES PAR LE SANGLIER. — Les chiens qui chassent le sanglier sont très sujets à être blessés, surtout au ventre.

Remèdes. — Si ce ne sont que des décousures,
quoique les boyaux sortent, pourvu qu'ils ne soient
pas offensés, il n'y a qu'à les leur remettre doucement, avec la main bien lavée, essuyée et ointe
d'huile d'olive ou de graisse douce et nette ; puis
mettre dans la plaie une tranche de lard gras, la
recoudre avec de bon fil blanc et une aiguille dont
les chirurgiens se servent, et nouer les pointes, de
peur que le fil ne s'échappe, de même aux autres
endroits, et tenir toujours la plaie grasse, afin d'o-
bliger le chien à la lécher, ce qui est son meilleur et
plus souverain onguent. L'aiguille doit être carrée
par la pointe, et le reste rond ; les valets de chiens
doivent en être toujours munis, aussi bien que de
bon fil et de lard gras.

Souvent les chiens sont foulés par les sangliers,
quoiqu'ils ne les atteignent pas des défenses ; comme
cet animal est pesant, il ne laisse pas quelquefois de
leur rompre ou démettre quelque côte ; il les faut
remettre ; mais s'il n'y a que foulure, prenez racine

de symphytum et de mélilot que vous pilerez ; ensuite faites fondre de la poix de Bourgogne, ajoutez-y de l'huile rosat et mêlez bien le tout, étendez-le sur de la toile neuve, puis coupez le poil à l'endroit du mal, appliquez-y l'emplâtre bien chaud et le laissez jusqu'à ce qu'il se détache.

RAGE. — Le chien est de tous les animaux le plus sujet à la rage. On en distingue six sortes, dont les trois premières sont incurables.

La première et la plus mauvaise est celle qu'on appelle *rage enragée*. Les chiens qui en sont frappés crient et hurlent d'une voix cassée et enrouée; ils courent sans connaissance tant qu'ils ont de la force, et mordent généralement tout ce qu'ils rencontrent. Leur morsure à sang est mortelle.

La seconde, qu'on nomme *rage courante*, ne diffère de la première qu'en ce que le chien ne s'attaque point aux hommes, mais seulement aux bêtes qu'il trouve en son chemin. Ces deux sortes de rage sont contagieuses pour les autres chiens, quoiqu'ils n'en soient point mordus.

La troisième s'appelle *rage efflanquée*. Les chiens ont les flancs serrés et battant continuellement, la tête et le regard bas, levant les pieds fort haut et chancelant en marchant. Cette rage vient ordinairement aux vieux chiens et à ceux qui sont mal nourris : ce qui les amaigrit peu à peu. Ils ne sont pas dangereux pour mordre, n'ayant pas assez de force, et ils meurent dans cette langueur.

La quatrième s'appelle *rage tombante*. Les chiens

qui en sont attaqués ne se peuvent presque soutenir, allant chancelant, et meurent ainsi. Le venin de cette rage n'est pas si violent, et elle ne rend pas les chiens si furieux ; ils ne mordent point, mais ils ne laissent pas que d'être dangereux ; il les faut séparer et se servir des remèdes qui suivent :

Remède. — Prenez le poids de 95 grammes de jus d'une herbe appelée passe-rage, laquelle a la feuille comme celle d'iris, sinon qu'elle est un peu plus noire ; nettez-le dans un petit pot de terre plombée, ajoutez-y le poids de 95 grammes de jus d'ellébore noir et autant de jus de rue si les herbes ne rendent point de jus, il faut en faire une décoction et en prendre, puis y mettre le poids de 95 grammes de vin blanc, mêler le tout ensemble, le passer dans un linge, le verser dans un verre et y ajouter 8 grammes de scammonée sans être préparée, ensuite faire avaler le tout au chien malade en lui tenant la gueule haute, et encore quelque temps après, de peur qu'il ne la rejette, vous le saignerez avec un couteau bien pointu dans la gueule au haut du palais sous la dentelure, et lui ferez assez d'ouverture afin qu'il saigne, et après le mettrez sur la paille fraîche. Vous pouvez aussi lui faire avaler du jus d'herbe appelée corne-de-cerf, 32 grammes avec un peu de sel en poudre.

Ou bien il faut prendre le poids de 95 grammes de la feuille ou graine de péonne, autant de jus de coulevrée, autant de l'herbe de croisette, quatre dragmes de staphysaigre bien broyés ensemble, le mêler avec les jus susdits et le faire boire au chien ; cela fait, on doit lui fendre les deux oreilles pour le faire saigner, ou bien le saigner des deux veines qui sont au-dedans des épaules, que l'on appelle pour les chiens les *erres*. Si la médecine n'a pas assez opéré, il faut réitérer.

La cinquième s'appelle *rage endormie*, parce que les chiens sont toujours couchés et font mine de dormir ; cela vient quand les humeurs froide et chaude se rencontrent dans le cerveau ; ils tombent dans un assoupissement sans pouvoir dormir ; mais si l'humeur froide abonde plus que la chaude, le chien dort plus qu'il ne veille. Cette rage n'est point dangereuse, et pour la guérir, prenez le poids de 1 hectogramme 25 grammes de jus d'absinthe, le poids de 48 grammes d'aloès en poudre, même quantité de corne-de-cerf brûlée avec 2 grammes d'agaric ; mêlez le tout avec un demi-litre de vin blanc et le faites avaler au chien.

La sixième et la dernière s'appelle *rage de tête*, parce que la tête du chien en devient enflée, et les yeux en paraissent si gros qu'ils semblent être hors de la tête, ce qui vient de la grande abondance de sang chaud et ardent, lequel est renvoyé du cœur au cerveau, s'épanchant partout ; et à cause de cette enflure, les chiens ne mordent personne. Pour remédier à cette maladie, il faut prendre le poids de 1 hectogramme 25 grammes de jus de fenouil en décoction, le poids de 95 grammes de jus ou décoction de gui qui croît sur les aubépines, autant de jus ou décoction de lierre, autant de jus ou décoction de polypode qui croît sur les chênes, et mettre le tout dans un petit poêlon bouillir avec du vin blanc, et quand il sera un peu refroidi, le faire prendre au chien.

Lorsqu'une meute est attaquée de la rage, il faut séparer vivement les chiens, leur donner de l'orviétan ou de là thériaque de Venise, les baigner en eau salée ou les mener à la mer, et les purger de séné infusé dans du lait chaud, et brûler dans les lieux où ils sont force genièvre, des copeaux de sapin et du vinaigre sur des pelles de fer rougies au feu ; quand ils sont bien purgés, pour les rafraîchir on leur donne de la soupe faite avec de la tête de veau, force chicorée, laitues et autres herbes rafraîchissantes.

Il est nécessaire de purger surtout les chiens qui ont l'air triste et le regard sombre.

Morsures par les chiens enragés. — *Remède.* — On met le feu à l'endroit de la morsure, pourvu que ce ne soit pas sur des nerfs, et ensuite on y appliquera un emplâtre de poix de Bourgogne qui attire tout le venin. On peut aussi les mener à la mer et les y plonger trois fois. Quand on en est trop éloigné, on fait le remède suivant : Si le chien qui est mordu a une grande plaie, on la laisse saigner longtemps, afin qu'une grande partie du venin s'en aille par là, et, après que le sang s'est arrêté, on lave bien la plaie avec du vinaigre tout chaud ou avec de l'eau dans laquelle aura bouilli une racine appelée parelle sauvage, que l'on trouve partout. Lorsque la plaie est bien lavée, on y met un cataplasme fait avec oignon et ail cuits dans les cendres, y ajoutant un peu de miel et de sel pulvérisé ; on renouvelle ce cataplasme six jours durant, et après on entretient la plaie avec des remèdes ordinaires pour la tenir longtemps ouverte. Pour bien faire sortir le venin, on prend une poignée de pimprenelle, on la pile bien, on en tire le jus qu'on mêle dans 25 centilitres de bonne huile d'olive, et on le fait avaler au chien.

Signes auxquels on reconnait la rage des chiens. — Un des moyens les plus certains est le suivant :

Il faut prendre le chien et l'approcher de l'eau; s'il est enragé, il ne manquera pas de trembler et de dresser le poil ; ses yeux seront rouges et étincelants, le regard de travers et la vue fixe ; il penche la tête en courant, et sa gueule est ouverte sans crier ; il tire la langue et jette de l'écume de la gueule et des naseaux, faisant sortir le vent gros de son nez, mordant les autres chiens, en remuant la queue et les flairant avant de les mordre ; ses babines couvrent ses dents, il chancelle çà et là, il se heurte à tout ce qu'il rencontre, et enfin il ne connaît plus son maître. Ce sont là tous les signes de la rage, et pour en être plus parfaitement assuré, il est bon de le séparer et de l'enfermer trois jours et trois nuits, lui donnant pain, viande, potage, lait et eau auprès de lui; s'il ne mange pas, il est assurément enragé, et ne peut vivre en cette rage que neuf jours au plus.

Scorbut du chien. — *Symptômes*. — Teinte bleuâtre, tuméfaction et ramollissement des gencives ; il s'écoule de la portion qui embrasse le collet des dents un sang noir décomposé ; celles-ci branlent dans les alvéoles, la mastication devient très difficile et la bouche répand une odeur de fétidité insupportable ; le dépérissement est rapide ; la maladie, abandonnée à elle-même, tue en trois semaines. Vers la fin de la vie, des pétéchies, quelquefois des ulcères, couvrent les yeux ainsi que les muqueuses du nez et de la bouche.

Causes. — Alimentation défectueuse, privation complète de viande, séjour prolongé dans des locaux malsains, privation d'air et d'exercice, affection très commune chez des chiens mangeant des sucreries.

Traitement. — Il faut un changement de régime, première condition du succès ; un séjour sain et sec, et une nourriture animale. On administre des potions toniques et aromatiques, la décoction d'écorce de saule et de racine de tormentille. Il faut toucher les gencives plusieurs fois par jour avec une solution d'alun dans une infusion de sauge.

Insectes qui s'incrustent dans la peau des chiens. — *Symptômes*. — Fortes démangeaisons, suivies de boutons.

Pour l'en préserver, il est bon de visiter souvent le chien, de bien l'étriller et de le faire baigner.

Traitement. — Lorsque les piqûres produisent des boutons, il faut les frotter avec du saindoux et du sel.

Tranchées du chien. — *Traitement*. — Du lait chaud mêlé d'une décoction de graine de lin ou de mauve, qu'on lui fait boire, est un remède très efficace.

Vers. — Les chiens sont très sujets aux vers intestinaux, principalement aux lombrics et au ténia ou ver solitaire ; les premiers ont beaucoup de ressemblance avec les vers de terre, ils sont cylindriques, lisses et luisants, d'une teinte blanchâtre, tirant un peu sur le rouge, et d'une longueur qui varie de 4 à 26 centimètres. Le ténia, lui, est aplati et de couleur blanche, quelquefois grisâtre ; il acquiert souvent une longueur considérable.

Symptômes. — Les signes qui annoncent la présence des vers chez les chiens sont très obscurs ; on remarque seulement que l'animal maigrit, quoique mangeant beaucoup. Il se mord quelquefois le ventre quand il est atteint de coliques.

Causes. — Les jeunes chiens sont généralement plus sujets aux vers que les vieux ; les aliments farineux, tels que des pommes de terre ou du pain mal cuit, les prédisposent aux affections vermineuses.

Traitement. — Le traitement varie suivant que l'animal est tourmenté par des lombrics ou par le ver solitaire.

Dans le premier cas, on prend parties égales de scammonée et de feuilles de tanaisie ; on pulvérise ces ingrédients et on y ajoute le double de miel ; la dose est par jour de 4 grammes pour un petit chien et de 8 grammes pour un gros.

Dans le second cas, quand un chien a le ver solitaire, il faut employer le traitement suivant : on change la nourriture de l'animal, on lui donne beaucoup de viande et de carottes cuites, et on lui administre un mélange de 4 parties d'huile de lin ou d'olive et de 1 partie d'essence de térébenthine; la dose est pour un gros chien de 80 grammes, administrés en deux fois, à quatre heures d'intervalle; elle n'est pour un petit chien que de 18 grammes, donnés aussi par moitié soir et matin. Si le ver n'est pas parti au bout de trois jours, il faut renouveler ce médicament et donner ensuite un purgatif.

10 à 30 grammes de sel de Glauber dans un verre d'eau seront d'un excellent effet.

[illegible]

Qu[illegible] grand [illegible] sol-
tale. Il [illegible] la [illegible]
[illegible] respectivement l'am[illegible] obj[illegible]
[illegible] latitude et [illegible]
[illegible] les influences. — I partie.
[illegible]
[illegible] pour un grand nombre de points [illegible]
[illegible]
Elle n'est [illegible] difficile [illegible]
[illegible]
[illegible]
[illegible]
O. à M[illegible] de la Ch[illegible]
[illegible]

SEPTIÈME PARTIE

CHÈVRES ET BOUCS

Mœurs des Chèvres et des Boucs

Les chèvres sympathisent assez avec les brebis quant à la nourriture ; mais quant au naturel, celui des chèvres est très difficile : les boucs sont fort lascifs et les chèvres très vives, agiles et légères. Dans certaines contrées, on appelle les chèvres *biques*, et dans d'autres *cabres*, et les jeunes chevreaux *cabris*. On fait des troupeaux de ces animaux ; ils coûtent peu à nourrir et rendent bien du profit quand ils sont d'une bonne espèce ; ils aiment les lieux montagneux et trouvent de quoi vivre dans les landes et dans les campagnes les plus stériles. Dans les pays de montagne, où l'on en nourrit de grands troupeaux, ou ne leur donne pas d'étable ; mais il leur en faut dans les endroits où l'on en nourrit peu, surtout dans les pays qui ne sont point chauds, parce que ces bêtes craignent beaucoup le froid.

Amélioration de la race

Comme on a fait venir en Europe des vaches et des brebis indiennes dont la race est établie en France, on en a aussi amené des chèvres qui font beaucoup de profit partout où on veut les établir.

Ces chèvres donnent deux ou trois fois plus de lait que les nôtres; il est meilleur et le fromage aussi; elles donnent presque toujours deux chevreaux; elles ont le poil plus fin et en plus grande abondance, et on peut les tondre deux fois l'an. On appelle *besons* les chevreaux qui en viennent. Il n'y a qu'à leur donner la même nourriture et les mêmes soins qu'à nos chèvres communes, à peu près comme il a été dit des brebis flandrines, qui viennent de la Hollande. Par là on aura de belles et fortes chèvres dont chacune portera deux chevreaux par an : on les aura de bonne heure, on les engraissera et on les vendra cher, ou ce seront des boucs bons et vigoureux qui serviront deux ou trois fois plus de chèvres que les nôtres ; elles donneront beaucoup de lait et de fromage, et elles peupleront les lieux qui ne sont point propres aux vaches et aux brebis, en sorte qu'il n'y aura point de terrain perdu. Quoique les chèvres aiment les broussailles et trouvent à brouter partout, elles s'accommoderaient bien des bons foins si on voulait les y mener.

Choix des Chèvres

Une bonne chèvre doit avoir la taille grande, la marche ferme et légère, le poil épais, doux et uni ; les mamelles grosses et les pis gros et longs ; il faut aussi qu'elle soit large de derrière, qu'elle ait les cuisses fortes et les jambes grosses et court jointées. Quant à la couleur, les chevriers prennent ordinairement les blanches, parce qu'elles passent pour avoir plus de lait. Il y en a pourtant qui croient que celles qui sont noires ou rougeâtres donnent de meilleur lait, et qu'elles sont plus légères, plus éveillées, plus robustes, mais sujettes à avorter, et qu'elles vivent davantage que les autres. Celles qui n'ont point de cornes passent pour être beaucoup meilleures et plus aisées à familiariser avec les autres troupeaux que celles qui en ont. On les doit prendre depuis un an jusqu'à cinq, quoiqu'elles portent jusqu'à près de sept ans.

Le *bouc* doit avoir le corps grand, les jambes grosses, le cou charnu et court, la tête petite, le poil noir, épais et fort, doux à la main ; les oreilles grandes et pendantes, et la barbe longue et touffue : ceux qui ont des cornes sont moins estimés, et ils passent pour être trop pétulants et dangereux.

Les chèvres ne vivent guère plus de huit ans, et il ne les faut faire porter que depuis deux jusqu'à sept au plus ; le *bouc* doit avoir deux ans et n'en pas passer quatre ou cinq : passé cet âge, il n'est plus bon qu'à châtrer et à engraisser ; il vieillit bientôt parce qu'il est fort lascif : c'est pourquoi il ne faut point l'abandonner de bonne heure à la lubricité. Un seul peut suffire à cent cinquante chèvres pendant deux mois, et il n'est de bon service pour les saillir que pendant trois années de suíte. On prétend que pour l'apprivoiser et pour empêcher qu'il ne s'enfuie, il n'y a qu'à lui couper la barbe.

Dans les pays où on nourrit beaucoup de chèvres, il vaut mieux en acheter un troupeau tout entier que de les choisir séparément, afin qu'elles s'accordent mieux entre elles et qu'elles ne se quittent point quand elles vont aux champs.

Accouplement et engrais

Les chèvres sont en chaleur depuis le mois de septembre jusqu'à la fin de novembre, et elles portent cinq mois ; en sorte qu'étant saillies dans l'automne, et nourrissant leurs chevreaux environ un mois, ils sont bons à manger vers Pâques. Quand on leur donne le bouc dans le mois d'octobre ou de novembre, elles trouvent, dans le temps qu'elles chevrotent, de quoi avoir du lait en abondance, parce qu'alors les arbres boutonnent, les feuilles des bois et les herbes renaissent, et leur font une bonne et ample nourriture.

Si on veut avoir des chevreaux vers Noël, il n'y a qu'à faire saillir les chèvres cinq ou six mois auparavant ; mais cela n'est bon que pour avoir de bonne heure des chevreaux à manger ; sans cela il vaut mieux faire accoupler les chèvres dans le mois de novembre, pour que, quand elles chevroteront, elles aient abondance de nouvelles herbes et par conséquent de lait.

Quand on fait saillir les chèvres, il faut bien nourrir le bouc. Quand il a sailli une fois, on lui donne sept ou huit bouchées de son et de foin à manger ; ensuite on le met en exercice avec la même chèvre : il y en a même qui la font saillir trois fois de suite, afin qu'on soit sûr qu'elle soit pleine.

Quand le bouc est fort et que la chèvre est bonne, elle donne assez souvent deux et trois chevreaux d'une même portée ; cependant elle n'en donne ordinairement qu'un.

La chèvre souffre beaucoup quand elle chevrote : c'est pourquoi il est nécessaire d'y veiller. Un jour ou deux avant sa délivrance, et dix à douze jours après, il est bon de la nourrir de foin. Quand elle n'a qu'un an ou deux, on ne doit pas souffrir qu'elle nourrisse son petit ; il faut, pour cela, qu'elle ait trois ans ; si elle n'a pas cet âge, on fera nourrir son chevreau par une autre chèvre : il n'y en a point qui ne se laisse téter aisément. Il ne faut jamais non plus laisser plus d'un chevreau à nourrir à la même chèvre ; c'est pourquoi, si elle en a plusieurs d'une portée, on ne lui laisse que le plus fort, et on fait nourrir les autres par d'autres chèvres : c'est le moyen de ménager les mères, d'avoir de forts chevreaux et de faire par conséquent un bon troupeau.

On nourrit aussi les chevreaux avec du lait, qu'on leur donne en abondance ; la semence d'orme, de cytise ou de lierre leur est bonne, de même que les cimes de lentisques et les feuilles tendres. Pour faire avoir du lait aux mères, il n'y a qu'à les nourrir de raves, navets et sainfoin. Au reste, on élève les chevreaux comme les agneaux et il faut employer les mêmes soins, et, en cas de maladie, les mêmes remèdes qui ont été enseignés pour les brebis et les agneaux.

Les chèvres allaitent ordinairement leurs petits un mois. Si on veut ménager leur lait, on peut leur retirer leur chevreau à quinze jours pour le vendre ; mais cela ne s'observe que quand on a peu de chèvres. Quand on en a beaucoup et qu'on en fait un grand commerce, il y a plus de profit à élever les chevreaux qu'à les vendre petits ; on se défait seulement de quelques-uns et on élève tous les autres, soit mâles ou femelles, pour augmenter le troupeau et avoir le profit de leur lait, de leur poil, de leurs peaux, de leur chair, et des chevreaux qui en proviennent.

Quant aux boucs ou chevreaux mâles, on les châtre presque tous à six mois ou à un an, pour qu'ils deviennent plus forts, de meilleur goût et d'une chair plus délicate, ce qui les rend d'un débit bien meilleur : c'est pourquoi on ne laisse de chevreaux entiers qu'autant qu'il en faut pour multiplier le troupeau ; et il en faut peu, comme il a été dit, puisqu'un bouc suffit à cent ou cent cinquante chèvres.

Les boucs ne prennent graisse que quand ils ont été châtrés; et ils ne sont bons, non plus que les chèvres, que quand ils sont gras; c'est alors qu'on les vend ou qu'on les tue pour la provision de la maison.

Pour engraisser les chèvres et les boucs, il n'y a qu'à les mener dans les lieux où ils se plaisent et où ils trouvent assez de nourriture. Les chèvres sont contentes pourvu qu'elles broutent et ne manquent point d'eau, et que l'hiver elles soient chaudement. On peut aussi, pour les engraisser, les nourrir de choux ou de raves, navets et sainfoin.

Nourriture et soin des Chèvres

Les chèvres aiment les pays montagneux et nullement les marécages. Le grand chaud leur est nuisible et le froid encore plus. Cependant on voit souvent ces bêtes capricieuses dormir au soleil ardent sur la pointe d'un rocher, plutôt qu'elles ne le feraient sur une belle herbe à l'ombre. Elles veulent être tenues proprement : l'humidité et la fange leur sont contraires et le fumier les rend malades ; c'est pourquoi il faut nettoyer leur étable tous les jours et y mettre toujours de la litière fraîche durant l'hiver; en été, elles couchent bien sans litière et n'en valent que mieux.

La chèvre et le bouc habitent volontiers avec les brebis. La morsure des chèvres est pernicieuse aux arbres, surtout à l'olivier ; il devient stérile pour peu qu'ils le lèchent. On dit que la chèvre devient enragée quand elle mange du basilic, et qu'elle meurt quand elle boit de l'eau où les feuilles de laurier-rose ont trempé quelque temps. Ces animaux marquent aussi de l'aversion pour le pain et les aliments sur lesquels on a soufflé ou auxquels la salive de l'homme a touché ; le miel et la vigne leur sont contraires.

L'aiguail, autrement dit la rosée, qui ne vaut rien aux brebis, est fort salutaire aux chèvres ; et autant qu'on le peut, il faut les mener paître avant qu'elle soit tombée de dessus les herbes. Au surplus, on les gouvernera comme les brebis, on les conduira aux champs et on les ramènera dans la même saison et aux mêmes heures ; et même quand on n'a que des chèvres et des boucs, on les mène avec les brebis et on les traite de même.

Quand on en a un grand troupeau, on doit avoir un chevrier pour en avoir soin et les conduire. Il est nécessaire qu'il soit agile et robuste pour les suivre partout à travers les montagnes et les broussailles, et les défendre du loup ou autres bêtes dangereuses. Il n'en peut conduire que cinquante, parce que ce bétail est extrêmement indocile.

Jamais chèvre ne mourut de faim, et l'herbe n'est jamais assez courte pour qu'elle ne trouve point à brouter.

En hiver. pendant les pluies, la neige et les frimas, il ne faut point les sortir de l'étable ; on les y nourrit avec de petites branches de vigne, d'orme, de frêne, de mûrier, de châtaignier, de noyer ou autres arbres auxquels les feuilles tiennent, ou bien avec des herbes ou des choux. On cueille les petites branches et les herbes au mois de septembre, on les laisse sécher au soleil et on les garde dans un fenil ou sur quelque échafaudage à couvert de la pluie. Les raves, les navets et les joncs marins sont encore une nourriture plus aisée, plus substantielle et plus fructueuse pour les chèvres, boucs et chevreaux.

Ces animaux ne se nourrissent pas seulement de toutes sortes d'herbes et de feuilles fraîches ou sèches, ils broutent encore les épines et les ronces, quelque piquantes qu'elles soient ; ils vont les chercher le long des haies, des buissons et des halliers, dans les bois, sur les rochers les plus escarpés, sur les montagnes les plus stériles et dans les endroits remplis de précipices; ils y vont légèrement et hardiment, et trouvent de la pâture partout, sans que jamais aucune herbe ne les incommode ; ils broutent les bois et surtout les arbres fruitiers, dont ils sont très friands, ainsi que les choux et autres légumes. On les voit encore souvent lécher les murs et les rochers où il y a du salpêtre, ce qui les rend sains et d'un tempérament différent des autres animaux domestiques, car les chèvres se plaisent à reposer sur la terre la plus dure et sans aucune litière, et souvent à dormir au soleil sur la pointe d'un rocher. Les landes sont leurs véritables pâturages, et c'est en quoi on tire du profit de ces terres incultes, qui ne sont propres à aucune autre chose. Les chèvres aiment particulièrement à brouter les arbou-

siers, les alaternes, le cytise sauvage et le petit
chêne vert; mais la sabine et l'herbe aux puces, ou
conyza, leur sont mortelles, de même que les
feuilles et fruits de fusain, à moins qu'un flux de
ventre ne les sauve. Le pouliot les fait bêler, et il
y a des gens qui disent que quand une chèvre a
mordu une plante de panicaut ou chardon à cent
têtes, tout le reste du troupeau s'arrête à l'examiner avec une espèce d'étonnement, et ne se remet à
paître que quand le chevrier a été arracher cette
plante à la chèvre qui l'a enlevée. Les chèvres aiment encore les faînes et les figues ; le trop de glands
les fait avorter.

Quand on veut les rendre abondantes en lait, on
les nourrit de l'herbe qu'on appelle quintefeuille, ou
bien on les mène paître dans des endroits où il y a
beaucoup de dictame. Au surplus, il n'y a qu'à avoir
soin de ne pas les laisser manquer d'eau, de les faire
bien boire soir et matin et de les tenir chaudement
en hiver ; c'est pour cela qu'on met toujours la
porte de leur toit du côté du midi.

Quand il fait beau dans cette saison et qu'il n'y a
point de neige sur la terre, on les mène aux champs
depuis neuf heures du matin jusqu'au soir, car elles
craignent moins le froid médiocre et le serein, que
la neige, les vents et les frimas.

En été, on les mène deux fois aux champs : la
première dès la pointe du jour, pour leur faire paître
la rosée, qui leur fait beaucoup de lait et qui les
met en bon corps ; on les ramène sur les neuf heures
pour les enfermer jusqu'à trois qu'elles retournent

paître jusqu'à la nuit. Le chevrier doit toujours empêcher qu'elles ne paissent dans les marécages.

On trait les chèvres deux fois par jour, matin et soir, jusqu'à ce que les froidures fassent tarir leur lait. On commence à les traire, si l'on veut, quinze jours après qu'elles ont chevroté. Ordinairement elles donnent du lait pendant quatre ou cinq mois de l'année.

Maladies des Chèvres.

Le tempérament des chèvres sympathise si bien avec celui des brebis que leurs maladies sont les mêmes, et par conséquent les remèdes, à l'exception néanmoins de celui de la fièvre, et de trois autres maladies qu'elles ont de plus que les brebis, savoir: l'hydropisie, l'enflure après qu'elles ont chevroté, et le mal sec.

Les chèvres sont encore attaquées quelquefois d'un mal contagieux qui les fait mourir par troupeau : ce qui leur vient principalement d'une trop grande pâture; c'est pourquoi lorsqu'on voit quelque chèvre atteinte de ce mal, on doit la séparer et s'en défaire, car il n'y a point de remède ; et il faut saigner toutes les autres, pour calmer la fermentation du sang et en diminuer le volume ; ne les point laisser paître de tout le jour, et les jours suivants ne les faire pâturer qu'une fois : cette diète les préserve de la contagion.

Si elles tombaient en langueur, pour quelque autre cause que ce fût, il faudrait leur donner à manger des joncs et des racines d'aubépine pilées et mêlées dans de l'eau de pluie, sans leur donner autre chose à boire; si cela ne les guérit pas, il faut les vendre ou les tuer et les saler pour la provision de la maison.

On dit que les chèvres ne sont jamais sans *fièvre* et qu'elles meurent aussitôt qu'elles ne l'ont plus : mais cette opinion n'a nulle apparence, puisque la chèvre ne pourrait pas vivre avec une fièvre continuelle, et encore moins être si légère, si alerte, avoir l'œil si vif et être susceptible d'embonpoint. Ainsi il est à croire que ce que quelques gens prennent dans les chèvres pour des signes de fièvre, sont des signes naturels à cet animal.

Il faut pourtant avouer qu'il est quelquefois attaqué d'un mal dont les symptômes approchent de ceux de la fièvre : c'est à peu près le mal contagieux dont il vient d'être parlé, et on l'appelle fièvre putride, ou pestilentielle, parce qu'elle fait en peu de temps beaucoup de dégâts dans un troupeau. Les chèvres qui en sont attaquées deviennent tout d'un coup languissantes et abattues, maigrissent et meurent en même temps. Cette fièvre leur vient toujours d'un excès de nourriture qui les charge de trop d'humeurs, et met le sang trop en mouvement : c'est pourquoi on les met à part; on les saigne et on les fait jeûner et reposer jusqu'à ce qu'elles soient tout à fait remises ; on saigne aussi le reste du troupeau, et on ne le laisse paître qu'une fois le jour, pendant deux ou trois jours.

L'ʜʏᴅʀᴏᴘɪsɪᴇ vient aux chèvres pour avoir bu trop d'eau.

Remède. — Avant qu'elle soit formée, il leur faut faire une ponction au-dessous de l'épaule, afin de faire écouler par là tout l'amas d'eau qui leur enfle le ventre : on met sur la ponction un emplâtre fait de poix de Bourgogne et de saindoux, pour guérir la plaie.

L'ᴇɴғʟᴜʀᴇ vient aux chèvres après qu'elles ont chevroté. La matrice leur enfle souvent, ou à cause des grandes douleurs qu'elles ont souffertes en chevrotant, ou parce que l'arrière-faix n'est pas bien venu, ce qui leur cause un grand désordre.

Remède. — On leur fait avaler un verre de bon vin rouge, ou 75 centilitres de doux vin cuit.

Le ᴍᴀʟ sᴇᴄ se connaît quand elles ont les mamelles tellement desséchées, qu'il n'y a plus la moindre goutte de lait. Ce mal leur vient de grandes chaleurs.

Remède. — On le guérit en les menant tous les jours paître à la rosée, et en leur frottant les mamelles avec du lait bien gras, ou, pour mieux faire, avec de la crème. Ou bien, au lieu de les mener paître, on les tient enfermées à l'étable, en les y nourrissant de feuilles de vigne ou d'herbes les plus tendres.

Des produits de la Chèvre

Ces produits sont plus considérables qu'on ne croit : leur chair, leur lait, leur graisse, leur peau, leur poil et les petits qui en proviennent et qu'on appelle chevreaux ou colerets, en font les principaux articles ; et les chèvres sont d'une si médiocre dépense, qu'on ne leur donne jamais de foin que lorsqu'elles font leurs petits. Dans les autres temps on a toujours à la campagne de quoi les nourrir sans qu'il en coûte.

Le chevreau vient à peu près comme l'agneau, quand les oiseaux s'apparient et que les grosses bêtes sont en rut. Outre la rareté de bonnes viandes dans cette saison, la chair de chevreau est fort bonne, tendre et délicate, pourvu qu'il n'ait pas passé six mois. Il y a pourtant plus de profit à les élever, soit pour garnir le troupeau, ou pour tirer de l'argent du lait des femelles, de la peau des mâles et de la chair des uns et des autres. La chair des boucs et des chevreaux, surtout quand ces bêtes sont grasses, sert aussi parmi les aliments, particulièrement quand elles sont jeunes, quoique cette chair soit un peu dure et difficile à digérer ; mais il faut que le bouc ait été châtré. On engraisse aussi les chèvres et les boucs, parce qu'on fait du suif de la graisse qu'on en tire.

Les chèvres donnent beaucoup plus de lait que les brebis, et il est plus sain et meilleur, quoique la

chair de chèvre ne soit pas aussi saine que celle de
brebis. On trait les chèvres soir et matin pendant
quatre à cinq mois de l'année et elles donnent tous
les jours quatre litres de lait quand elles sont bien
nourries. Comme ce lait se caille aisément, on en fait
beaucoup de fromages. Les chèvres se láissent téter
aisément, même par les enfants : aussi leur lait est
d'un usage fort commun en médecine. Ceux qui
veulent le ménager, ne laissent les chevreaux sous
leurs mères que quinze jours ou trois semaines :
après ce temps ils les vendent pour commencer à
traire leurs mères. C'est folie que de vouloir tirer de
la crème du lait de chèvre pour en faire du beurre :
il n'est pas assez gras pour cela, et le beurre de
chèvre est toujours blanc et a toujours un goût de
suif.

On se sert du poil de chèvre pour faire des cha-
peaux, des boutons, des bouracans, des camelots, et
les peaux de chèvres et boucs servent à différents
usages : elles contrefont le chamois : on les passe
pour en faire du parchemin, du maroquin, des habil-
lements ; on en fait aussi des outres ou vaisseaux
pour transporter des vins et huiles. Il faut vendre
les peaux de bouc avant l'hiver, parce que la gelée
y fait tort ; c'est pour cette raison qu'on les tue au
commencement d'octobre, parce qu'alors ces animaux sont gras : en sorte que leurs peaux et leur
chair en sont meilleures. Pour garder ces peaux, il
est nécessaire de les mettre en un lieu sec et aéré,
qui soit hors de la portée des chiens, des chats et
des rats.

Il faut même, autant qu'on le peut, les tenir toujours pleines et enflées, et qu'elles ne touchent point à terre, autrement la vermine s'y mettrait bientôt.

On en tire assez d'argent dans les pays où le commerce de ces bestiaux se fait, outre le profit qu'on tire de leur chair, en les engraissant après les avoir fait châtrer.

C'est pourquoi on ne laisse d'entiers qu'autant qu'il en faut pour multiplier l'espèce ; car quand ils sont châtrés, ils croissent bien mieux, ont meilleur goût et engraissent incomparablement plus vite.

Leur graisse fondue est un assez bon suif, qu'on mêle avec celui de bœuf et de mouton.

Le sang, le suif et la moelle de bouc, la fiente de chèvre et le fiel de chevreau ont aussi leur vertu particulière en médecine.

On trouve quelquefois dans la vésicule du bouc et de la chèvre, de petites pierres qui ressemblent au véritable bézoard ; et elles ont, comme cette pierre précieuse, la vertu de résister au venin et d'exciter des sueurs.

Le fumier de chèvre est gras et chaud comme celui des brebis.

HUITIÈME PARTIE

LA VOLAILLE

Maladies de la volaille en général

Toute sorte de volaille est sujette aux maladies dont il va être parlé.

PÉPIE. — Cette maladie, à laquelle les poules communes sont fort sujettes, se connaît lorsqu'elles ne veulent ni boire ni manger, qu'elles commencent à baisser les ailes et qu'elles ne les serrent plus exactement contre le corps. Alors on les prend et on leur ouvre le bec ; et si on voit à la langue un certain cartilage blanchâtre, il ne faut plus douter que ce ne soit la pépie. Ce mal vient d'avoir eu la bouche trop échauffée, ou pour avoir manqué d'eau, ou bien pour en avoir bu de mauvaise.

Ce mal leur arrive ordinairement vers le temps de la moisson jusqu'aux vendanges, parce que les grandes chaleurs y contribuent beaucoup.

Remède. — L'opération est facile à faire pour les en guérir. Il n'y a qu'à leur ouvrir le bec, et avec une aiguille ou une épingle leur lever doucement le cartilage blanchâtre qui est à la langue ; ensuite on leur lave la langue et le bec avec du vinaigre ou du vin un peu chaud, ou avec de la salive seule, ou bien on leur frotte la plaie avec du sel broyé, et on leur frotte avec de l'huile la tête quand elles l'ont pelée, par des poux qui leur rongent les plumes, et sont suffisants pour leur causer la pépie : l'huile les fait mourir.

Après cette opération, il faut avoir soin de les mettre aussitôt avec les autres poules. Comme cette maladie n'a été causée que par une chaleur qui provient du dedans, ce n'est pas assez d'avoir remédié au mal, il faut en guérir la cause ; et pour éteindre le feu qui des entrailles s'est porté à la langue, on enfermera ces poules sous une mue pendant deux ou trois jours, et on leur donnera à boire de l'eau claire, dans laquelle on mettra tremper de la graine de melon, de concombre ou de jus de poirée ; au bout de ce temps, on jettera un peu de sucre candi dans leur eau, pendant deux jours encore, ne prenant pour nourriture, avec cette eau, que de l'orge et quelquefois du son détrempé. Après ce traitement, les poules se porteront bien et pourront être lâchées parmi les autres.

Ce traitement sera étendu à toute la volaille en général, et il en sera de même pour ce qui va être dit ci-après.

Inflammation. — L'inflammation ne provient que d'une grande acrimonie qui les ronge et leur picote les yeux : les lupins, entre autres nourritures, font ce mauvais effet. Aussi pour prévenir ce mal, il faut en chasser la cause intérieure.

Remède. — On prendra des feuilles de bettes blanches ou poirées, et en ayant tiré le jus, on le mêlera avec un peu de sucre dont on fera une liqueur qu'on donnera à boire aux poules de deux jours l'un alternativement, l'espace de quatre à cinq jours.

Ou bien on leur donnera simplement de la poirée hachée bien menu dans du son de seigle, et de temps en temps un peu de millet pour les ragoûter. Les premiers jours on mettra dans leur eau un peu de cette poirée.

Outre cela, il est bon qu'il y ait dans la mue, sous laquelle cette volaille sera renfermée, des bâtons de figuier mis de travers, contre lesquels elle puisse de temps en temps se frotter les yeux, car le figuier a la vertu particulière d'apaiser les démangeaisons que la fluxion y cause et de nettoyer les yeux.

Autre remède. — On prend la volaille et on lui traverse les naseaux d'une plume : par ce moyen la fluxion se vide par cette ouverture, en lui lavant les yeux de temps en temps avec du jus de pourcelaine ou pourpier sauvage, mêlé avec du lait de femme. On se sert aussi d'un blanc d'œuf battu avec un morceau d'alun ou du vin éventé.

Tous ces remèdes n'ont rien de contraire les uns aux autres ; on peut aisément les employer en même temps en en proportionnant la dose.

On s'en sert aussi contre les taies ou cataractes

des yeux ; car elles viennent de la même cause que l'inflammation : le sucre candi, l'urine ou l'alun y sont très propres.

CROUPION. — Est une tumeur enflammée qui se place à l'extrémité du croupion. Les volailles qui en sont affectées ont les plumes hérissées, languissent ; ce qui caractérise le symptôme de cette maladie, c'est l'épaississement du sang, cause produite par l'échauffement.

Remède. — On prend un canif, on ouvre l'enflure, presser la plaie fortement avec les doigts pour en faire sortir la matière, ensuite laver avec du vinaigre chaud. Rien n'est aussi souverain. Pendant trois ou quatre jours, après cette opération, on suivra le régime suivant : leur donner de la verdure, de la laitue, du son d'orge, du seigle bouilli avec grande quantité d'eau.

INDIGESTION ET COURS DE VENTRE. — Cette maladie est souvent occasionnée par une grande quantité de nourriture humide.

Remède. — Les cosses de pois, après les avoir bien fait tremper dans de l'eau bouillante ; leur en donner pendant deux ou trois jours. On fera bien de mettre de la racine de tormentille réduite en poudre, et y ajouter de la graine d'ortie grise, le tout pilé ensemble et le faire infuser dans du vin blanc. Voilà pour l'indigestion : quatre gouttes le matin, et répéter la même chose le soir, pendant trois jours.

Constipation. — Est ordinairement occasionnée par une trop grande quantité de nourriture sèche, ce qui les échauffe beaucoup. Les criblures de blé, l'avoine continuées trop longtemps rendent sujette la volaille à cette maladie.

Remède. — Du pain bouilli avec du son et les eaux grasses de vaisselle, un peu de seigle, de la laitue : faites bouillir le tout ensemble, et leur donner cette nourriture pendant huit jours, et pratiquer cette nourriture le plus souvent possible ; vous éviterez par ce moyen bien des maladies chez la volaille.

Maux d'yeux. — Voyez l'article *Inflammation.*

Fluxion. — Voyez l'article *Inflammation.*

Vermine. — Les poux et les puces incommodent aussi les poules.

Remède. — Les laver d'eau dans laquelle on a fait bouillir des lupins sauvages. Quelquefois les poules se guérissent elles-mêmes en se vautrant dans la poussière. Il faut surtout les tenir fraîchement et proprement, car la chaleur seule les rend sujettes à la vermine qui amaigrit beaucoup la volaille.

Autre remède. — Pour faire mourir les poux des chapons, poules et pigeons, qui les empêchent d'engraisser, on prend un peu de soufre qu'on fait brûler pour parfumer l'endroit où les volailles dorment : la fumée les détruit entièrement. Les parties rameuses et pointues du soufre suffoquent et empêchent la respiration de cette vermine.

Taie. — Voyez l'article *Inflammation*.

Cataracte. — Voyez l'article *Inflammation*.

Phthisie. — La volaille, principalement celle qui est d'une complexion chaude, devient souvent étique. Quand la phthisie est formée, il n'y a plus de remède ; mais pour la prévenir, il faut bien nourrir la volaille, et lui donner de l'orge bouillie avec de la poirée : l'un nourrit et rafraîchit, et l'autre purifie : c'est pourquoi on met aussi dans leur boisson un quart de suc de poirée avec trois quarts d'eau.

Hydropisie. — Cette maladie est assez dangereuse lorsque la volaille en est attaquée dans les intestins ou dans les vaisseaux cutanés. Cette maladie est cependant curable chez les poules ; il suffit de leur donner pour toute nourriture de l'orge bouillie mêlée avec de la poirée, et pour boisson faire infuser 10 grammes de graines d'ortie grise et leur en donner à boire ; même pour la nuit mettre dans un plat de cette eau, pour qu'au besoin elles puissent en boire à leur aise le matin avant de les sortir de leurs couchettes.

Goutte. — Le froid la leur cause souvent. Le moyen de les en préserver est de faire en sorte que les poules ne couchent jamais dehors et que leur poulailler soit assez chaud, nettoyé bien souvent et parfumé de même ; mais si cette maladie les a prises, voici le *remède* à employer :

Il faut leur graisser les pieds et les jambes de beurre frais ou de graisse de poule qui est encore meilleure. Cette incommodité se connaît lorsque leurs jambes et leurs pieds deviennent raides et qu'elles ne peuvent se tenir dessus.

Mue. — Les poulets, lorsqu'ils sont petits, y sont tous sujets : il y en a qui en meurent, et cela arrive ordinairement à ceux qui naissent trop tard, ce qui fait que cette maladie les attaque pendant les mois de septembre ou d'octobre, où les vents sont déjà froids. Ceux qui muent à la fin de juillet le font avec succès, parce que la chaleur les aide ; ils ne perdent pas alors toutes leurs plumes, et celles qui ne tombent pas dans une année tombent l'année suivante.

Pendant la mue ils mangent peu, sont tristes et mélancoliques, hérissent leurs plumes, secouent souvent celles du ventre de côté et d'autre, et les tirent avec leur bec en se grattant la peau.

Remède. — Ne les point lever du matin, ni les coucher trop tard. Pendant le jour on les exposera le plus qu'on pourra au soleil, puis on prendra du vin qu'on laissera tiédir dans sa bouche et qu'on jettera sur leurs plumes ; on leur donnera ensuite un peu de sucre dans leur eau avec du millet ou du chènevis pour leur nourriture. Ce bon entretien les garantit entièrement des périls de la mue.

Fracture des jambes. — Lorsque cet accident est

arrivé à quelque volaille, il faut la mettre sous la mue, avec de bonne nourritûre et de bonne eau, sans y laisser aucun bâton sur lequel elle puisse se percher, de crainte qu'elle ne se blesse davantage ; elle y sera jusqu'à ce qu'on voie que la jambe s'est fortifiée et refaite entièrement, ce qui ne manquera pas d'arriver par un effet de la nature seule, à cause du peu de mouvement que se donnera la poule, si elle est ainsi renfermée dans une chambre où on n'entrera que fort peu.

On aura soin, croyant aider la nature, de ne pas lier cette jambe ni de l'empaqueter en aucune façon, parce que cela ferait venir quelque inflammation ou quelque apostume au-dessus de la ligature, ce qui reculerait la guérison plutôt que de l'avancer.

AUTRES INFIRMITÉS AUXQUELLES LES POULES SONT SUJETTES. — Il y a des poules qui tombent malades quelquefois à force de trop pondre, ce qui les jette dans une langueur et les épuise ; et d'autres, au contraire, languissent pour être trop attachées à couver ; d'autres enfin avortent, c'est-à-dire donnent des œufs imparfaits et avant le temps prescrit par la nature, de manière que ces trois sortes de maladies les mettent hors d'état de rendre aucun profit.

Remède. — On prend un blanc d'œuf qu'on fait cuire jusqu'à ce qu'il soit comme brûlé, on y mêle le même poids de raisins secs, qu'on fait brûler, et on le leur donne à manger avant toute autre nourriture.

Au reste, il a été dit que le froid est l'ennemi mortel des poules, et leur cause quantité de maladies ; c'est pourquoi on se souviendra de les en préserver, en leur donnant un bon poulailler, bien fermé et bien chaud, et de bonne nourriture.

Des Paons

Le paon passe pour le plus beau des oiseaux ; on dit vulgairement qu'il a la *tête d'un serpent, la queue d'un ange, et la voix du diable*. Il n'est estimé que pour sa beauté.

Ces oiseaux sont goulus, d'un grand entretien, et font du dégât sur les toits et dans les jardins, surtout quand on n'a pas quelque pâturage à leur donner.

Les paons sont assez difficiles à élever, jusqu'à ce qu'ils aient quitté leur mère ; mais alors ils ont bien soin d'eux-mêmes. Les trois premières années les plumes du paon sont toutes simples, et ses belles couleurs ne commencent qu'à cet âge : le coq-paon se distingue de la femelle dès l'âge de trois mois, par un peu de jaune qui paraît au bout de l'œil. Sa queue tombe tous les ans à la chute des feuilles, et ne revient qu'au printemps.

Les mâles vivent jusqu'à vingt-quatre ans, et les femelles un peu moins ; elles n'ont rien de la beauté des mâles. On donne cinq à six femelles à chaque mâle.

On ne leur bâtit un toit que pour empêcher qu'ils

ne se perdent, ou qu'ils ne dégradent les couvertures ; car, au reste, ils aiment tous à se percher en l'air, supportent également le froid et le chaud, cherchent les lieux aérés et élevés, et deviennent si familiers, que souvent ils mangent et se nourrissent parmi la volaille.

On nourrit les paons de même que la volaille, et on ne distingue point l'heure ni le lieu, s'ils vont paître ensemble.

Le mâle est fort lascif ; il casse les œufs de la femelle qu'il a saillie, quand elle veut pondre ou couver, afin de jouir plus souvent d'elle, et il poursuit ses propres petits comme les autres poulets, tant qu'ils n'ont point de crête.

Les paonnes ne pondent point avant trois ans ; elles sont sujettes à pondre à différents endroits et à égarer leurs œufs, si on n'a soin de les ramasser. Leur ponte est de dix œufs, quelquefois de douze, et elles ne la commencent qu'à la fin d'avril ou au commencement de mai. Dès qu'elles ont pondu leur premier œuf, elles ne cessent point de pondre de deux jours l'un, jusqu'à ce qu'elles aient achevé. Ainsi on doit avoir soin pendant ce temps-là d'épier où elles vont pondre ; il est pourtant bon de les accoutumer à pondre dans l'endroit où elles ont coutume de jucher, et il faut y mettre beaucoup de paille pour que les œufs ne se cassent point ; car la paonne ne pond guère accroupie : on trouve le plus souvent ses œufs sous le juchoir, ils lui échappent même en dormant.

On connaît que les mâles sont en chaleur, quand

ils se mirent et qu'ils épanouissent leur queue ; et lorsqu'ils diffèrent à entrer en amour au delà du temps qu'on présume qu'ils y doivent être, on leur donne à manger des fèves rôties sur la cendre, ou autre nourriture qui les échauffe.

Les poules communes couvent aussi les œufs de paonne fort heureusement ; mais la paonne, si on l'abandonne à elle-même, après qu'elle a pondu, se cache pendant quelques jours et ne se montre que quand la faim la presse. Elle ne manque point de venir à certaine heure prendre une ou deux fois le jour de la nourriture à l'endroit où on a coutume de lui en donner : c'est pourquoi il faut la veiller ; et aussitôt qu'on l'y verra arriver, on lui donnera le temps de manger, jusqu'à ce qu'il lui prenne envie de s'en retourner, ce qu'elle fera comme en cachette : alors ceux qui la veilleront, la suivront de loin autant que leur vue pourra s'étendre.

Quand elle vient ainsi prendre sa nourriture, elle part ordinairement de son nid en volant et en faisant un cri particulier, comme le gloussement l'est aux poules communes ; mais quand elle y retourne, c'est sans voler et par des chemins détournés qu'elle change toûs les jours, pour qu'on ne découvre point son nid.

Lorsque, par ce moyen, on a découvert l'endroit où elle couve, on a des pieux tout préparés, ou des claies avec lesquelles on environne ce lieu, et on y fait une clôture suffisante pour empêcher qu'aucune bête maligne ne l'aille troubler dans son ouvrage.

La couvée de la paonne est ordinairement de

cinq œufs, et tandis qu'elle couve, on ne fait que la visiter de l'œil, et de fort loin ; autrement cela la rebuterait, et quelque attachée qu'elle pût être à son ouvrage, elle l'abandonnerait sans retour ; aussi il faut avoir patience jusqu'à la fin.

Il faut un mois pour éclore les petits. Dans l'endroit où elle a coutume de venir manger, jetez toujours de la nourriture à l'heure ordinaire de peur qu'elle ne quitte ses œufs à moitié couvés.

Cependant si cela arrivait, il ne faudrait pas s'en étonner, car la paonne recommencerait aussitôt à pondre, et couverait une seconde fois ; mais cette seconde couvée ne vaut jamais la première, parce que l'hiver survient trop tôt, et empêche que les paons tardifs ne deviennent aussi beaux et aussi gros que ceux qui sont des premiers éclos.

Quoique ces animaux soient sauvages, cependant il est facile de leur faire prendre leur repas, leur coutume étant de sortir de leur nid en volant, et de s'élever assez haut pour passer la haie, où on ne les tient enfermés que pour les garantir de tout ce qui peut leur nuire.

Pour éviter tout cet embarras, on donne les œufs de paonne à couver aux poules domestiques. Il faut qu'elles soient grosses, afin de les pouvoir mieux embrasser : cinq œufs suffisent, et on ne les met sous ces poules que dix jours après que la paonne les a couvés : plus ces œufs sont frais, plus la fécondité en est sûre. Il faut que celui qui a soin de ces couveuses retourne de temps en temps les œufs étrangers qu'elles couvent, afin qu'elles les échauffent également partout, ces poules ne pouvant les remuer d'elles-mêmes, comme elles font de leurs propres œufs, parce que ceux de paonne sont plus gros.

En donnant ainsi les œufs de paonne à couver à une poule, la paonne, n'ayant point à couver, pond jusqu'à trois fois par an dans les pays chauds, mais le nombre des œufs diminue à chaque ponte. Quand on met couver sous une poule des œufs de son espèce avec des œufs de paonne, il faut retirer ceux de poule au bout de dix jours, et y en remettre d'autres qui écloront avec ceux de paonne au bout de vingt jours de sa couvée.

La paonne ne fait jamais éclore tous ses petits à la fois ; et l'impatience et l'ambition lui font quitter les œufs qui ne sont pas éclos, pour produire les petits qui le sont : c'est pourquoi, pendant qu'elle sera dehors pour les promener, on ira lui enlever les œufs qui ne sont pas encore éclos ; et pour en achever la couvée, on les portera adroitement sous une poule ou sous une dinde en humeur de couver.

Au cas qu'on n'ait ni l'une ni l'autre, on prendra ces œufs, on les posera doucement dans un panier rempli de plumes fines ; et après les avoir couverts de laine ou autre chose semblable, on mettra ce panier dans un four, qui sera encore modérément chaud, et dans cet état les petits paons achèveront d'éclore : il faudra y veiller de temps en temps.

On ne les donnera à leur mère que quelques heures après leur naissance.

Jamais la paonne, après avoir couvé, ne retourne coucher dans son nid. Un haie, un buisson près du logis, sont les lieux ordinaires où elle prend son gîte pour la nuit ; mais comme elle n'y est point à couvert des insultes, on épiera le soir où elle va gîter, et l'ayant remarqué, on tâchera de prendre la mère avec les petits, pour les enfermer sous une mue ; ou bien on environnera l'endroit où elle gîte avec eux, de claies ou de quelque autre chose qui puisse la mettre hors de danger, comme on l'a dit pour la faire couver. On prendra ce soin pendant quatre ou cinq jours, que la paonne emploie à accoutumer ses petits à jucher sur les arbres. Pendant ces cinq jours, elle ne couche jamais deux fois dans un même endroit : ainsi, à mesure qu'elle en change, on doit avoir soin de la suivre pour la garantir, elle et ses petits, des bêtes ennemies, même du paon, qui ne les aime pas et les blesserait.

Ce qui est admirable dans les mères, c'est que les premiers jours, connaissant que leurs petits sont trop faibles pour monter comme elles sur les arbres, elles les prennent sur leur dos l'un après l'autre, et les y portent elles-mêmes ; et le matin venu, la mère sautant de ce gîte en bas, accoutume ses petits à en faire autant pour la suivre. C'est de cette manière qu'à mesure que les paonneaux se fortifient, ils s'enhardissent à monter de branche en branche, et que devenus enfin tout à fait forts, ils ne craignent plus de prendre leur volée avec les grands.

Quand les paonneaux sont éclos, on peut être deux jours sans leur rien donner ; et pour première nourriture, on leur donne de la farine d'orge détrempée avec du vin, du froment, ou de l'épeautre trempé dans l'eau ; on peut aussi faire bouillir le froment et le leur donner quand il est refroidi.

Dans leur première jeunesse, on leur donne du fromage blanc fraîchement fait, qu'on mêle avec des poireaux hachés : ils aiment beaucoup les sautérelles, mais il faut leur ôter les pieds : on les nourrit ainsi jusqu'à six mois.

Lorsqu'une poule a couvé des œufs de paonne, et que les petits en sont éclos, ils la suivent volontiers; mais à mesure qu'ils se fortifient, c'est-à-dire ordinairement au bout de trente jours, on les met dans une grande cage ou sous une mue, on les porte dans un champ, et on attache auprès d'eux la poule par le pied, avec un cordon long d'environ une *toise* ou deux, afin qu'elle ne s'écarte point de ses petits. Une poule peut conduire une vingtaine de paonneaux : on peut ne lui en donner que quinze.

A mesure que les paons croissent, ils ont coutume de se battre ; il faut y veiller, car les plus forts blesseraient ou pilleraient les plus faibles. Pour éviter cela, on les sépare, mais il faut prendre garde de ne point mettre les paonneaux dans des endroits où d'autres poules conduiront des poulets, car souvent les mères quittent leurs petits et adoptent les paonneaux.

Quand les paons sont plus grands, on leur donne de l'orge ; pour les bien nourrir, il en faut à chacun un décalitre par mois, ou 10 kilogrammes. On leur donne en hiver des fèves rôties sur les charbons : rien ne les rend plus féconds. Le froment pur leur est bon, ils l'aiment mieux que tout autre grain :

ils mangent aussi des pepins de poires et de pommes.

Les paons sont sujets à la pituite et aux crudités ; on les traite dans leurs indispositions comme les poules. Le temps où ils courent le plus de risques, c'est quand leur crête commence à pousser, comme les dents aux petits enfants.

Il a déjà été dit que les paonnes pondent jusqu'à dix œufs, et n'en couvent que cinq : on mangera les cinq restants, ou on les fera couver par une dinde, qui en embrassera jusqu'à douze, ou par une poule commune, à qui on n'en donnera que cinq : ils réussiront également bien sous ces deux sortes de poules.

Pour avoir des paons blancs, il n'y a qu'à les mettre dans un endroit où ils ne voient que du blanc, pendant le temps qu'ils pondent, qu'ils couvent, et qu'ils font éclore leurs petits, en leur étendant des linges blancs dessus, dessous, et de toutes les côtés.

On faisait autrefois grand cas de la chair de paon, mais elle est dure, fibreuse et d'un mauvais suc. Elle se garde très longtemps et est presque incorruptible parce qu'elle est froide et sèche de sa nature, ce qui est opposé aux deux principes de corruption, la chaleur et l'humidité. Elle est fort compacte et serrée, en sorte que l'air ne peut la pénétrer par son humidité, ni en diviser les parties par son élasticité.

Comme les paons ne sont estimés que pour leur beauté, et non pas pour la bonté de leur chair, au lieu de les plumer pour les servir, comme on fait

des autres oiseaux, on les écorche proprement, en
sorte que toutes les plumes restent à la peau ; on
leur coupe les pieds, on leur enveloppe la tête avec
un linge blanc ; en cet état on les met à la broche,
et pendant qu'ils cuisent on arrose souvent ce linge
d'eau fraîche, pour conserver la tête dans son état
naturel ; après qu'ils sont cuits, avant de les servir,
on les couvre de leurs peaux où leurs plumes tiennent, et on leur ajoute les pieds, afin que servis sur
table ils paraissent vivants.

On ne sert guère que les paonneaux : on ne mange
guère qu'en pâté les paons au-dessus d'un an.

Des Poules et Coqs

Pour réussir à élever des poules il faut savoir en
faire le choix. On estime que celles de moyenne
grandeur et noires ont la chair plus délicate et pondent davantage. Les blanches sont aussi plus en
danger d'être prises par les oiseaux ou autres animaux de proie, parce que le plumage blanc frappe
plus que toute autre couleur.

Les poules qui ont la tête grande, la crête pendante et rouge, les jambes et les pieds jaunes et l'œil
éveillé, passent encore pour bonnes et fécondes, au
lieu que celles qui ont les ergots haut montés, pondent beaucoup moins, et sont sujettes à casser leurs
œufs, lorsqu'on les met couver, par l'impatience
naturelle qu'elles ont de quitter leurs nids, ou par

leur pesanteur et maladresse, à cause de leurs longues et grosses pattes.

Il y a des poules naines dont les naturalistes font beaucoup de cas, à cause de la fécondité de leurs pontes; elles ont la chair délicate. Ces poules vont toujours sautant, au lieu que les autres marchent.

Les poules qui aiment à se battre sont celles qui sont le moins estimées, soit parce qu'elles donnent peu d'œufs, soit parce qu'elles couvent rarement ; encore laissent-elles souvent leur couvée imparfaite, ou cassent leurs œufs.

Les poules trop grasses pondent peu. Pour leur faire perdre le trop de graisse, on mêle dans leur nourriture de la poudre de brique et de la craie dans leur eau. Ce qu'on prévient pour le mieux en diminuant la nourriture.

On voit des poules frisées, de manière qu'on dirait qu'au lieu de plumes, elles seraient couvertes de laine : elles sont de grand profit dans une basse-cour ; mais les poussins qui en viennent meurent du moindre froid qu'ils sentent ; c'est ce qui en fait la rareté.

Nos jeunes poules commencent à pondre dès le mois de février, quand il est modéré, et produisent beaucoup plus d'œufs que les vieilles ; mais aussi les vieilles valent mieux pour couver. Comme une jeune poule fait bien plus de profit par ses pontes, dès qu'on connaît par son gloussement qu'elle a envie de couver, on l'en empêche de la manière dont il sera parlé ci-après.

A l'égard de la grosseur des œufs, cela dépend des différentes grosseurs des poules.

On connaît un bon coq par sa taille, qui doit être moyenne, cependant plus grande que petite, de plumage noir ou d'un rouge obscur, ayant de gros pieds garnis d'ongles et d'ergots, les cuisses longues, grosses et fournies de plumes, la poitrine large, le cou élevé et garni de plumes de diverses couleurs. On juge encore d'un bon coq lorsqu'il a le bec court et gros, les yeux noirs ou bleus, les oreilles blanches, larges et grandes, les barbes rouges, pendantes et longues, de couleur grise ou d'un rouge blanchâtre, et que les plumes qui lui pendent du cou et de la tête s'étendent jusque sur les épaules, et sont de couleur changeante, tirant sur l'or ; qu'il a les ailes et la queue grandes et fortes, les cuisses longues, charnues et emplumées, la queue à deux rangs, recourbée et élevée au-dessus de la tête, les ergots longs, qu'il est fier, éveillé, courageux, prompt à chanter, ardent à caresser ses poules, à les défendre et à les solliciter à manger.

Les coqs les plus amoureux sont les meilleurs ; il faut encore qu'ils aient la crête levée, de couleur de sang et non longue. Il y a des coqs qui, par trop de chaleur ou autrement, ne font que caqueter autour des poules, gratter la terre, prêts à se battre à tous moments et à détourner les autres. Ils sont ordinairement impuissants tant que cette vivacité les tient : pour les calmer, on leur fait passer le pied dans le milieu d'un morceau de cuir taillé en rond comme un liard et percé au milieu : cette chausse rend l'oiseau honteux et tranquille.

Les poules de la grande espèce, quoiqu'elles soient beaucoup moins abondantes en œufs que les autres, peuvent être mêlées néanmoins parmi elles ; et pour le peu d'œufs qu'elles fassent, on aura soin de les garder à part, afin de les donner à couver pour avoir de gros chapons.

Il ne faut se charger de volaille qu'à proportion de ce qu'on a à leur donner à manger. Bien des gens s'imaginent qu'il n'y a qu'à avoir des poules, sauf à diminuer la portion des autres : ils se trompent, car un petit nombre de poules auxquelles le grain ne manque point, rend plus de profit à son maître qu'une grande quantité qu'on laisse jeûner, ou qui ne vit que de ce qu'elle trouve dans la cour. En général, il n'y a point de profit pour les particuliers d'avoir des poules quand il faut acheter la nourriture. Il n'y a de gain que dans les fermes où il y a des grenailles et criblures à leur donner qu'on ne vendrait point.

Le nombre des poules qu'on donne à chaque coq n'est pas fixé. Un coq peut suffire à douze ou quinze poules. Ainsi on s'en pourvoira suivant le nombre des poules qu'on voudra élever : que ce soit toujours le plus qu'il sera possible, et qu'on ait soin d'avoir des coqs à proportion du nombre des poules, afin de ménager ces mâles qui s'épuiseraient, parce qu'ils sont trop lascifs.

Si on achète un nouveau coq, il ne faudra pas tout d'un coup le laisser aller parmi la troupe ; car le coq, cet oiseau fier, hardi, chaud, vigilant et courageux, ne souffre pas volontiers de concurrent. Ainsi il faut attacher le nouveau venu par le pied avec une ficelle de deux ou trois coudées de long, qui tiendra à un petit pieu planté au milieu de la basse-cour, y jeter du grain autour de lui, et appeler toutes les volailles pour en manger. D'abord les coqs anciens regarderont le nouveau d'un œil farouche et s'approcheront pour se jeter sur lui, mais il faudra les en empêcher. Ce moyen employé trois ou quatre fois, tous les coqs s'accoutumeront les uns avec les autres et iront de compagnie sans se battre ; autrement ces coqs nouveaux venus sont exposés à quelques coups de bec, et se cachent quelquefois pour s'en garantir lorsqu'ils ne se sentent pas assez forts pour y résister, et à cause de cela ils restent longtemps sans manger et dépérissent.

Les poules ne laissent pas que de pondre sans la coopération du coq ; mais ces œufs ne sont point aussi sains que les autres et ne valent rien pour donner à couver parce qu'il n'y a point de germe.

De l'heure de donner à manger à la volaille

Comme la volaille est habituée à sortir le matin, on doit lui donner à manger lorsque le soleil se lève et le soir un peu avant qu'elle se couche. Mais pendant la moisson, et toutes les fois qu'on bat les grains, les poules trouvent toujours assez de quoi vivre, si ce n'est lorsque la terre est couverte de neige.

Les heures pour leur donner à manger doivent toujours être les mêmes, pour qu'elles ne se dérangent point de leurs pontes et qu'elles n'aillent pas courir ailleurs ou faire du dégât dans les jardins ; il faut aussi que ce soit toujours au même endroit et qu'il soit plat, uni et à l'abri des vents et des orages, parce qu'ils sont très contraires à la volaille.

De la nourriture de la volaille

On amasse toutes les criblures et les vannures de grain qu'on a soin de serrer ; et pour les faire durer plus longtemps à cette volaille, on les entremêle quelquefois d'herbes qu'on hache, de fruit qu'on découpe, ou d'autres choses suivant la saison. On lui donne encore du son bouilli, et lorsqu'on la veut échauffer pour l'obliger à pondre beaucoup, on se sert d'avoine pure, de blé, de sarrasin ou de chènevis. Le temps de la nourrir ainsi est d'ordinaire dans l'hiver ; car, lorsque la saison nouvelle commence à se faire sentir, les poules deviennent naturellement assez échauffées pour produire quantité d'œufs, pourvu qu'elles soient nourries comme il faut.

On leur donne aussi de l'orge moulue, de la vesce, des pois chiches, du millet et du panis, et tout cela selon les lieux où la commodité permettra de le faire ; l'ivraie bouillie leur est encore très bonne :

le froment les engraisse trop et les empêche de pondre.

Cependant pour avoir de gros œufs, on leur fait manger de l'orge à demi cuite, et aussi bien de la semence de cresson broyée et mêlée avec du son et du vin.

On peut aussi prendre de la brique qu'on broie bien menue ; on la mêle parmi du son et on la donne ainsi à la volaille. Il est bon de faire bouillir du gui, ce qui les rend fécondes, ainsi que la graine dite *rue-aux-chèvres*, qui est une herbe que ces animaux cherchent par-dessus tout. Dans le temps de la mue, en été, elles ne pondront pas, quelque nourriture qu'on leur donne.

Le marc de raisin rend les poules peu fécondes ; c'est pourquoi on ne leur en donne que depuis le mois de novembre jusqu'à Noël, temps où elles cessent de pondre ; encore y mêle-t-on des criblures de froment ; hors de ce temps, on leur interdit tout à fait le marc de raisin. Bien des gens ne veulent pas non plus leur donner des fèves : d'autres leur en donnent, mais peu, et ce n'est que pour les échauffer et les disposer à mieux pondre. Le marc des pommes leur sert aussi de nourriture.

Les *lupins*, qui sont des pois plats et amers, ne leur valent rien, et les rendent même aveugles par la pellicule qu'ils leur font naître sur les yeux.

On donne 1 hect. 30 à 1 hect. 90 de grain par jour aux poules qui sortent, et 2 hect. 50 à celles qu'on tient enfermées, ce que l'on proportionne aux saisons et aux lieux, selon qu'elles peuvent trouver plus ou moins de nourriture.

Leur eau doit toujours être nette, claire et renouvelée tous les jours.

Elles sont aussi fort avides de mûres ; elles les engraissent et leur rendent la chair délicate : c'est une des raisons pour lesquelles on met toujours quelques mûriers dans une basse-cour. Les figues leur sont bonnes aussi.

Il y a des gens qui, pour ne rien perdre, font encore hacher les tripailles des animaux qu'on tue chez eux, pour les donner à la volaille, qui s'en trouve aussi fort bien, ainsi que les limaçons qu'on ramasse dans le jardin. Il suffit d'en casser un peu pour la lui faire connaître. Les pains de chènevis dont on a tiré l'huile, qu'on trouve dans les moulins où se fait cette huile, et le pain de cretons des chandeliers ou des bouchers, quand ils ont fondu leur suif, font l'un et l'autre une nourriture pour les poules ; le premier échauffe davantage et convient mieux pour l'hiver. Les melons passent pour une bonne nourriture pour les rafraîchir en été.

Des soins nécessaires à la volaille

La servante la plus active, la plus intelligente et la plus fidèle sera chargée du soin de veiller à ce que les poules soient bien nourries, surtout en hiver ; elle aura soin de leur fermer et ouvrir soir et matin la porte du poulailler, sans y manquer une seule fois ; de laisser toujours un œuf dans chaque nid ; de voir sortir toutes les poules, pour savoir leur nombre, et observer s'il n'y en a pas qui cloche ; de changer souvent la paille, ou plutôt le foin des nids ; d'en ôter et tirer tous les jours les œufs, afin de distinguer les plus frais, soit pour manger, soit pour vendre ou mettre couver.

Le poulailler doit être nettoyé toutes les semaines une fois et parfumé d'herbes fortes, comme thym, marjolaine ou lavande, et si l'on veut, d'encens et de baies de genièvre, même de soufre, n'y ayant rien de plus salutaire pour les poules que ces sortes de fumées qui chassent le mauvais air et la fièvre et tuent la vermine à laquelle elles sont sujettes. On doit aussi décrotter toutes les semaines les bâtons, juchoirs et montoirs ; nettoyer et remplir d'eau nette les abreuvoirs tous les jours. La fiente de poule se garde à part pour amender les prés.

La paille qu'on aura mise dans les nids de poule sera renouvelée tous les quinze jours, afin d'en ôter les poux, puces et autres petits insectes qui leur nuisent extrêmement ; au lieu de paille, il vaut mieux garnir les nids de foin, parce qu'il est plus chaud, plus doux et moins sujet que la paille à engendrer la vermine.

On doit aussi jeter sous un hangar ou autre toit, de la cendre, parce que la volaille aime à s'y rouler et s'y nettoyer les plumes et les ailes ; il est reconnu que la cendre fait mourir la vermine.

Tout le monde sait que les belettes, les renards, les chats et les fouines sont des ennemis ordinaires, dont on ne saurait trop garantir la volaille et les œufs.

Il faut encore avoir soin de remarquer les poules

qui sont trop vieilles pour bien pondre ou couver ; celles qui par leur humeur acariâtre ou autrement, ne sont bonnes ni à l'un ni à l'autre, et celles qui sont sujettes à égarer, casser ou manger leurs œufs : toutes ces espèces ne sont bonnes qu'à être au plus tôt vendues, tuées ou mises à l'engrais.

Il y a des poules qui s'affriandent à manger du raisin, ce qui les empêche de pondre. Pour les en dégoûter, il faut leur donner des grains de vignes sauvages ; leur amertume fera bientôt perdre aux poules le goût du raisin.

Il faut engraisser les poules ergotées, et celles qui chantent, qui grattent et qui appellent comme le coq ; pour cela, on leur arrache d'abord les grosses plumes des ailes, on leur plume la tête, les cuisses et le croupion et on les enferme dans un lieu séparé, où on les nourrit avec de la pâte d'orge et de millet, des glands pilés, du son, des cosses de riz, panicule et avoine, ou avec de la mie de pain détrempé dans de l'eau de farine d'orge. On peut ainsi engraisser des poules à la main dans toutes les saisons de l'année ; mais la chair n'en a pas tant de goût que quand elles engraissent étant en liberté. Elles engraissent aisément dans les mois de janvier et de février : c'est le temps de la bonne graisse, et alors les poules grasses ne le cèdent point aux chapons.

Les œufs ardés, c'est-à-dire ceux qui n'ont que la peau sans coquille, marquent que la poule est trop grasse ou qu'elle a le cours de ventre ; c'est pourquoi il faut alors recourir aux remèdes ci-devant indiqués (maladies des volailles).

Pour amaigrir une poule trop grasse (ce qui l'empêche de bien pondre et de faire de gros œufs), il faut, comme cela a déjà été dit, mêler de la craie dans ce qu'elle boit, et de la poudre de brique détrempée dans ce qu'elle mange, et s'il lui vient un cours de ventre, il faut lui donner pour première mangeaille un blanc d'œuf rôti et pilé avec le double de raisin bouilli.

A la jeune poule qui gloussera, et que vous voudrez faire pondre et non couver, faites-lui passer une plume à travers les naseaux, ou plumez-lui tout le ventre jusqu'au duvet, et trempez-la dans l'eau pour rafraîchir son ardeur; vous pouvez même la faire jeûner quatre jours dans une cage ; ou si on ne l'a pas empêché de couver, aussitôt que les poussins seront éclos, ou deux jours après, il faut la remettre avec les autres poules, pour lui faire oublier ses petits et recommencer à pondre, et donner les poussins à d'autres poules ou à un chapon éplumé sous le ventre et piqué avec des orties.

Pour bien faire pondre les Poules en hiver

On en prendra un petit nombre de celles qui marqueront être les meilleures et les plus jeunes ; car les vieilles, c'est-à-dire celles qui ont trois ans et demi ou quatre ans, ne sont plus bonnes qu'à vendre ou à mettre au pot.

On les enfermera dans un lieu chaud, comme une

cave ou une écurie, où il y a toujours du fumier chaud, à l'effet d'empêcher que les autres ne viennent préndre leur mangeaille. Ce sera de l'orge bouillie qu'on leur donnera chaude ; le blé sarrasin, la mie de pain, les herbes hachées, les fruits coupés par morceaux et l'avoine leur sont aussi très bons, ainsi que toutes sortes de criblures de blé ; mais si on veut les échauffer encore plus que tout cela, on n'aura qu'à leur donner de temps en temps de la graine de chènevis ou de la semence d'ortie, lorsqu'elle est en maturité ; ou bien on prend des orties mêmes qu'on laisse sécher pour l'hiver et les leur faire cuire dans l'eau. Si on en 'donnait souvent, cette nourriture pourrait les échauffer trop et coûterait trop cher.

Pour faire pondre les poules en hiver, on peut aussi leur donner à dîner du pain rôti trempé dans du vin dans la nuit précédente.

Au reste, la nourriture ne doit jamais manquer à ces poules ainsi enfermées, non plus qu'une eau nette et claire, autrement elle leur causerait la pépie ; il est encore important de les tenir proprement et de remuer et de changer souvent le foin de leurs nids, pour la raison que nous avons dite.

Quelques jours après que ces poules auront été renfermées, on aura soin de remarquer celles qui feront bien leur devoir, afin de les y laisser ; au lieu qu'il en faudra séparer celles qui mangeront inutilement les grains.

De la manière de conserver les œufs et de connaître ceux qui sont frais

Comme les œufs, malgré leurs coques épaisses, transpirent, et que plus ils transpirent plus ils se corrompent, il est nécessaire pour les conserver en tout temps et surtout en hiver, où l'on en manque, de diminuer et même d'arrêter, si l'on peut, cette transpiration. Qu'on regarde au travers d'un œuf un peu vieux pondu, on y voit un vide qu'on nomme couronne : ce vide est la place qu'occupait la liqueur qui a transpiré au travers de la coque.

Les plus propres à garder sont ceux qui viennent en août et septembre, et qui peuvent aller, sans se gâter, bien avant dans l'hiver.

Pour les garder, on les met dans du son, du sel ou des sciures de bois, ou bien dans des cendres ou dans un tas de blé, d'avoine et de millet, ce qui empêche l'air de les corrompre, à cause de la fraîcheur de ces grains. On se sert encore de paille ou de foin. On peut aussi prendre ces œufs et les mettre doucement dans des caisses de bois ou dans de vieilles futailles qui ne sont remplies d'autre chose que de ces œufs ; puis on porte ces caisses et ces futailles dans un lieu frais en été et chaud en hiver, prenant garde surtout que l'humidité n'y règne pas.

Le seigle cependant vaut mieux pour les conserver en été.

On connaît que des œufs sont frais quand, en les

mirant à la lumière, on voit qu'ils sont clairs, transparents et pleins ; ou bien qu'en les approchant du
feu ils jettent une petite humidité.

On peut aussi les mettre dans de l'eau fraîche
pour les garder frais pendant quelques jours. Il faut
pour cela les prendre tout nouvellement pondus,
que l'eau fraîche passe au-dessus des œufs et qu'elle
soit changée de fois à autre, pour que l'air et la
chaleur ne les altèrent point ; par ce moyen ils sont
pleins et frais pendant plusieurs jours. Mais pour
les conserver parfaitement frais pendant plusieurs
mois et même plusieurs années, étendez sur vos
œufs nouvellement pondus une couche de vernis le
moins coûteux ; ou bien mettez-les dans des pots et
versez dessus de la graisse de mouton fondue ; cette
graisse remplira tout le vide qui se trouvera entre
vos œufs et les conservera frais pendant nombre
d'années. Il faudra prendre garde que la graisse ne
soit trop chaude parce qu'elle pourrait cuire les
œufs.

Un œuf frais cuit à l'ordinaire se conserve sans
altération un mois et plus, parce que le blanc épaissi
sur les pores de l'écaille empêche les liqueurs de
transpirer. Remis dans l'eau bouillante comme s'il
n'était pas cuit, il se tourne en lait de même que le
premier jour. Tous ces moyens de conserver les œufs
toujours frais peuvent être fort utiles aux malades
dans les mois de décembre et de janvier, et en tout
temps dans les hôpitaux.

De la couvée des Poules

L'ordinaire de leur ponte est de dix-huit à vingt œufs qu'elles pondent tous de suite sans se reposer. Leur ponte cessée, ce qui se reconnaît lorsqu'elles commencent à glousser, on leur prépare un nid pour les y mettre. Ce nid doit être hors de la portée des chiens et des fourmis, et dans un lieu retiré pour que personne, pas même les autres animaux, n'effarouchent les couveuses. Il sera creux dans le fond et évasé par les bords, afin que les œufs ne coulent point. Le fond en sera garni de foin plutôt que de paille, à cause qu'il est plus chaud ; et sur ce foin seront posés les œufs bien doucement, pour ensuite être couvés par la poule qu'on connaîtra être en chaleur.

Quoique généralement toutes les poules gloussent et gardent quelque temps le nid après leur ponte, ce qui est une marque qu'elles veulent couver, néanmoins, pour ne pas perdre son temps et sa peine, il y a du choix à faire ; et malgré leur gloussement et leur chaleur, il faut rejeter toutes celles qui n'ont pas deux ans, celles qui paraissent farouches, celles qui ont de trop grands ergots, comme des coqs. Les unes sont sujettes à abandonner leurs œufs dans le temps qu'elles les ont à moitié couvés ; ou, les ayant couvés jusqu'à en donner des poulets, les quittent trop tôt, ce qui fait bien souvent qu'il n'en reste que fort peu. Les autres cassent leurs œufs ou tuent

leurs poulets, parce qu'elles marchent trop durement dessus. Ainsi pour savoir quelles sont celles
qui sont les meilleures pour couver, on choisira les
poules qu'on appellera *franches*, c'est-à-dire celles
qui ne prennent l'épouvante de rien, qu'on peut lever de leur nid pour leur donner à manger, sans
qu'elles s'effarouchent. On doit les choisir aussi
d'une complexion forte et d'un naturel très éveillé.

La poule nourrie comme on l'a dit ci-dessus, pour
l'obliger à pondre, ne manquera pas aussi de couver de bonne heure ; et comme le plus tôt est
toujours le meilleur pour avoir des premiers poulets, on aura attention, aussitôt qu'on aura entendu
glousser les poules, de leur préparer des nids, afin
que les poulets, devenus grands avant l'été, puissent
avant la Saint-Jean être chaponnés, ce qui est le
véritable moyen d'en avoir de beaux.

Il y a des poules qui ne font que glousser, et qui
sont si ardentes à vouloir couver, qu'elles ne font
pas la moitié de leur ponte : c'est un défaut qu'on
peut corriger, en leur passant de travers une petite
plume par les narines.

On ne doit pas mettre les poules couver trop tard :
beaucoup de poulets qui en viennent périssent par
le froid de l'automne, et le peu qui échappe ne profite guère.

Il faut que celle qui a soin des couveuses se donne
de garde de remuer souvent les œufs avec ses mains,
parce qu'il n'y a rien de plus dangereux pour dé-
ranger la génération du poulet, et c'est pourquoi on
trouve tant d'œufs clairs à la fin de la couvée. Il ne

faut toucher aux œufs mis sur la paille, qu'une fois ou deux, et cela pour les tourner, pendant que la poule n'y est pas, afin qu'ils s'échauffent également partout.

Il faut donc bien se garder d'aller, comme cela se fait quelquefois à tort, au bout de quatre à cinq jours de couvée, manier les œufs, trier et jeter ceux qui ont un filet de sang : ces lignes vermeilles sont au contraire de bonnes marques. D'ailleurs l'impatience et la curiosité gâtent tout dans ces opérations qu'il faut laisser faire à la nature seule.

Par la même raison, c'est un usage très condamnable de mettre, au bout de dix-huit jours, les œufs de la couvée dans de l'eau chaude, pour en attendrir la coque, et de ne remettre sous la poule que ceux qui coulent au fond de l'eau : cette expérience ne sert qu'à trancher les opérations de la nature et à faire jeter des œufs qui auraient réussi.

Lorsque les poules couvent, bien des gens mettent près d'elles leur nourriture, pour qu'elles ne quittent point leurs œufs, de crainte qu'ils ne se refroidissent ; mais il ne faut en agir ainsi qu'avec celles qu'on connaît acariâtres ou peu attachées à leur ouvrage ; encore faut-il les élever pour leur faire prendre l'air, de crainte qu'étant trop échauffées, elles ne tombent en langueur, ce qui arrive souvent : il y en a même qui ne mangent jamais dans leur nid.

On marquera le moment où on aura mis à couver la poule, afin de ne pas se tromper au temps qu'elle devra mettre au jour ses petits. La couvée dure vingt-un jours.

Après ce temps on va voir la poule, et on prête l'oreille pour entendre s'il n'y a point quelque poussin qui crie : on peut même, mais adroitement, retirer les œufs et voir si les poulets commencent à percer la coque avec leur bec ; elle est quelquefois si dure, que ces petits animaux n'ont pas la force d'en venir à bout : alors c'est les secourir à propos que d'enlever l'endroit de cette coque, où l'on voit que le poulet aura fait atteinte, après quoi on met l'œuf sous la poule qui le fait éclore.

On visite la couvée au bout de vingt-un jours, pour savoir le nombre des poulets, ou pour ôter les coques écloses et nettoyer le nid ; mais il faut prendre garde que la poule, en se levant, ne tue les petits, que le moindre attouchement fait mourir. Ils restent deux jours sous leur mère sans manger et sans risque : c'est pourquoi il est bon de les y laisser, et de n'y aller que quand tout peut être éclos.

Si, trois jours après le terme de la couvée, on n'entend pas piauler les poulets dans les œufs qui ne seront point encore éclos, c'est mauvais signe : il n'y a que les ôter et les jeter, et il serait inutile de les remettre sous la poule.

On observera, à chaque poule qui veut couver, si c'est avant le mois de mars, de ne lui donner que douze œufs ; en mars, quinze ; et en avril et autres temps chauds, autant qu'elle en pourra embrasser.

Les œufs les plus frais pondus sont toujours les meilleurs pour donner plus sûrement des poulets, c'est-à-dire qu'ils ne soient pas plus vieux que de dix ou douze jours : on prendra ceux qui sont les plus pesants à la main, ou on en mettra dans de l'eau, et ceux qui demeureront au fond, seront ceux dont on se servira.

Il est reconnu que les œufs longs rapportent toujours des mâlès, au lieu que les ronds ne produisent que des femelles; ce qu'il y a de certain en choix d'œufs pour couver, c'est que les plus gros sont les meilleurs, parce qu'il y a plus lieu d'en espèrer des poussins excellents.

Les œufs sont sujets pendant la poussée à beaucoup d'accidents : le tonnerre, par exemple, les corrompt d'un seul coup.

Au reste il faut que les œufs qu'on met couver proviennent de la coopération du coq avec la poule ; car c'est le coq seul qui les vivifie : il est aisé de connaitre au jour s'ils ont germe.

Pour avoir des Poulets en hiver

Dans cette saison dérangée, la couvée coûte à la vérité plus qu'à l'ordinaire; mais on s'en dédommage facilement par le plaisir d'avoir des poulets en ce temps, et par le profit qu'on en tire, parce qu'ils s'y vendent bien plus cher.

Il faut donc, pour y réussir, choisir les meilleures poules d'entre celles qu'on aura enfermées pour pondre l'hiver : ces poules d'élite seront encore mises dans un lieu séparé ; et là, outre la nourriture dont nous avons parlé pour multiplier la ponte, on leur donnera encore du chènevis, tantôt de la rôtie au

vin avec du pain blanc, tantôt de la feuille ou de la
graine d'ortie mise en poudre : on leur donne aussi
des grains de senevé ou moutarde. Toutes ces mangeailles ont la vertu de les échauffer, au point que
l'envie de couver ne manque pas de les prendre.

Aussitôt qu'elles glousseront, on leur préparera
des nids dans le lieu le plus chaud de la maison, qui
est ordinairement derrière le four, et comme le four
ne s'allume pas tous les jours, et que pendant la rigueur de l'hiver la chambre ne laisse pas d'être
froide, il faut en bien fermer les fenêtres, y faire
du feu pour en chasser l'air le plus froid, et tandis
qu'elles couveront, ne point manquer de leur donner
leur nourriture proche de leurs nids, pour les obliger, si l'on peut, à manger sans sortir; ou bien, si
leur naturel n'est pas tel, il faut prendre un torchon
de cuisine bien chaud, qu'on mettra sur les œufs, de
crainte qu'ils ne se refroidissent, tandis qu'on lèvera
la poule de dessus pour lui donner à manger. Anciennement, pour avoir des poulets en cette saison,
on prenait de gros pigeons de volière, sous lesquels
on mettait des œufs de poule, et c'était assez de quatre ou cinq : on leur choisissait un lieu chaud, ne
les y laissant point manquer de nourriture; on leur
donnait du chènevis une fois le jour, outre la vesce
et l'avoine dont ces animaux étaient nourris.

Une autre expérience qui paraît plus sûre et plus
facile, c'est de prendre une poule d'Inde après Noël,
de la mettre en un lieu bien chaud, et de lui donner
vingt-cinq œufs à couver : dans dix-huit ou vingt
jours les poussins en écloront : on les mettra chau-

dement dans quelque panier avec de la plume, durant cinq à six jours, et on les nourrira à l'ordinaire, tant qu'ils seront sous l'aile de la mère.

De la manière d'élever les poussins et de les chaponner

Le lendemain que les poulets sont éclos, on les mettra avec leur mère, sous une cage d'osier ou *muc*, ou dans une chambre éclairée, ou dans un endroit de la basse-cour bien exposé au soleil, car la chaleur les fortifie; c'est pourquoi, en quelque endroit qu'on les mette, il faut qu'ils soient toujours à couvert de la pluie et des vents qui les morfondraient et les feraient mourir bien vite. Ils ne sauraient être tenus trop chaudement, car cet animal est originaire des pays chauds qui en sont remplis.

Leur nourriture, pendant les premiers jours, sera de millet cru, de l'orge ou du froment bouilli. On leur fera quelquefois tremper de la mie de pain dans du vin, dans du lait ou du caillé, et on leur donnera de la mie de pain seulement mêlée avec des jaunes d'œufs, ensuite de la navette et du chènevis, quand ils sont un peu plus gros : tout cela les excite à manger et les engraisse.

Les feuilles de poireau hachées menu et mêlées de fromage mou leur sont encore bonnes.

A mesure qu'ils croîtront, de deux jours en deux jours, on leur donnera des poireaux bien hachés :

ils aiment beaucoup cet aliment ; il leur sert de remède, les échauffe et leur fortifie le cœur : surtout
l'eau claire et nette ne doit pas leur être épargnée,
de peur de la pépie.

De temps en temps on les fait sortir pour leur
faire prendre l'air et les fortifier ; mais il faut que
ce soit à propos ; car qui irait tout d'un coup les
jeter dehors pour les laisser promener avec leur
mère, les mettrait en danger de mourir. S'il pleut
ou que le temps soit sombre, il ne faut pas les faire
sortir ; il ne faudrait que la moindre pluie pour les
morfondre et les faire mourir ; c'est pourquoi, dans
le commencement, lorsque le soleil se montrera, on
les y exposera pendant quelques heures sous leur
mue, s'ils ne sont pas assez forts pour être abandonnés pendant deux ou trois heures à eux-mêmes
avec leur mère dans la basse-cour : on continue ces
soins jusqu'à ce que, étant devenus plus gros, on les
laisse sortir tout à fait, ce qui va ordinairement à
quinze jours.

Pour avoir plus d'œufs et plus de poules à couver
de nouveau, l'économie veut qu'on donne, à mener à
une seule poule autant de poussins qu'elle en peut
conduire ; pour peu qu'elle soit grosse, elle en tient
sous ses ailes et en conduit jusqu'à trente : ainsi
quand on a plusieurs couvées à la fois, on donne
jusqu'à vingt-cinq ou trente poussins à conduire à la
même poule, et on remet les autres mères avec le
reste de la volaille de la basse-cour pour y pondre et
couver de nouveau. Il faut surtout user de ce manége
et ôter les poussins à la mère, quand c'est une jeune

poule qui ferait plus de profit à pondre, ou quand on voit que c'est une mauvaise meneuse, ou qu'elle n'est pas douce, vigilante et de bonne amitié ; comme si elle n'échauffe pas bien ses petits, si elle les blesse en grattant la terre, ou si elle va dans des endroits où ils ne peuvent pas la suivre.

Trois jours après que la couvée est éclose, on peut se servir de chapons pour mener et élever les poussins : par ce moyen, on remet les poules dans la basse-cour, où elles pondent et couvent de nouveau bien plutôt qu'elles n'auraient fait.

Pour cela on fait choix d'un chapon gros, sain et éveillé, on lui plume le ventre, on le lui frotte avec des orties qui le piquent, puis on l'enivre avec de la rôtie au vin qu'on lui donne à manger tout son soûl ; on le traite ainsi pendant deux ou trois jours, le tenant enfermé dans un endroit étroit, où il prend néanmoins l'air par quelque trou, de crainte qu'il n'étouffe.

De là on le porte sous une cage et on lui donne deux ou trois poulets déjà un peu grands, qui, mangeant avec le chapon plumé, l'apprivoisent et lui passent sous le ventre, adoucissant la cuisson que les orties lui ont causée : le chapon, qui s'en trouve soulagé, les rappelle dès qu'ils en sortent, et en peu de temps les aime jusqu'à ne vouloir plus les abandonner ; c'est alors que petit à petit on lui augmente tous les jours le nombre de ces poulets, jusqu'à ce qu'il en ait autant qu'il en pourra couvrir de ses ailes ; et pour l'accoutumer avec ces poussins, après que toute la bande qu'on veut qu'il conduise lui a été donnée, on le laisse seulement deux jours sous la grande cage ; après quoi on lui donne la liberté de se promener partout avec ces poulets ; il les soignera mieux et plus longtemps que si c'était leur mère propre ; il ne les abandonnera jamais qu'ils ne soient tous grands, c'est-à-dire les coqs prêts à être chaponnés, et les femelles toutes prêtes à pondre.

Peu de temps après que les poussins ont quitté celui ou celle qui les conduit, c'est-à-dire quand ils ont environ trois mois, il les faut chaponner ; car si on attendait plus tard, ils seraient trop forts pour cette opération. On choisit donc tous les poulets, ne laissant que les plus hardis et les plus éveillés pour devenir bons coqs.

Quoique l'on fasse des chapons pendant tout l'été, cependant le mois de juin est la saison la meilleure pour cela : c'est pourquoi on ne doit pas s'y épargner dans ce mois.

Pour y réussir, on fait une incision à la partie qui enveloppe les testicules de l'oiseau et un peu à côté où l'on juge qu'ils sont, on y insère le doit *index* pour les chercher ; on les en tire et on coud la plaie avec une aiguille et du fil ; on la frotte avec du beurre frais ou graisse de volaille, et on laisse aller le chapon qui paraît triste pendant quelques jours : la gangrène se met quelquefois à la plaie, surtout quand il fait trop chaud, ce qui le fait mourir. Il court le même risque quand il a été mal chaponné. On appelle cocâtre le chapon qui n'a été châtré qu'à demi.

De la manière d'engraisser
la volaille

Comme il a été déjà dit, le temps de la haute graisse est en janvier et février, et alors les poules engraissées valent presque les chapons; mais on conçoit que plus la volaille est jeune, mieux elle prend graisse.

Pour engraisser à l'ordinaire les chapons et les poules, on les enferme dans un lieu où le grain, l'eau nette et claire et la chaleur ne leur manquent point.

Le froment et l'orge sont préférables à tous les autres grains, et pour qu'ils leur profitent mieux, il faut les faire bouillir avant de les leur donner. Vingt jours suffisent pour engraisser ainsi la volaille. On peut leur donner de temps en temps un peu de son bouilli ; l'orge moulue et pétrie dans du lait est la meilleure de toutes les nourritures pour engraisser la volaille et la rendre plus délicate, sans être obligé de les engraisser en leur faisant avaler avec la bouche ou avec une pompe; en garnissant toujours de cette pâte les petites auges qui sont devant ces volailles, elles en mangent naturellement tant qu'elles en veulent sans tant de façons.

On a soin de remplir continuellement l'auge de cette pâte sans la laisser aigrir et sans aucune boisson.

On peut aussi leur faire une pâte avec de la farine

de blé de Turquie. On la détrempe avec les liqueurs dont on a déjà parlé. Les poulardes et les chapons engraissent en peu de temps quand on les gouverne de la manière qu'on l'a dit. On donne ces soins pendant vingt jours.

Dans le Mans, on engraisse la volaille sous des mues avec du blé noir, autrement dit sarrasin, et deux fois autant d'orge que l'on fait moudre et que l'on passe dans un gros tamis pour en ôter le gros son ; ensuite on fait une pâte avec de l'eau et on la met par morceaux un peu plus longs que ronds ; on leur en donne sept ou huit fois par jour, et on les leur fait avaler en leur ouvrant le bec : en quinze jours au plus ils sont d'une haute graisse.

Pour faire avoir du goût à la chair, on mêle dans cette pâte un peu de genièvre en poudre. On peut cependant se contenter de faire bouillir seulement le sarrasin dans de l'eau ou des lavures d'écuelles, et le donner à manger aux volailles dans leur auget autant qu'elles en veulent.

Des œufs de Coqs

Quand on trouve dans le poulailler un œuf plus petit qu'à l'ordinaire, on croit vulgairement que c'est un œuf de coq et qu'il contient un serpent ; mais il est impossible à des animaux qui n'ont point d'ovaire de pondre, et ce serpent est un petit filament rouge de sang extravasé, ce qui provient d'une poule en mauvais état qui ne pouvait plus pondre qu'un œuf imparfait.

Des Coqs et Poules d'Inde

La race de ces animaux, qui nous est venue des Indes et qui est différente de celles de nos poules communes, est d'un grand profit, parce qu'elle multiplie beaucoup, aisément et souvent.

La chair de ces oiseaux, surtout quand ils sont jeunes et gras, est fort nourrissante, de bon suc et facile à digérer ; mais aussi cette race de volaille est vorace, paillarde et difficile à élever et à nourrir tant qu'elle est jeune.

Les coqs et poules d'Inde logent commodément partout dès qu'ils sont un peu grands, à l'air, sur une perche ou juchés sur un arbre où ils passent toute la nuit pendant l'hiver, exposés à toutes les injures de l'air ; les frimas de cette saison ne les incommodent point, et c'est alors qu'ils deviennent plus gras, et leur chair est meilleure que s'ils étaient renfermés.

Il n'y a pas tant de particularités à choisir un coq d'Inde qu'un commun, car il suffit qu'un coq d'Inde soit d'un naturel éveillé, fort et hardi. Il n'importe pour la couleur, à moins que la curiosité ne nous fasse chercher ceux dont les plumes sont toutes blanches ou toutes rouges : ils n'en sont pas meilleurs.

On donne cinq poules d'Inde à chaque coq. Il n'y a pourtant pas de profit à en élever peu ; car quand on en a assez pour faire une espèce de troupeau que l'on fait garder par un dindonnier qui les mène paître aux champs, ils s'y nourrissent de vers, d'herbes, surtout d'orties et de fruits ; au lieu que, quand on n'en a qu'un petit nombre, il faut les nourrir entièrement dans la basse-cour, et comme ils sont fort gourmands, ils y consomment beaucoup plus de grains et font plus de dégâts dans les jardins, vignes et blés, qu'un troupeau bien gardé.

On a souvent un verger exprès, qu'on laisse toujours en herbe, pour nourrir les dindes : par ce moyen elles consomment moins de grains et ne font point tant de dégâts ; cela les dissipe, les engraisse et les rend plus délicates.

Comme les poules d'Inde couvent les œufs de toutes sortes de volailles et qu'elles couvent deux fois l'an, il est aisé de multiplier bientôt toute la volaille de la basse-cour, ayant bien des poules d'Inde qu'on fera couver ; car elles couvent à la fois vingt-cinq à trente œufs de poules communes.

De la ponte et couvée des Poules d'Inde

On appelle ponte d'un oiseau un certain nombre d'œufs qu'il donne pendant l'année avant que de couver. Les poules d'Inde en font deux tous les ans : l'une commence vers la mi-février, quelquefois un peu plus tard, selon que le froid est plus ou moins rude, et l'autre dans le mois d'août ; chaque ponte est d'environ quinze œufs.

Lorsqu'on s'aperçoit que les poules d'Inde veulent pondre, il faut remarquer où elles déposent leurs œufs, et les y aller prendre de jour à autre ; elles ont beaucoup d'inclination à les faire dans les champs, dans les buissons et broussailles.

Quant à la couvée, le choix des œufs et la préparation des nids sont de même qu'aux poules communes. Ainsi quand la ponte est achevée, et qu'on voit qu'elle s'attache au nid, ce qui est une preuve qu'elle veut couver, alors on lui donne tout à la fois autant d'œufs qu'on veut qu'elle en couve . on ne doit pourtant lui donner que quinze œufs de poule d'Inde à la couvée de février, parce qu'il fait encore froid ; au lieu qu'on lui en donne jusqu'à vingt pour celle du mois d'août.

On lui donne vingt-cinq œufs, quand on y mêle autant d'œufs de poule commune ou de cane qu'il y en a de poule d'Inde, et trente de poule commune ou de cane, quand il n'y en a point de poule d'Inde ; mais il faut remarquer que ceux des dindes et des canes sont un mois à éclore : c'est pourquoi les œufs des poules ordinaires, qui éclosent au bout de vingt et un jours, doivent être mis sous la poule d'Inde neuf jours plus tard que les autres, afin qu'ils puissent tous éclore en même temps.

Il ne faut point laisser manquer de nourriture aux couveuses ; il faut même les lever toujours et doucement de dessus leurs œufs, pour les faire manger et boire ; car elles sont si attachées à leur ouvrage, qu'elles se laisseraient souvent mourir de faim, si on ne les obligeait de manger.

Le temps venu que les dindons doivent éclore, on doit les aider, comme on a enseigné pour les poussins.

Quoique les poules d'Inde de la même année soient bonnes à couver, cependant celles de deux ans valent toujours mieux : elles font leur ponte de meilleure heure, couvent plus tôt et conduisent mieux leurs petits.

Pour agir ici avec plus d'économie, lorsqu'on a mis plusieurs poules d'Inde à couver, et que leurs petits sont éclos, il faut prendre les dindons de trois mères, et les donner à une seule à conduire ; elle le peut : ensuite on jette au coq les deux autres poules d'Inde, pour faire une seconde ponte et couver une seconde fois.

Il y en a même qui, aussitôt que tous les petits d'une poule d'Inde sont hors de la coque, les portent sous une autre dinde, qui a des petits du même temps ; puis ils prennent dans le moment d'autres œufs, soit de dindes ou de poules communes, et ils les glissent doucement sous cette couveuse qui, dans la chaleur où elle est, conduit encore ces œufs à une bonne fin. On lui donne alors de temps en temps de la rôtie au vin avec de l'orge ou de l'avoine, dont on fait à la fin sa nourriture ordinaire.

De la manière d'élever et de nourrir les dindonneaux

Il n'est guère d'oiseaux qu'il faille élever plus dé-

licatement que les dindons, ni qui demandent plus
de soins. Le froid est leur ennemi mortel : c'est
pourquoi, dès qu'ils sont éclos , on les met dans un
lieu chaud pour les y élever, comme serait un poulailler particulier, dont on couvre le sol d'un demi-
pied de fumier de cheval, bien sec. et menu, et qu'il
soit à l'abri des vents du nord, mais sans feu, jusqu'à
ce qu'ils soient devenus un peu forts. On ne les en
laissera sortir avec la mère que quand il fera du
soleil, et jamais quand on sera menacé de la pluie ;
car si la chaleur les fortifie, le moindre froid les
morfond, et la pluie les fait mourir. On doit les tenir
renfermés tant qu'ils n'ont que du poil follet ; lorsqu'ils ont un mois et le dos couvert de plumes, on
les laisse aller.

La moindre faim leur est aussi fatale, et de plus
il faut les manier fort doucement, lorsqu'on est
obligé de les ôter de dessous leur mère, ou de les y
remettre ; au moindre mouvement qu'elle fait, elle est
fort sujette d'en écraser sous ses pieds, et ils sont
si tendres qu'il ne les faut manier que quand on ne
peut s'en dispenser. Aussitôt qu'ils sont éclos, il faut
leur souffler par tout le corps du vin chaud, sans
quoi on aurait de la peine à les élever.

On doit leur donner très souvent à manger et à
boire, c'est-à-dire au moins quatre fois par jour, car
ils sont fort gourmands ; et si on les laissait avoir
faim, ils tomberaient dans une langueur qui les
ferait mourir.

On leur donne d'abord pour nourriture des œufs
durs hachés bien menu ; il y en a qui n'en prennent

que le jaune, d'autres le blanc, qu'ils mêlent quelquefois avec de la mie de pain blanc rassis : ces deux nourritures sont également bonnes ; on ne leur en donne que pendant cinq ou six jours. Après ce temps, on commence à prendre des feuilles d'orties qu'on hache aussi bien menu avec des œufs durs. Six ou huit jours après, on leur ôte les œufs, et on ne leur donne plus que des orties hachées et détrempées avec un peu de son et de lait caillé ; et de temps en temps, pour leur aiguiser l'appétit, on leur jette un peu de millet ou de l'orge bouillie. Pour peu qu'on voie qu'ils languissent, il les faut prendre et leur tremper le bec dans du vin, pour leur en faire boire un peu et leur faire prendre des forces. Cette langueur provient aussi quelquefois d'une cause inconnue, soit qu'ils aient le cœur attaqué de quelque malignité qui les fait mourir subitement, ou que ce soit le froid qui les surprenne ; mais de quelque manière que cela arrive, aussitôt que vous vous apercevrez qu'ils ne mangent point, prenez du poivre en grain, blanc ou noir, faites-en avaler un grain à chacun de ceux que vous trouverez malades, et ils seront soulagés.

Lorsque les jeunes dindons commencent, à six semaines ou deux mois, à pousser le rouge autour du bec, on observera que c'est un temps critique, comme la dentition aux enfants ; il faut alors mêler du vin à leur nourriture pour les fortifier.

Quoique la nature ait donné aux animaux un instinct particulier pour savoir prendre leur nourriture, cependant les jeunes dindons ne mangent jamais mieux que lorsqu'on la leur présente à la main. Ceux

qui les savent gouverner, les appellent à haute voix
et toujours de la même manière. Les dindons, accoutumés au cri, accourent aussitôt et viennent
manger ce qu'on leur donne dans la main avec plus
d'avidité que s'ils le prenaient à terre. On juge que
ces animaux ont besoin de nourriture, lorsqu'on les
entend piauler, et à mesure qu'ils croissent et qu'ils
se fortifient, on les nourrit d'orties hachées grossièrement et mêlées de son.

Les fruits pourris, ceux que les vents abattent,
sont encore propres pour les nourrir ; mais il les
leur faut hacher par morceaux un peu gros.

Les poulets d'Inde sont toujours d'un naturel fort
goulu : c'est pourquoi, quand ils sont grands, ils
avalent aisément ces fruits qui les maintiennent en
bonne chair.

On les tient à l'ombre jusqu'à deux mois, dans
un lieu net et propre, avec de bonne eau ; on met
les malades à part.

Il faut avoir soin de leur percer, avec une épingle,
les petites vessies qui se forment sous la langue ou
sous le croupion, et de temps en temps, même de
trois jours l'un, leur donner à boire, ou leur laver
la tête avec de l'eau où l'on aura mis de la rouille
de fer ou de mâchefer qu'on trouve chez les maréchaux et les taillandiers : cela prévient ou guérit la
figère et les ourles, qui sont deux maladies auxquelles ils sont sujets.

Lorsque les dindons sont assez forts pour se passer de leur mère, on ne leur donne plus à manger,
parce qu'ils en vont eux-mêmes chercher ; et quand

il y a un troupeau raisonnable, on leur donne pour les garder un dindonnier ou une dindonnière, depuis quatorze jusqu'à vingt ans, robuste pour résister aux injures du temps auxquelles il est exposé en gardant son troupeau, alerte, éveillé, matineux et vigilant, pour qu'aucun de ses dindons ne s'égare, ou ne lui soit enlevé par le loup ou le renard. Il sera fidèle et exact à vérifier son nombre tous les matins, et à voir s'il n'y en a point quelqu'un de boiteux ou malade, afin d'y remédier, comme il a été dit pour les poules communes.

Le dindonnier doit faire sortir son troupeau aussitôt que le soleil est levé, ne l'abandonner jamais, et le conduire tantôt d'un côté et tantôt d'un autre, dans les lieux abondants en fruits ou herbes que ces volailles aiment, afin que la diversité des pâturages réveille leur appétit et les fasse croître promptement. Mais il aura soin de ne les point conduire dans les endroits où se trouve de la grande digitale à fleurs rouges : cette plante est un véritable poison pour eux. Il les ramènera vers dix heures du matin, et les renfermera jusqu'à midi, qu'il faudra retourner au pâturage ; et avant de les renfermer le soir dans leur poulailler, il leur jettera un peu de grain pour leur faire prendre des forces. Il n'y a que pendant la moisson qu'il ne sera pas besoin de leur rien donner, parce qu'alors ils trouvent assez de quoi vivre dans les champs nouvellement moissonnés. Quand le mauvais temps empêche qu'ils n'aillent aux champs, on leur donne dans la basse-cour des herbes ou fruits hachés avec du son.

Ordinairement on ne châtre pas les coqs d'Inde, parce qu'ils ne sont pas, à beaucoup près, aussi chauds que les coqs ordinaires. Il y a pourtant plusieurs contrées en France où on les chaponne aussi pour les engraisser.

Les coqs et poules d'Inde juchent à l'air et s'engraissent aux brouillards et aux frimas. Quand ils sont grands, ils sont aussi robustes qu'ils étaient délicats et sensibles étant petits.

Les œufs des poules d'Inde, quand il reste des pontes. qu'on n'a pas voulu mettre couver, sont assez bons à la cuisine pour le commun : on prétend pourtant qu'ils ne sont pas sains et qu'ils donnent la gravelle, mais ils ne sont pas assez communs pour qu'on en fasse une nourriture ordinaire et dangereuse.

Pour les engraisser, il n'y a point d'autre secret que de leur donner beaucoup de grain, ou bien on les met sous des mues et on leur fait une pâte avec des orties, du son et des œufs durs : on la sépare par bols gros comme des petites. noix, et on leur en donne trois fois par jour.

Des Oies

Une basse-cour n'est jamais assez fournie s'il n'y a des oies. Il est vrai qu'elles sont fort gourmandes et qu'elles causent beaucoup de dégâts ; mais on s'en garantit avec un peu de soin, et on en est récompensé par le grand profit qu'elles apportent ; car leurs plumes, leur chair, leur graisse et leurs œufs, dont elles font par an trois pontes abondantes, tout fait du profit, d'autant qu'elles vivent très longtemps.

De la plume, de la chair, de la graisse et des œufs d'Oie

On les plume deux fois tous les ans : la première fois à la fin du printemps (pour l'ordinaire, celles de l'année ont alors deux mois), et la deuxième fois est au commencement de novembre, mais avec plus de modération, à cause de l'approche du froid. Il y en a qui leur ôtent le duvet trois fois l'an, à la fin de mai, après la première ponte, à la Saint-Jean et en novembre. Il ne faut jamais arracher le duvet qu'il ne soit mûr, ce qui se connaît lorsqu'il commence à tomber de lui-même ; autrement les vers s'y mettraient, à cause du sang qui sort au bout du tuyau quand la plume n'est pas mûre.

Lorsqu'on ôte le duvet aux jeunes oies, il en faut faire autant à leurs mères ; c'est le ventre, le cou et le dessous des ailes qu'on leur plume ordinairement, parce que ces parties sont les plus couvertes de duvet, dont on fait de bons lits. On leur arrache quelques grosses plumes des ailes pour écrire, ce qui se fait en mars et septembre.

On fait un meilleur usage de la chair d'oie que de celle de la poule, car celle-ci, pour être bonne, veut toujours être mangée fraîche, tandis que celle d'oie conserve sa bonté après avoir été salée.

Les oies sont grasses en décembre et en janvier; c'est pourquoi on prend cette saison pour les saler. Aussitôt qu'on les a tuées, on les plume et on les écorche pour en tirer la graisse, qu'on met en morceaux pour être fondue. Après que cette graisse a été tirée, on prend la chair et on la sale comme le cochon.

Une oie grasse est très bonne à manger. La petite oie (c'est-à-dire ce qu'on retranche de l'oie quand on l'habille pour la faire rôtir, comme les pieds, les bouts d'ailes, le cou, le gésier), mise dans le pot, fait une bonne soupe.

Pour la graisse, lorsqu'on l'a fondue comme on vient de le dire, on la met dans des pots de terre bien bouchés, après l'avoir un peu saupoudrée de sel; elle se conserve longtemps; elle est propre pour beaucoup de ragoûts et pour bien des remèdes.

Elle diffère de celle du porc en ce qu'elle est bien meilleure et plus délicate et en ce qu'elle ne s'affermit jamais; et quoique toujours liquide, elle demeure transparente comme de l'huile, lorsqu'elle est cuite à propos.

On emploie fort bien les œufs d'oie à la cuisine quand on en a trop pour mettre couver, ce qui est rare, parce que toutes sortes de volailles les couvent.

Le sang, la peau des pieds et même les excréments d'oie ont aussi chacun leur mérite et leur usage en médecine.

Du choix et de la quantité des Oies qu'on doit nourrir

Il y a deux espèces d'oies : la domestique et la sauvage. La domestique vole difficilement et s'élève peu de terre ; la sauvage, au contraire, vole haut et avec beaucoup de légèreté. L'une et l'autre nourrissent beaucoup ; on les mange principalement en hiver ; il faut les choisir tendres, ni trop jeunes ni trop vieilles, nourries et élevées dans un air pur et serein.

La sauvage est d'un goût beaucoup meilleur que la domestique. Mais en général la chair d'oie est plus agréable au goût que salutaire.

Comme les oies sont des amphibies qui aiment fort les lieux aquatiques, et que leur fiente est contraire aux herbes, qu'elle gâte les prés et brûle si bien la terre qu'il ne repousse plus d'herbes, ou que du moins il n'en repousse de longtemps dans les endroits où elles ont fienté, et qu'elles sont gourmandes ; il faut avoir quelque rivière ou étang, ou du moins une bonne mare ou vivier, pour les y faire barboter, et n'en point trop avoir.

Le nombre des oies qu'on veut nourrir dépend de la fantaisie ; mais sept femelles tout au plus et deux mâles suffisent pour garnir une basse-cour, quelque grande qu'elle puisse être. Si je dis deux mâles, quoique ce soit assez d'un seul, c'est dans la crainte que le *jars* unique, venant à manquer par quelque accident, on ne sût à qui avoir recours pour en avoir un autre, chacun ayant besoin de ses mâles.

Quant au choix des oies, on observera de les prendre de la grande taille et d'un œil fort gai. On préfère les blanches aux grises, parce que la plume des blanches se vend plus cher.

Tout le monde sait que les oïes vivent d'herbe et de grain ; mais on doit bien prendre garde qu'elles n'aillent dans les endroits où il y a de jeunes arbres, dans les vignes, dans les jardins, ni dans les blés, surtout lorsqu'ils sont en herbe ou qu'ils commencent à monter en tuyaux, car elles les déracinent et mangent une pièce de blé en une demi-journée, ainsi qu'on le voit faire souvent aux oies sauvages dans les lieux de leur passage. C'est pour les en écarter, autant que pour les rendre plus grasses et plus délicates, qu'il faut avoir quelque ruisseau ou mare pour les y mettre. Il est bon même d'apaiser de temps en temps la grosse faim de ces animaux voraces, en leur donnant des feuilles de chicorée, de laitue ou de cresson haché : ils en feront moins de dégât. Ils s'accommodent fort bien de toutes sortes de légumes détrempés avec du son dans l'eau tiède.

Les orties et les ronces ne leur valent rien, encore moins la hanebane ou jusquiame, qu'on appelle la mort-aux-oisons, non plus que la ciguë, qui les endort souvent de façon qu'ils en meurent.

Les oies vieilles et jeunes sont conduites au pâturage avec les dindes et se traitent de la même manière : on les laisse barboter dans l'eau tant qu'il leur plaît. Au reste, nos oies communes se passent plus facilement d'eau ; mais les oies de la Hollande, qui sont plus grosses, ne viennent pas aussi bien quand elles ne sont point à portée d'un étang, d'une rivière ou du moins de quelque mare. Aüx nôtres il suffit de leur donner de temps en temps un peu d'eau pour barboter.

Pour empêcher les oies de passer les haies, d'entrer dans les blés et dans les jardins, soit dans ceux du maître, où elles feraient un grand dégât, soit dans ceux d'autrui, où il serait permis de les tuer, on les *bride*, c'est-à-dire qu'on leur passe une plume à travers les ouvertures qu'elles ont à la partie supérieure du bec, à peu près de la même manière qu'on met des anneaux au nez des cochons pour qu'ils ne fouillent point la terre, et des bâtons au cou des chiens pour les empêcher de chasser ou d'entrer dans les vignes.

Les oies sont naturellement coureuses et vagabondes : c'est pourquoi, quelque accoutumées qu'elles soient à la maison, souvent elles prennent l'essor pour ne revenir de quelques mois ou à l'entrée de l'hiver ; et quand elles reviennent, il est rare que vous ayez votre même nombre, car elles se débauchent les unes les autres ; ainsi on y perd ou on y gagne, selon le hasard et la fantaisie de ces oiseaux.

Le plus sûr moyen est de leur donner à manger à une heure fixe dans la saison stérile ; elles ne quitteront point leur demeure, ou elles y en amèneront d'autres. Il ne faut pas faire couver d'œufs de ces oies coureuses, comme le sont principalement celles des bords de la Loire, qui s'assemblent tous les ans, passent en d'autres pays, et cependant reviennent chacune à leur maison.

De la ponte et de la couvée des Oies

Il n'y a point de volaille qui rende plus d'œufs que les oies, lorsqu'elles sont bien nourries et gouvernées comme il faut. On a vu des femelles qui ont pondu chacune jusqu'à cent œufs; c'est pourquoi la véritable économie veut qu'on les nourrisse bien, pour les laisser toujours pondre et rarement couver. On ne doit leur permettre de pondre que dans leur toit, et il suffit de les y avoir mis pondre une seule fois pour qu'elles y pondent toujours.

Quoiqu'on dise qu'elles ont l'instinct particulier de continuer leur ponte, et même de couver, si on ne les en empêche pas dans le même endroit où elles ont pondu la première fois, il est pourtant bon de ne les laisser point sortir dans la suite hors du toit qu'elles n'aient achevé leur ponte, pour qu'elles n'aillent pas pondre ailleurs et perdre leurs œufs.

Elles font trois pontes par an, depuis mars jusqu'en juin. Les oies ne couvent que leurs propres œufs et sont trop revêches pour en couver d'autres; encore n'a-t-on guère coutume de les faire couver, parce qu'on tire plus de profit de leurs œufs que de leur couvée, d'autant plus que toutes sortes de volailles, surtout les poules, couvent à souhait les œufs d'oie. Si c'est une oie qui couve, il faut lui mettre sa mangeaille (qui sera de l'orge dans de l'eau) près de son nid, pour qu'elle ne le quitte point ou peu, car il n'y a pas d'oiseau de basse-cour qui couve avec plus d'attache que l'oie. Si on ne le fait pas, il faut du moins leur donner toujours à manger au même endroit et à la même heure où elles ont une fois mangé ; et qui manquerait une seule fois, risquerait de faire morfondre les œufs, ou bien de dégoûter la mère et de l'altérer au point qu'elle ne pourrait plus conduire sa couvée au terme.

De la manière d'élever les Oisons et d'en avoir beaucoup

Comme les poules communes sont plus propres à couver toutes sortes d'œufs que les autres, on doit s'en servir pour avoir des oisons, et faire choix des plus grosses et meilleures couveuses ; cinq ou six œufs suffisent à chacune ; il y en a qui en donnent jusqu'à huit. On fait aussi couver des œufs d'oie par une poule d'Inde qui en embrasse jusqu'à onze. Le temps de mettre couver les œufs d'oie est toujours immédiatement après qu'elles ont fait leur ponte. Les oisons, comme les dindons, sont un mois à éclore.

Quand les oisons sont éclos, il faut pendant huit ou dix jours les tenir enfermés à l'étroit avec leur mère, et ne point les laisser manquer de nourriture ; après ce temps on choisit un beau jour pour les lâcher. Il faut aussi éviter la pluie, qui leur est mortelle dans ces premiers jours de liberté, quoiqu'ils aiment dès lors à nager sur l'eau.

On doit aussi avoir soin qu'ils ne se mêlent pas avec les plus grands, jusqu'à ce qu'ils soient assez forts pour se bien défendre des coups auxquels les nouveaux venus sont exposés.

Avant de mener paître les jeunes oisons, il est bon de leur donner du cresson alénois, des raves, des laitues ou des feuilles de chicorée hachées fort menu : tout cela leur est fort salutaire, et ils ne sont plus exposés à aller se tordre le cou à force de paître gloutonnement, ce qui leur arrive assez souvent quand on les abandonne à leur grosse faim.

Outre l'herbe qu'ils paissent dans les commencements, on leur donne encore de temps en temps un peu de millet, de l'orge bouillie, puis des criblures de blé ou d'autre grain, tel qu'on le juge à propos. On les nourrit ainsi jusqu'à la mi-octobre, époque à laquelle on en prend autant qu'on le souhaite pour les engraisser séparément des autres de la bassecour.

Comment il faut engraisser les Oies

Les oies sont très insipides si elles ne sont grasses : on prend donc à la mi-octobre celles qu'on veut engraisser, surtout des jeunes ; on les plume entre les jambes et on les enferme dans un lieu très étroit et ténébreux, afin que leur nourriture ne se dissipe point et qu'elle se convertisse en aliment et en graisse. Si on n'a point de lieu assez obscur pour les mettre, il faut leur crever les yeux et ne les point laisser manquer de mangeaille et de boisson. Elles savent bien, quoique aveugles, la retrouver dès qu'on les a mises une fois dessus.

Le lieu pour engraisser les oies doit être chaud ; autrement leur nourriture se convertirait plutôt en chair qu'en graisse. Il y en a qui les mettent, pour les engraisser, dans un cellier ou dans la cave ; d'autres qui se contentent de les mettre sous des mues.

Les oies, quoique fort sales, veulent être toujours tenues proprement, surtout quand on veut qu'elles engraissent promptement ; pour cet effet, leur nourriture, dont on ne les laissera jamais manquer, sera du millet, de l'avoine, des pois et des fèves bouillis dans de l'eau : ou bien des choux hachés et bouillis avec un peu de son, du gland concassé, des raves coupées par morceaux, ou autres choses semblables. La farine de froment et d'orge détrempée dans de l'eau chaude, en sorte qu'elle fasse une bouillie épaisse, et toutes sortes de criblures de blé, leur sont excellentes, de même que le blé de sarrasin et l'eau sablée. Il y en a qui les engraissent comme des chapons, c'est-à-dire avec une pâte de farine d'orge ou de blé de Turquie. D'autres, pour leur aiguiser l'appétit et les faire manger et engraisser davantage, leur donnent du charbon broyé, outre les mangeailles ci-dessus, qu'on leur donne séparées de ce charbon. C'est assez de quinze jours ou trois semaines pour engraisser les jeunes oies : pour les vieilles, il faut un mois.

Des Canards et Canes

Les canes communes sympathisent assez avec les oies ; la différence qu'il y a de l'une à l'autre, c'est que les canes vivent et se plaisent plus sur l'eau que sur terre, au lieu que les oies aiment mieux pâturer que barboter : c'est pourquoi, où l'eau n'est pas commune, il est presque inutile d'y élever des canes, ou du moins il ne faut pas songer à en élever beaucoup.

Leur plume n'est pas aussi fine que celle des oies, avec laquelle on la mêle pour faire des lits ; mais en récompense les œufs et la chair de cane sont bien meilleurs que ceux d'oie, quoique les canes se plaisent à barboter dans la fange et qu'elles se nourrissent d'aliments sales, comme de poissons morts et même pourris, de bourbe, d'araignées, de vers et de mouches, de crapauds, de grenouilles et de tripailles.

Comme la couleur ne fait rien à la bonté des canes, il n'y a point d'autre choix à faire que de prendre toujours les plus grosses. On donne à chaque canard huit ou dix canes. Les mâles sont plus gros que les femelles ; ils ont quelques plumes relevées et tournées sur le croupion, à quoi on les distingue, ainsi qu'à leur cou, qui est d'un vert doré et changeant.

Cette volaille se gouverne comme les autres, tant à l'égard de la nourriture que de la manière de les élever. Il faut leur donner à manger comme aux poules, matin et soir, et toujours aux mêmes lieux et heures, afin qu'elles s'y trouvent et ne s'égarent point. Quand elles sont bien nourries, si elles s'envolent le jour, elles reviennent le soir, à moins que quelque malintentionné ne les retienne.

On doit les garantir du renard autant qu'on peut, en les obligeant, par la nourriture qu'on leur jette de temps en temps, de ne point trop s'écarter : on n'en sait pas d'autre moyen. Il faut au reste les enfermer le soir et leur ouvrir la porte de leur toit, ou du poulailler, si elles n'ont point de toit séparé.

Il ne faut, pour engraisser les canes, que les bien nourrir : encore est-ce la volaille de la basse-cour pour la nourriture de laquelle on prend le moins de précaution. On doit surtout prendre garde qu'elles n'aillent dans les étangs et viviers poissonneux, car elles mangeraient tous les petits poissons. Elles aiment fort le pain, l'orge et tout ce qui approche du charnage, car elles sont très carnassières et très voraces. Elles sont très friandes de limaçons et s'en engraissent ; il suffit d'en casser la coquille les premiers jours qu'elles les connaissent. Du son mouillé seulement, et de l'eau pour mouiller leur bec sous une mue ou cage à poulets, suffiront pour les engraisser et en faire un excellent manger.

De la ponte et couvée des Canes

Les œufs de cane sont plus gros que ceux de poule et la coquille en est plus épaisse. Ils sont bons à manger, mais il vaut mieux les mettre couver. On ne saurait trop élever de canes, parce qu'elles font beaucoup de profit et point de dégât. Elles commen-cent ordinairement leur ponte au mois de mars, et elles la continuent de jour en jour jusqu'à la fin de mai, si elles sont bien nourries, et dans un lieu qui leur plaise. Pendant ce temps, on ne doit point les laisser sortir du toit qu'elles n'aient rendu leurs œufs, étant fort en danger de les égarer, si on n'y prend garde. C'est pourquoi on n'ouvre pas leur toit de bonne heure.

Elles ont coutume de couver sur la fin du mois de mars, et celles qui viennent de ces premières couvées sont toujours les meilleures, parce que les chaleurs et l'été contribuent beaucoup à les faire croître ; au lieu que celles qui naissent tard ne deviennent pas aussi fortes, à cause du froid qui survient quand elles sont encore jeunes.

La manière de faire couver les canes est pareille à celle des oies dont on vient de parler ; cependant, on donne plus volontiers les œufs de cane à couver aux poules communes qu'aux canes elles-mêmes, parce que la poule est plus douce, qu'elle couve avec plus d'attache, et qu'elle en couve jusqu'à treize, au lieu que la cane n'en saurait souffrir que six.

On prétend même qu'à cause de son naturel aquatique, les œufs qu'elle couve sont plus exposés à être abandonnés et morfondus que quand ils sont sous une poule.

Telle volaille que ce soit qui les couve, ils y restent un mois entier, car il faut trente et un jours pour faire éclore les canetons. On les élève et on les nourrit comme les poussins. Il y en a qui leur donnent de l'orge et du panis bouillis, du gland et des herbages hachés menu, du marc de raisin, des miettes de pain et des menuailles d'étang, c'est-à-dire des écrevisses, goujons et autres petits poissons. On doit avoir attention de ne les laisser sortir qu'au bout de huit ou dix jours, afin qu'ils soient plus forts, encore ne les laisse-t-on pas aller tout d'un coup avec les vieux canards qui les battraient.

Quand c'est une poule commune qui a couvé les œufs de cane, il ne faut pas être étonné de voir les canetons courir à l'eau aussitôt qu'ils sont éclos, et la poule, surprise elle-même de l'allure de ses petits, aller en gémissant tourner autour de l'eau : il n'y a rien à craindre pour la mère ni pour les petits, il n'y a qu'à avoir soin de les bien nourrir.

La chair du canard est agréable au goût, nourrissante, mais de difficile digestion ; les aiguillettes, la chair de l'estomac et le foie sont les parties les plus estimées. Le canard sauvage, dont il ne s'agit pas ici, a la chair brune et rougeâtre, vit dans les bois et marais, vole beaucoup, nage peu, et est bien plus estimé, plus agréable et plus sain que le domestique.

Dans la saison des canetons, on bat, dans une barque, avec un large filet derrière, les glaïeuls et îlots des étangs et les herbages des marais où les canards sauvages ont l'habitude de pondre et de couver ; on chasse les petits devant, on les enveloppe avec le filet et on les prend, puis on leur brûle à la chandelle les bouts des ailes qui ne font que pointer et on les jette avec les canetons domestiques, parmi lesquels ils s'habituent quand on les nourrit bien.

Des Canards d'Inde

Les canards d'Inde sont des oiseaux plus gros que les canards domestiques : ils n'en ont ni le port, ni la figure, ni la couleur, et ils ne crient point ; les femelles donnent peu d'œufs, et leurs petits sont difficiles à élever. L'espèce des blancs est meilleure que celle des noirs, qui volent et s'écartent beaucoup, et la chair de ces derniers sent le musc.

On donne six femelles à chaque mâle ; mais elles ne produisent guère la première année, comme font les nôtres, quoiqu'elles se plaisent à l'eau vive et qu'à la fin elles s'apprivoisent comme les dernières.

Ce n'est que quand elles sont bien apprivoisées et accoutumées avec les autres qu'elles pondent et couvent ; il est pourtant plus sûr de donner leurs œufs à couver à une poule commune ; elle les fait éclore heureusement au bout d'un mois. Ces canetons, qui sont fort difficiles à élever, ne doivent être nourris d'abord que de miettes de pain blanc détrempées dans du lait caillé : le millet et l'orge bouillis ne leur font pas une aussi bonne nourriture. On doit leur donner toujours beaucoup d'eau, dans laquelle on peut jeter du son pour qu'ils barbotent : il ne les faut laisser aller qu'au bout de quelque temps et à mesure qu'ils se fortifient. Ils ne sont bons à manger que l'hiver, quand ils sont gras; plus. jeunes, la chair en est dure et sans goût.

Nos canards ne se mêlent qu'avec les femelles de leur espèce, mais ceux d'Inde s'accommodent très bien des canes communes : il en vient beaucoup d'œufs, et de ces œufs, des canes bâtardes qui s'élèvent aisément et qui sont des amphibies métis, gros et forts, qui ne ressemblent ni aux canes d'Inde ni aux nôtres.

Ces canes d'Inde et bâtardes sont aussi bonnes et beaucoup plus rares que les nôtres. Le canard domestique ne souffre guère l'indien ; c'est pourquoi on les sépare.

Des Pintades et des Cygnes

Les *Pintades* sont des poules d'Afrique qui viennent assez bien ici; leur chair est bonne à manger. On fait couver leurs œufs à des poules communes. Dès que les pintades sont écloses, il faut les tenir chaudement, les nourrir de jaunes d'œufs durs, de millet, de navette broyée et mêlée avec un peu d'eau. Mais on s'est dégoûté des pintades parce qu'elles battent la volaille. Il faut les avoir seules.

Le *Cygne* est un oiseau amphibie et naturellement sauvage, qui se plaît dans les lieux écartés et dans les lacs et étangs; il a le bec petit, courbé, émoussé au bout, rouge, noir 'auprès de la tête ; il est tout blanc et il a le cou fort long, composé de vingt-huit vertèbres ; ses pieds sont marqués de diverses couleurs, noire, bleue et rouge ; au reste, il ressemble à l'oie et vit fort longtemps.

On ne tire du profit que du duvet, des plumes et de la peau du cygne. On le plume deux fois l'an comme les oies ; son duvet est très estimé : on en remplit des coussins, des oreillers, des traversins et des lits de plumes ; ses grosses plumes servent à écrire et à faire des tuyaux de pinceaux, et on fait de sa peau des fourrures et des houppes à poudrer. Au reste, il n'est recommandable que par sa blancheur, son cou long, et parce qu'il détruit les grenouilles, dont il se nourrit, et dont on n'est que trop souvent incommodé à la campagne. Sa chair est de difficile digestion ; celle des jeunes est assez bonne.

Il 'vit d'herbes, de poissons et de grains.

Il est bon que les cygnes aient leur toit dans un lieu écarté, et que ce toit ne soit point couvert, car ils aiment beaucoup avoir leur liberté; mais il faut prendre garde qu'ils n'aillent dans les blés verts, à cause du grand dégât qu'ils y font; c'est pourquoi on doit avoir peu de ces oiseaux gourmands : trois ou quatre au plus suffisent. De temps en temps, outre ce qu'ils trouvent dans les fossés 'et marécages, on leur donne du grain, des herbes hachées grossièrement et des tripailles. Quoique ces animaux soient sauvages, il y en a beaucoup qui s'accoutument à la basse-cour. En hiver, que tout est gelé, il faut leur donner à manger plus souvent : l'avoine est un mets friand pour eux.

Ils font leurs nids eux-mêmes, ne pondent qu'une fois l'an jusqu'à sept œufs, et couvent eux-mêmes très heureusement pendant quarante jours, sans qu'on fasse autre chose que les bien nourrir et les tenir proprement dans leur toit, parce qu'ils aiment la propreté et qu'ils fientent beaucoup. Leurs œufs sont grands et oblongs, la coque en est fort dure. Rarement y en a-t-il plus de quatre qui réussissent, les autres restent clairs. On nourrit les petits cygnes comme les oisons, avec de l'orge moulue, des croûtes et chapelures trempées et bouillies dans du lait, avec de la laitue coupée par morceaux.

Des Pigeons

Le colombier est la pièce de la basse-cour qui doit rapporter le plus pour la cuisine et pour le maître.

Les pigeons communs sont ou fuyards ou domestiques ; les derniers ne quittent presque point la maison, mais les autres vont chercher leur vie au loin ; ni les uns ni les autres ne perchent sur les arbres, et ils diffèrent par là du ramier, qui est un pigeon sauvage.

De la manière de peupler le colombier

Il faut d'abord bien savoir choisir les pigeons ;

les blancs ne sont pas aussi estimés que les autres,
parce qu'on les croit moins féconds et qu'ils sont en
danger plus que les autres d'être pris par les oiseaux
de proie.

Le pigeon passe pour bon et fécond, quand il est
gris tirant sur le cendré et le noir, et qu'il a les
yeux et les pieds rouges, et le cou d'un jaune couleur d'or.

Les pigeons privés sont moins farouches, quittent
moins le colombier, ne s'écartent pas autant, sont
beaucoup plus gros; mais on achète ces avantages
souvent plus qu'ils ne valent ; car les communs sont
à la vérité plus petits, ne couvent pas aussi souvent et
ne sont jamais aussi dodus que les autres, mais ils se
nourrissent presque toujours eux-mêmes, sans qu'il
en coûte rien à leur maître ; au lieu que les autres
ne sortent jamais, consomment beaucoup de grain
et demandent bien plus de soin. Quoi qu'il en soit,
on n'a qu'à choisir de ces deux espèces ; on peut
même les mêler dans les commencements, afin que
les petits qui en proviennent tiennent de l'un et de
l'autre.

Les pigeons couvent leurs œufs dix-huit jours, le
mâle et la femelle tour à tour dans la journée;
mais pendant toute la nuit, c'est la femelle qui en
est chargée. On tient que le pigeon vit ordinairement huit ans ; qu'il connaît toutes sortes d'oiseaux
de proie, comme il en est connu, et que, lorsqu'il en
est attaqué, la crécerelle vient le défendre, si elle s'y
trouve.

Il n'y a que deux saisons pour peupler le colom-

bier de pigeons fuyards qui ne font que deux couvées par an, qu'on distingue par volée de mars et
volée d'août, qui est la meilleure à cause du grain
que les père et mère apportent en abondance aux
pigeonneaux. Mais en nourrissant bien ceux de
la première volée, ils feront du profit dans la même
année.

Le nombre des pigeons pour garnir le colombier
doit être selon sa grandeur. Pour l'ordinaire, on y
met d'abord quarante ou cinquante paires, qui suffisent, s'ils sont bien nourris, pour le rendre bientôt
peuplé ; au lieu que si on y en met moins, on est
trop longtemps à jouir du plaisir de manger des
pigeonneaux, car on ne doit en tirer aucun du colombier qu'il ne soit garni comme il faut.

Les avis sont partagés sur l'âge que doivent avoir
es pigeons : les uns veulent qu'on les prenne lorsqu'ils ont déjà commencé à faire des petits, et disent,
pour raison, qu'alors ils demeurent attachés au nouveau colombier ; d'autres prétendent qu'il les faut
choisir à l'âge de six mois, et de ceux qui naissent
au mois de mars ; et d'autres sont d'avis qu'on les
prenne plus jeunes. Pour l'ordinaire, on les enlève
de dessous leurs père et mère lorsqu'ils ont quinze
jours ou trois semaines, afin qu'ils ne soient ni trop
forts pour s'en retourner, ni trop faibles pour ne
pouvoir être élevés que par leurs père et mère ; et
on les enferme dans le colombier pendant quinze
autres jours ou trois semaines : il faut avoir soin de
tenir la fenêtre fermée, ou bien les mettre sous des
mues.

Comme on les a pris avant qu'ils ne sachent manger seuls, et qu'ils ne crient ni n'ouvrent le bec pour
avoir leur nourriture, il faut le leur ouvrir et la
leur donner soi-même avec les doigts ou avec un
cornet, ou bien la leur souffler dans la gorge, pour
les obliger à la prendre, afin qu'ils ne meurent pas
de faim ; et pour les accoutumer plus tôt à manger
seuls, on mêle parmi eux des petits poulets qui,
mangeant naturellement d'eux-mêmes, les instrui-
sent par leur exemple.

On prendra la même peine pour leur donner à boire.

Ces jeunes pigeons, ainsi renfermés, doivent être
nourris de millet, de chènevis, de vesce ou de sarrasin. De temps en temps, on leur jettera quelques
poignées de froment, et de temps en temps aussi on
leur donnera du cumin, comme un appât qui les
attache à leur première demeure pour toujours. On
doit avoir soin de les nourrir ainsi pendant quinze
jours ou trois semaines, jusqu'à ce qu'on voie qu'ils
se repaissent eux-mêmes ; alors il est temps de leur
donner la liberté, en leur ouvrant le colombier, pour
aller chercher à vivre.

Ce n'est pas tout que de le leur ouvrir et de leur
donner tout d'un coup l'essor, il est un certain temps
et une certaine heure qu'il faut observer, pour faire
que dès leur première sortie ils ne s'écartent pas
trop ; car, ne connaissant encore que peu leur
gîte, ils pourraient se réfugier ailleurs et ne plus
revenir.

Pour éviter cet inconvénient, il faut, lorsqu'on
veut les lâcher, choisir un jour obscur et pluvieux,

et ne leur ouvrir le colombier que sur les quatre heures après midi, afin que, craignant naturellement d'être mouillés, et sentant bientôt que l'heure du repos et la nuit approchent, ils ne s'éloignent pas et se retirent bien vite.

L'expérience démontre tous les jours que, ménageant ainsi les premières sorties de ces oiseaux, ils ne font que voltiger autour du colombier, comme s'ils n'avaient dessein d'abord que de connaître l'air et le terrain, ce qui dure jusqu'à la nuit, qu'ils se renferment.

Il ne faut pas pourtant être surpris si, dans les commencements, il y a quelques-uns de ces pigeons qui s'égarent ; mais au bout de deux ou trois jours ils ne manquent pas de revenir au gîte. Il y en a qui ne donnent la liberté à leurs nouveaux pigeons que lorsqu'ils ont des petits, ou du moins lorsqu'ils couvent.

D'autres, pour empêcher qu'ils ne disparaissent sans retour, leur arrachent les maîtresses plumes des ailes avant que de leur permettre de sortir, afin que, ne volant que faiblement, ils ne puissent s'éloigner du colombier, et que par conséquent ils s'y habituent pour ne plus le quitter.

Le meilleur moyen, pour les y accoutumer comme il faut, c'est de les bien nourrir dans les commencements.

Pour bien laisser garnir le colombier, on ne doit point y prendre aucuns pigeonneaux, comme il a été dit ci-dessus, la première année, ni même aucun de ceux de la volée du mois de juillet de l'année suivante ; après ce temps, on peut en vendre et en manger autant qu'on le juge à propos.

Des Pigeons communs ou fuyards

Ces pigeonneaux élevés ainsi et accoutumés au colombier, vont avec les autres chercher leur vie aux champs ; ils se nourrissent tous de toutes sortes de grains et d'ivraie, et mieux ils sont nourris, plus ils sont gras et rapportent de profit.

Il ne faut pas leur donner à manger à la maison lorsqu'ils trouvent leur vie dans la campagne ; mais il est aussi préjudiciable de ne leur en point donner quand ils n'y rencontrent plus rien.

On doit commencer à leur donner de la nourriture depuis la mi-novembre jusqu'à la fin de février, qui est le temps qu'on sème les menus grains, et depuis le commencement d'avril jusqu'à la mi-juin : pour lors les blés peuvent leur fournir de la nourriture en campagne jusqu'à ce qu'il soit temps de recommencer à leur en jeter.

On les nourrit ordinairement de sarrasin, de vesce et de toutes sortes de grains, même de criblures ; ainsi il faut faire une provision de grains suffisante pour le nombre de pigeons qu'on a. On se sert ordinairement du sarrasin et de la vesce, parce qu'ils ne sont pas chers et qu'ils viennent aisément. L'ivraie leur est très bonne, et ils l'aiment beaucoup, aussi bien que le chènevis qui a le privilége de les retenir dans leur colombier lorsqu'on leur en jette. Ils mangent aussi des pois, des fèves et du gland concassé ; on en fait amas pour les en nourrir l'hiver ; on leur donne aussi pendant cette saison, de temps en temps, du marc de raisin criblé. Il y en a qui ne leur donnent que les pepins qui ont été criblés; on prétend que cette nourriture, quoique bonne, les empêche de pondre pendant cette rude saison, ou leurs œufs courraient risque d'être perdus, parce qu'alors les couvées ou les pigeonneaux viennent rarement à bien.

Le lieu qu'on choisit pour donner à manger aux pigeons doit être près du colombier, uni et tenu proprement ; on les y fait venir en les sifflant pendant qu'on leur jette la nourriture.

C'est le matin et le soir qu'on leur donne à manger, et jamais à midi, parce qu'ils ont coutume de dormir à cette heure, ce qui fait profiter leur nourriture.

Il ne faut pourtant pas que les heures des repas soient toujours les mêmes, afin d'éviter que les pigeons voisins ne viennent dérober la nourriture des vôtres, ce qu'ils ne manqueraient pas de faire, si elle leur était toujours donnée aux mêmes heures. On doit donc la leur donner tantôt plus tôt, tantôt plus tard, et surtout avoir soin de les bien nourrir pendant cette saison stérile, de peur qu'ils n'aillent pour toujours chercher à vivre ailleurs. Au reste, le plus sûr moyen pour retenir les pigeons, c'est, comme il a été dit, de les bien nourrir, et de tenir le colombier bien net.

Pour nettoyer le colombier

Comme il n'y a guère d'animaux qui veuillent être tenus plus proprement que les pigeons, on doit nettoyer le pigeonnier quatre fois l'année : la première fois au commencement de l'hiver ; la seconde après l'hiver, et avant que ces oiseaux n'aient commencé leur ponte ; la troisième fois après leur première volée, et la quatrième quand la seconde est passée ; car on ne doit jamais troubler les pigeons fuyards quand ils couvent : cela les effarouche jusqu'à quitter quelquefois leurs œufs pour n'y plus revenir. Le fumier qu'on en ôte doit être remué le plus doucement qu'il est possible, de peur que la poussière, qui nuit à la production des pigeons, ne vole en trop grande abondance sur les œufs qui sont dans les nids. Il faut se presser quand on le nettoie, de crainte que ces œufs, qui peuvent être à la couvée, ne se refroidissent.

Il faut aussi ôter toutes les saletés qu'il y a dans les nids, toutes les fois qu'on prend les pigeonneaux qui y sont, et jeter dehors tous les pigeons qu'on y trouve morts ou languissants, parce qu'ils peuvent infecter le colombier.

On trouve quelquefois des pigeonneaux qui sont tombés de leurs nids ; pour lors, il faut les ramasser pour les y remettre, sans en espérer néanmoins une bonne issue, le pigeon abandonnant naturellement ses petits lorsqu'on les a maniés ; ainsi, on doit

s'abstenir autant qu'on le peut de cette curiosité
dangereuse.

Le moyen de préserver les Pigeons de maladies

Le pigeon a l'odorat fin, et son sang ne se purifie
jamais mieux que lorsqu'il reçoit quelque fumée de
bonne odeur : c'est pourquoi on parfume souvent le
colombier.

Ce qu'on y brûle est tantôt de l'encens, du benjoin
ou du storax, ou bien des herbes odoriférantes,
comme du thym, de la lavande, du romarin et quelquefois du bois de genièvre, et tant d'autres choses
qui ont de l'odeur.

De la manière de purger le colombier des vieux Pigeons

Le pigeon donne des fruits dans son jeune âge, et
lorsqu'il est vieux, il empêche les autres d'en donner, ou détruit les petits : du moins c'est ce qu'assez
de gens s'imaginent, quoiqu'on voie tous les jours
des colombiers très bien garnis, et qu'on n'y fasse
nulle attention sur le nombre des vieux. On a remarqué que les jeunes pigeons privés et les vieux
sont plus sujets à se battre et à se détourner les
uns des autres. Quoi qu'il en soit, il est certain que
les vieux pigeons qui ont sept ans couvent beaucoup

moins que les jeunes ; ils ne sont même bien féconds
que les quatre premières années, et au delà ils ne
font que détruire et empêcher le profit que les jeunes pourraient faire. La difficulté est de les connaître,
et pour y parvenir, on croit qu'il n'y a pas de moyen
plus sûr que le suivant :

Dès le commencement qu'on met des pigeons dans
un colombier pour le garnir, il faut, en les y jetant,
leur couper à chacun, avec des ciseaux, la moitié
d'une des griffes seulement, et marquer le temps
auquel on le fait ; puis l'année suivante à pareil
temps, lorsque les pigeons sont tous retirés dans le
colombier, après que tout y a été fermé et qu'on n'y
voit plus goutte, deux hommes s'y introduisent sans
bruit avec une lanterne sourde qui ne donne de la
lueur qu'autant qu'il en faut pour visiter un nid :
l'un de ces hommes tient la lanterne pour éclairer
l'autre qui prend généralement tous les pigeons dans
leurs nids, sans en oublier aucun, pour leur couper
une seconde fois la moitié d'une griffe d'un autre
pied ; et ainsi successivement tous les ans, jusqu'à ce
qu'on les ait marqués quatre fois, sans craindre que
cette visite épouvante les pigeons dans le colombier,
au point de n'y plus rentrer.

La quatrième année passée, on entre dans le colombier de la même manière qu'on a dit, excepté
seulement qu'on porte avec soi deux cages qu'on
juge suffisantes pour pouvoir contenir tous les pigeons de ce colombier ; dans l'une on met tous ceux
qui ont quatre marques, pour être ensuite envoyés
au marché ou à la cuisine, et dans l'autre ceux

qu'on connaît par ces marques n'avoir pas encore atteint l'âge de quatre ans, et devoir par conséquent être conservés.

Des Pigeons privés ou de volière

Les pigeons privés, autrement dits pigeons de volière, ne diffèrent en rien des autres quant à la nourriture, mais bien à l'égard de leur grosseur et de leur fécondité; car ils sont beaucoup plus gros et plus féconds, et font des petits presque tous les mois, même en hiver, quand ils sont bien nourris.

Il y en a de plusieurs espèces. Les *Mondains* sont de gros pigeons blancs ou noirs et blancs, ou presque tout gris mêlé de blanc; les *Jacobins* ont comme une robe noire qui leur couvre le dos, et l'estomac tout blanc; les *Polonais* ont les yeux bordés de rouge ; les *Bédorés* ont le bec et les pattes jaunes comme de l'or ; les pigeons *à queue de paon* sont ainsi nommés parce qu'ils lèvent et étalent leur queue comme font les paons ; les pigeons *à grosse gorge* ont un jabot extrêmement gros qui leur tombe sur l'estomac ; les pigeons *pattés* ou *pattus* ont de grosses pattes couvertes de plumes qui leur descendent en forme de bottes jusque sur les pieds ; les pigeons *Nonet* sont petits ; les *frisés* ont les plumes comme le poil d'un barbet, et sont d'un tempérament très délicat ; les pigeons *heurtés,* les *Suisses,* ceux d'*Espagne,* ceux de couleur *soupe au lait,* et quelques autres, sont aussi fort estimés par les curieux.

Quand on veut nourrir de ces espèces de pigeons, il faut en choisir qui aient l'œil éveillé, plein de feu, et la démarche fière. A l'égard des mâles, on doit les prendre beaux et bien forts ; il faut qu'ils aient le vol raide, ce qu'on éprouve en leur étendant les ailes et en les leur agitant : si ces parties sont faibles dans ce mouvement, c'est une marque d'un mauvais tempérament. On doit encore prendre les pigeons en bon corps ; car lorsqu'ils sont maigres, ils ne sont chose qui vaille et ne rendent aucun profit.

Les *mondains* sont ceux qui apportent le plus de profit, et qu'on doit nourrir en plus grande abondance, pourvu qu'on les ait choisis beaux et forts. Il ne faut pas mettre dans une volière ni plus ni moins de femelles que de mâles ; car ceux-ci se battraient pour avoir les femelles, qu'ils détournent de pondre, ce qui rend les pigeons privés très fautifs, quand on en veut élever pour peupler la volière. Les soins en sont grands et la nourriture coûteuse, ce qui fait préférer les bisets. On laisse les privés aux curieux.

On doit bâtir la volière en un endroit où le chaud et le froid ne se fassent point trop sentir : elle doit être claire et avoir ses jours du côté du levant ou du midi.

On la bâtit toujours carrément. soit de charpentes ou de moellons, et le dedans doit avoir ses nids ou ses boulins de figure carrée et engagés dans le mur, hauts et larges d'un pied, et assez profonds pour y pouvoir asseoir un pigeon à l'aise lorsqu'il couve. Quelques-uns se servent de terrines ordinaires ou de plâtre ; d'autres n'ont que des paniers d'osier qu'ils attachent contre le mur, où les pigeons font aussi bien leur devoir que dans des boulins faits avec le plus d'art. On ne met rien dans le fond des nids, parce que ces oiseaux prennent soin eux-mêmes de les garnir quand ils veulent pondre.

Les volières se font souvent dans des greniers ou galetas, sous les appentis des portes, et en d'autres endroits de cette sorte ; car il suffit qu'il y ait des pigeons dedans pour être appelées volières ou fuies. On doit préférer celles qui sont isolées ou détachées des bâtiments, à cause des punaises que les pigeons, qui y sont fort sujets, y répandent.

On donne la même liberté à ces pigeons qu'aux autres, sans craindre qu'ils s'écartent beaucoup de la cour : plus ils sont nourris, moins ils sortent, et, conséquemment, ils deviennent plus fertiles.

Quand on commence à peupler une volière, il faut faire accoupler à part les pigeons qu'on y veut mettre ; pour cela on enferme dans un petit endroit un mâle et une femelle ensemble pendant douze ou quinze jours, et on ne les y laisse point manquer de nourriture, qui est ordinairement de l'avoine, de la vesce, du sarrasin, de l'orge et souvent du chènevis, afin de les échauffer, et proche d'eux on a soin de leur tenir toujours de l'eau claire.

On leur donne ordinairement la mangeaille dans une trémie, qui est une boîte composée d'un fond avec des rebords, et d'un corps en dos d'âne, au haut duquel il y a un couvercle qu'on ouvre et qu'on ferme, et par là on met le grain, qui tombe peu à peu dans le fond de la trémie, à mesure que les pigeons le mangent ; ainsi le grain est toujours fort net, et il ne s'en perd point parmi les ordures et les plumes dont la volière est souvent remplie.

Il y a des trémies de plusieurs façons : des pyramides et des longues ; c'est au choix de celui qui veut s'en servir de les prendre comme il le souhaite.

On doit observer, surtout lorsque les pigeons couvent pendant l'hiver, de ne les point laisser sans eau dans leur volière, et même il faut la renouveler souvent, à cause du froid qui la pourrait glacer ou à cause des vilenies qui la rendraient puante.

Il est nécessaire, ainsi qu'on l'a dit du colombier, de balayer souvent la volière et de nettoyer les nids qui sont dedans, pour en ôter ensuite tout le fumier : il y engendrerait de la vermine, et il sert pour fumer les prés ou la chènevière. Si on s'aperçoit qu'il y ait des pigeons qui battent les autres, il faut s'en défaire ou les manger ; car c'est une marque que ces pigeons sont vieux et ne sont plus propres à rien. Outre la nourriture qu'on jette dehors, supposé qu'on ne se serve point de trémie, il est bon, de temps en temps, de leur donner à manger dans la volière.

Il n'est rien qui apporte plus de profit que ces pigeons : en quarante jours, la femelle conçoit, pond, couve et nourrit ses petits. Les jeunes pigeons commencent à pondre à six mois et donnent des œufs quatre ou cinq fois l'année, et quelquefois jusqu'à six, lorsqu'ils sont bien nourris.

De la ponte des Pigeons

Comme il y a des pigeons de volière qui ne sortent jamais, il faut, dans le temps qu'ils veulent pondre, avoir soin de mettre de la paille dans leur volière pour qu'ils fassent leurs nids. L'eau ne doit pas y manquer, ainsi qu'il est dit ci-devant, et doit toujours y être bien nette; pour cela, il n'y a qu'à leur en changer souvent et la leur mettre dans de grands baquets, dont les bords seront élevés de quatre doigts, afin que les pigeons puissent s'y baigner: c'est ce qu'ils aiment beaucoup; ainsi il ne faut pas les gêner.

Il y en a qui, pour avoir des pigeonneaux de bonne heure, leur donnent à manger des lentilles cuites dans du gros vin. Un peu de chènevis, de temps en temps, est aussi très salutaire aux pigeons de volière, surtout en hiver; car, comme ils pondent presque tous les mois, ce grain, qui les échauffe, y contribue beaucoup et les excite à couver pendant le froid; ils ne pondent guère passé quatre ans; alors on s'en défait.

Les nids de pigeons doivent être très soigneusement nettoyés après l'incubation de chaque pigeon, car sans ce soin, les puces, les mites et les punaises surtout s'y mettent, principalement durant l'été, et cette vermine incommode tellement les couveuses qu'elles en deviennent maigres, et que souvent elles abandonnent leurs œufs.

NEUVIÈME PARTIE

DES LAPINS DOMESTIQUES

Des soins à leur donner et de leur nourriture

Les lapins n'ont pas moins d'importance que toutes les volailles de la basse-cour, car ils peuplent beaucoup et sont d'un grand produit.

Ils se nourrissent de tout ce qu'on leur présente, soit foin, fruits, plantes potagères, herbes, son, avoine, etc., etc. Il faut aussi leur donner du foin pendant l'hiver, à cause de la stérilité de la saison.

Si les lapins manquent de nourriture pendant trois ou quatre jours, ils maigrissent à l'excès pendant l'hiver, et la première portée, la plus hâtive et la plus productive, en sera considérablement retardée. Le meilleur fourrage à leur donner est le regain de luzerne et de trèfle.

Les renards et autres bêtes carnassières, les chats, tant domestiques que sauvages, sont tous grands destructeurs de lapins, et ce n'est qu'à force de leur tendre des piéges et de les chasser qu'on peut les en préserver.

Généralement les lapins entrent en amour à six mois ; ils font des petits tous les mois, et les femelles portent trente jours, font jusqu'à six petits et quelquefois davantage.

Enfin, si on s'aperçoit que les lapins deviennent malades, il faut leur donner pour nourriture ce qui suit :

La graine de lin mélangée de seigle, accompagnée de foin haché, faire bouillir ces substances et y ajouter un peu de sel : tels sont les moyens les plus efficaces pour prévenir la mortalité de ces bêtes, si utiles et si productives.

DIXIÈME PARTIE

DE LA CONNAISSANCE DES PLANTES
MÉDICINALES

LES PLUS FAMILIÈRES A EMPLOYER DANS UNE INFINITÉ D'ACCIDENTS ET DE MALADIES

Arrangement des plantes

Il est à propos de disposer ses jardins, de façon qu'on en ait un particulier, dans lequel on ne mettra que des herbes médicinales, dont on tâchera d'acquérir la connaissance et dont on se servira au besoin. On trouvera dans ce Traité la manière de les cultiver, leur dose et la manière de les employer.

On pourra disposer ce jardin par planches, comme celui à fleurs, avec des plates-bandes autour des murs pour pouvoir y arranger les différences de plantes qu'on voudra y mettre, suivant leur genre et suivant les différentes expositions qu'elles demanderont.

Il est bon de les classer et ranger avec ordre dans les planches ou plates-bandes du jardin botanique, de façon que celles qui ont les mêmes vertus se trouvent ensemble et non dispersées, car on ne pourrait s'y reconnaître.

Les plantes doivent se diviser comme il suit :

1° Les *alexitères* et *cordiales*. *Alexitère* signifie qui résiste au venin et à la malignité. Tels sont ici l'ail, la fraxinelle, dompte-venin, alleluia, citron, orange, agripaume, etc. Nous ne parlons pas des plantes étrangères qui ne s'élèvent point ici, ou dont on ne cultive quelques-unes qu'avec des soins infinis ;

2° Les *antiscorbutiques*, comme le cochléaria, le cresson, la bette, la capucine, la passe-rage, etc. ;

3° Les *apéritives* et *diurétiques*, ou qui sont propres à procurer l'évacuation de la sérosité superflue du sang par la voie des urètres et des urines. Telles y sont propres la chicorée sauvage, le pissenlit, l'oseille, la patience, le fraisier, l'alkekange, l'ache, le persil, l'asperge, le fenouil, l'arrête-bœuf, la garance, le chiendent, oignon, poireau, pavot, genêt, artichaut, chervis, etc. ;

4° Les *aromatiques* et *céphaliques*, propres aux maladies de la tête, comme la bétoine, le muguet, la fleur de tilleul, la pivoine, le gui de chêne, le caille-lait, le basilic, le calament, le thym, le serpolet, la sauge, la lavande, l'hysope, la marjolaine, la digitale, etc. ;

5° Les *béchiques* ou *pectorales* apaisent la toux et procurent l'évacuation des humeurs pernicieuses, grossières et épaisses. Le capillaire, la pulmonaire, la réglisse, le pas-d'âne, le napet, la bourrache et la buglose, l'aunée, le lierre terrestre, etc. ;

6° *Carminatives* et *chaudes*, pour les indigestions, chasser les vents, guérir les maux d'estomac : l'anis, le mélilot, la camomille, etc. ;

7° *Diaphorétiques* et *sudorifiques :* la reine des prés, la scorsonère, la scabieuse, l'angélique, l'impératoire, le buis, etc. ;

8° *Emollientes,* pour amollir, adoucir et relâcher la trop grande tension des fibres : la manne, guimauve, violette, mercuriale, pariétaire, seneçon, poirée, acanthe, berce, bouillon-blanc, lin, linaire, lis, etc. ;

9° *Epaississantes* et *rafraîchissantes,* pour calmer, adoucir l'âcreté des humeurs et modérer leur activité : citrouilles, concombres, courge, melon, laitue, laiteron, pourpier, chicorée sauvage, joubarbe, nénufar, mâche, cynoglosse, etc. ;

10° *Errhines* ou *sternutatoires :* le tabac et la graine de tabac en poudre ;

11° *Fébrifuges :* la gentiane, petite centaurée, germandrée, benoîte, argentine, bourse-à-pasteur, etc. ;

12° *Hépatiques* et *spléniques,* propres aux maladies du foie et de la rate : l'aigremoine, l'aupatoire d'Avicène, la scolopendre, la polipode, la fougère, la fumeterre, le houblon, la serpentaire, le cerfeuil, etc. ;

13° *Hystériques* ou *emménagogues,* propres à rétablir les évacuations naturelles au sexe : l'aristoloche, l'armoise, mélisse, la rue, la sabine, le souci, la valériane, la marrube, le safran, l'agnus castus, etc. ;

14º *Narcotiques, anodines* et *assoupissantes :* les remèdes anodins calment les douleurs ; les narcotiques diffèrent de ce qu'ils sont la plupart dangereux, et souvent de vrais poisons pris intérieurement. Plusieurs plantes émollientes sont anodines, ainsi que la plupart des rafraîchissantes, en ce qu'elles apaisent l'inflammation et le mouvement précipité des liqueurs ; elles peuvent devenir en cela quelquefois assoupissantes. Mais entre les narcotiques, l'opium même cause des rêveries fatigantes ; et les autres, la jusquiame, la ciguë, la mandragore et le stramonium ou pomme épineuse, ne doivent jamais être pris intérieurement ;

15º *Ophthalmiques,* ou propres aux maladies des yeux. Celles dont on se sert sont l'eufraise, la verveine, le barbeau ou bluet, *cyanus,* la bruyère, le trèfle, etc. ;

16º *Purgatives :* le nerprun, la rose pâle et la rose muscade, la flambe ou iris, la couleuvrée, l'yèble, l'agaric, le cabaret, les ellébores, le noir et le blanc, etc. ;

17º *Résolutives :* la scrophulaire, petite chélidoine, petit liset, et le seigle, etc. ;

18º *Stomachiques* et *vermifuges :* absinthe, aurone, baume, cupatoire, tanaisie, etc. ;

19º *Vulnéraires apéritives,* qui ont la propriété d'emporter les obstructions, pousser le sable et les matières glaireuses par la voie des urines : la véronique, verge d'or, millepertuis, ivette, pimprenelle, etc. ;

20º *Vulnéraires astringentes :* la brugle, la brunelle, la sauvèle, la pervenche, la mille-feuilles, la renouée, la grande consoude, l'orpin, l'amaranthe, le plantain, la quintefeuille, la tormentille, la bistorte, l'ortie, l'épi des prés, etc.;

21° *Vulnéraires détersives :* la persicaire, la ronce, etc.

Des simples par ordre alphabétique, et de leurs vertus particulières

ABSINTHE. — Vient de semence et de plant enraciné : on la lève ordinairement au mois d'octobre, pour en ôter le peuple, et pour le replanter aussitôt en bonne terre labourée, et en belle exposition ; on la sème en février et mars.

On se sert de quatre espèces d'absinthe. La première est la grande absinthe commune ; la seconde est l'absinthe pontée à petites feuilles blanches ; la troisième est l'absinthe maritime ; la quatrième l'absinthe d'Alexandrie. Les feuilles et les sommités de ces quatre espèces sont en usage en décoction ou en infusion, à la manière du thé, dans les maladies de l'estomac et dans les fièvres intermittentes. On s'en sert aussi dans les affections de la rate, dans le défaut d'appétit, dans la jaunisse, le scorbut et pour chasser les vers. Le sel d'absinthe, pris au poids de 40 grammes dans un peu de sirop de limon, est un excellent remède pour arrêter le vomissement. On emploie aussi l'absinthe en poudre dans les cataplasmes résolutifs : c'est même un excellent vulnéraire.

Acanthe ou branche ursine. — Vient en toute terre, sans beaucoup de culture. On la multiplie de semence, en mars, et de plant enraciné en octobre. On aura soin de lever de terre cette plante tous les ans, pour en ôter le peuple, qui est capable de perdre un jardin.

Les feuilles de cette plante s'emploient ordinairement dans les décoctions et fomentations émollientes. Elle est vulnéraire et détersive, propre pour modérer le cours de. ventre. Elle est aussi propre au crachement de sang, dans la pulmonie et dans les blessures internes causées par quelque coup ou chute.

Ache. — Cette plante est apéritive, fébrifuge et antiscorbutique. On en fait une conserve avec les sommités et le sucre, que l'on estime pour les maux de poitrine, pour pousser les mois et les urines. L'eau distillée de cette plante est excellente pour les maux des yeux, et pour déterger les ulcères invétérés. Dans la trop grande abondance de lait, on applique sur les mamelles des nouvelles accouchées des feuilles d'ache en forme de cataplasme. On fait aussi un onguent avec cette plante qui modifie les plaies.

Agaric. — Le seul qui soit propre à être pris intérieurement est celui qui naît sur le tronc du mélèze. On l'emploie en infusion dans l'eau depuis 8 grammes jusqu'à 16 grammes, et en substance depuis 4 grammes jusqu'à 8 grammes : comme c'est un purgatif très âcre, on le corrige avec le gingembre, la cannelle ou quelque autre drogue aromatique, ou bien avec quelque sèl fixe. On ordonne ordinairement les trochiques, qu'on prépare avec l'agaric et le gingembre ; leur dose est depuis 1 gramme jusqu'à 2 grammes dans les maladies rebelles et dans les obstructions des viscères. L'agaric convient assez aux personnes sujettes aux catarrhes et aux fluxions dans la tête ; il est propre à dissoudre les humeurs épaisses et arrêtées dans les glandes et dans les artères ; aussi l'emploie-t-on avec succès dans les maladies du foie, de la rate, du mésentère, dans la jaunisse, les vents, l'asthme humide, la goutte sciatique, le rhumatisme, la rétention d'urine causée par des glaires, et dans la suppression des règles. L'agaric est dangereux aux femmes grosses et à ceux qui sont sujets aux hémorrhagies. On tire de l'agaric un extrait qu'on donne à 1 scrupule, et une résine qui se prend jusqu'à 60 grammes. Il entre dans plusieurs compositions purgatives.

Agnus castus. — On se sert de sa feuille, de sa fleur, et principalement de sa semence, pour résoudre, pour atténuer, pour exciter l'urine, pour amollir les duretés de la rate, et pour chasser les vents. On en prend en poudre et en décoction : on l'applique aussi extérieurement.

Agripaume. — Vient sans culture dans les lieux incultes et raboteux. Elle se multiplie de semence et de plant enraciné en mars.

Cette plante est très efficace pour les affections du cœur. On l'emploie ordinairement en décoction ou en tisane. Elle est apéritive et propre pour provoquer les mois des femmes ; c'est aussi un excellent diurétique. Le jus exprimé de cette plante se donne avec succès, de 64 à 95 grammes, aux enfants qui ont des vers.

AIGREMOINE. — Se plaît dans les terrains pierreux, secs et incultes, sans culture. On la multiplie de semence et de plant enraciné en mars.

On emploie l'aigremoine dans les tisanes et dans les décoctions, dans les bouillons et dans les potions apéritives, rafraîchissantes et vulnéraires. Elle est propre à résoudre les tumeurs des bourses, et des autres parties où il y a inflammation. On s'en sert dans le crachement de sang et dans la dyssenterie, à la manière du thé. Sa décoction est spécifique dans les maux de gorge, en forme de gargarisme. On y ajoute l'orge, le sirop de mûres et le tartre vitriolé, ou le jus de citron ; le tout mêlé ensemble, mettant le sirop de mûres et le jus de citron dans la décoction d'aigremoine et d'orge, le tout battu ensemble. Quand il y a inflammation, il faut saigner d'abord.

AIL. — Beaucoup de gens regardent l'ail comme un préservatif universel, et le préfèrent à l'orviétan, la thériaque, le mithridate et autres compositions de cette nature. En effet, c'est un très bon cordial, très capable de résister au venin et au scorbut, tant

pour les hommes que pour les bêtes. Plusieurs le
mêlent avec les aliments dans les ragoûts pour
aiguiser l'appétit et chauffer l'estomac. On s'en sert
en lavement dans la colique venteuse et bouilli dans
le lait, pour pousser les urines et le gravier. Lorsqu'on le mange cru, rien n'empêche mieux l'haleine
d'en être infectée, que de manger ensuite un peu de
racine de persil, ou de racine de poirée cuite sous la
cendre.

ALCÉE, plante médicinale. — Se plaît dans les
prairies et lieux gras, ne demande pas de culture,
et se multiplie de plant enraciné et de semence. La
racine bue dans du vin guérit les dyssenteries et la
colique.

ALKÉKENGE OU COQUERET. — Veut être planté en
bonne terre, bien cultivé ; on l'arrosera souvent
pour qu'il porte beaucoup de fruits. On le multiplie
de semence et de plant enraciné en mars.

On ne se sert que des fruits de cette plante ; c'est
un excellent apéritif dans la rétention d'urine et
dans l'hydropisie. On écrase trois ou quatre de ces
fruits, qu'on fait avaler dans un verre de vin blanc
dans l'une ou dans l'autre de ces maladies. La même
quantité prise dans le petit-lait, ou dans les amandes, orgeats ou émulsions, est un excellent remède
dans la colique néphrétique.

ALLELUIA OU PAIN A COUCOU. — On emploie toute
la plante par poignées dans les tisanes et les infu-

sions propres à modérer la trop violente fermentation du sang : on la préfère à l'oseille pour le bouillon des malades, dans les fièvres malignes et ardentes,
dans lesquelles le cerveau est menacé d'inflammation et attaqué par le délire ; elle est propre lorsque
la langue est noire et sèche, et que les saignements
de nez fréquents marquent la dissolution du sang
par un air volatil trop exalté. L'alleluia ou son eau
distillée est employée avec succès dans ces circons-
tances ; elle apaise la soif excessive des malades et
tempère les ardeurs de la fièvre ; on l'ordonne en
julep depuis 1 hectogramme 25 grammes jusqu'à
1 hectogramme 90 grammes, avec 32 grammes de
sirop de limon ; ou bien on met une poignée de feuilles
fraîches infuser dans un bouillon de veau ; toute la
plante macérée dans de l'eau tiède lui communique
une saveur agréable si on y ajoute un peu de sucre.
On en fait un sirop et une conserve très utile dans
les mêmes maladies. Cette plante est aussi apéritive
et hépatique ; on s'en sert avec succès dans les maladies du foie et des reins, lorsque ces viscères sont
menacés d'inflammation, et qu'il commence à se former quelque obstruction dans leurs glandes.

AMARANTHE. — La fleur d'amaranthe prise en
breuvage soulage ceux qui sont tourmentés du mal
de ventre et du flux de sang, et arrête les mois et
flueurs des femmes. Elle est astringente, réfrigéra-
tive et dessiccative.

ANCOLIE. — Cette plante est apéritive, diurétique,

sudorifique, détersive et antiscorbutique. 4 grammes de la poudre de sa racine, pris dans du vin, apaise la colique néphrétique, 4 grammes de sa graine mise en poudre, mêlée avec un peu de safran, et délayée dans un verre de vin, est très utile dans la jaunisse. La teinture de ses fleurs, tirée avec de l'esprit-de-vin, est excellente pour bien nettoyer la bouche et affermir les gencives.

ANETH. — Est une plante qui est assez semblable par ses feuilles au fenouil, et leurs propriétés sont à peu près les mêmes. Elle vient mieux de semence que de plant, demande un endroit tiède et peu sujet aux froids, et veut être souvent arrosée.

La racine de cette plante est diurétique et provoque l'urine ; sa semence, qui est chaude et dessiccative, excite aussi l'urine, chasse les vents. adoucit le hoquet, aide à la digestion, et fait venir le lait aux nourrices; ses feuilles, qui sont résolutives, appliquées extérieurement, avancent la suppuration des tumeurs.

ANGÉLIQUE. — Veut être plantée en terre grasse et en belle exposition. On la multiplie de semence et de plant enraciné. On aura soin de la lever de terre en octobre, pour en ôter le peuple qui trace beaucoup, et qui en emplirait un jardin.

La racine de cette plante est estimée souveraine contre les maladies pestilentielles : elle est sudorifique, cordiale, propre dans les fièvres malignes, petite vérole, pourpre et autres maladies contagieu-

ses. On met environ 64 grammes de sa racine desséchée bouillir dans trois litres d'eau, et on la donne
par verrées à boire aux malades.

ANIS. — Sa semence est chaude et dessiccative ;
plus elle est fraîche, plus elle est douce. Elle est cordiale, stomacale, pectorale, carminative et digestive;
elle est bonne aux nourrices pour leur faire avoir
quantité de lait; elle apaise les coliques, chasse les
vents, aide la digestion et empêche les crudités :
plusieurs personnes en prennent après le repas, surtout de celle qui est en dragée et couverte de sucre·
On en fait prendre 2 centigrammes aux enfants pour
purger doucement par haut et par bas les ordures
de ventricule et des intestins. On tire l'huile d'anis
par expression ou par distillation : elles sont excellentes l'une et l'autre pour la colique venteuse et
pour faire cracher les asthmatiques. On en met
jusqu'à dix gouttes dans un verre de quelque liqueur
convenable.

ARGENTINE. — Se plaît dans les lieux frais, gras
et aquatiques, comme le long des rivières, des ruis-
seaux d'eau vive et des mares. Elle se multiplie de
plant enraciné en mars.

L'eau distillée de cette plante s'est acquis une
excellente réputation chez les dames, qui s'en servent pour se nettoyer et s'embellir la peau. Cette
eau est excellente pour la chassie et pour les ulcères des yeux. On se sert ordinairement de cette
plante en décoction et dans les bouillons contre la

flèvre, le flux de sang, les hémorrhagies, les inflammations des reins et de la vessie, et par conséquent on l'ordonne dans les difficultés d'urine.

Aristoloche. — Vient en toute terre plus que l'on ne veut, sans soin et sans culture. Elle se multiplie de plant enraciné en mars.

On emploie de deux sortes d'aristoloche, savoir : celle qui a la racine longue et celle qui est ronde. On ne se sert même que des racines de cette plante. La ronde est la plus estimée. L'aristoloche est propre pour les maladies du cerveau, du foie et du poumon, pour pousser les mois et les vidanges après l'enfantement. Elle facilite l'expectoration et le crachat dans l'asthme et provoque l'urine ; on l'ordonne en substance, en poudre, jusqu'à 8 grammes et jusqu'à 16 grammes en infusion.

Armoise. — Vient dans les lieux secs et pierreux sans beaucoup de culture. On la multiplie de semence et de plant enraciné en mars.

Cette plante est détersive, vulnéraire, apéritive, hystérique, fortifiante, propre pour les maladies de la matrice et de la vessie.

On se sert des feuilles et des fleurs d'armoise à la manière du thé, contre les vapeurs, la jaunisse et la suppression des règles. On en compose un sirop qu'on donne jusqu'à 32 grammes dans les potions hystériques et apéritives. L'eau distillée mêlée avec égale quantité d'esprit-de-vin, d'eau de frai de grenouilles, dessèche et guérit toutes sortes de dartres.

Arrète-Bœuf. — Vient et croît en toute terre sans culture, et se multiplie de rejetons enracinés en septembre.

Cette plante est apéritive et diurétique. On ordonne ses racines dans les tisanes, dans les bouillons et dans les apozèmes. Toutes ses préparations sont excellentes pour la jaunisse, pour la suppression des mois et pour les hémorrhoïdes enflammées. On fait boire dans un verre de vin blanc 8 grammes de racine de cette plante pour la colique néphrétique : la décoction de toute la plante est détersive; on s'en sert dans le scorbut.

Asperge. — La plante aussi bien que les racines poussent les urines, et lèvent les obstructions des reins. On se sert des racines par poignées dans les bouillons et les tisanes apéritives.

Aunée. — Veut un terroir gras et à l'ombre. Comme les semences de cette plante sont très rares, on ne la multiplie que de plant sur la fin de septembre.

On ne se sert des racines d'aunée que sèches ou vertes. Elles conviennent aux maladies de l'estomac, on peut aussi mettre ses racines dans le vin doux après les vendanges, et le laisser bouillir. On appelle ce vin, vin d'aunée; il est excellent pour les crudités de l'estomac. On s'en sert aussi dans la colique et la paralysie des intestins. La décoction des mêmes racines convient aux maladies de poitrine, surtout à l'asthme et à la toux invétérée. La dose est de 32

grammes. On en compose un onguent avec le beurre
frais, excellent pour la gale et les maladies de la peau.

Aurone. — Cette plante se multiplie mieux de
plant en mars que de semence. Elle veut une belle
exposition et une terre bien cultivée.

On substitue cette plante à l'absinthe, ses vertus
étant assez semblables. 4 grammes de sa semence
pilée avec quelques-unes de ses feuilles dans du vin
blanc, est un bon remède dans les maladies pestilentielles ; 2 grammes de feuilles séchées et mises en
poudre, bues dans un verre d'eau de matricaire
distillée, est bon pour arrêter le cours des flueurs
blanches ; on s'en sert extérieurement pour fortifier
les gencives et pour dessécher les maladies des os.
On met aussi des feuilles d'aurone dans les habits
pour empêcher que les vers ne s'y mettent : c'est
pourquoi quelques-uns appellent cette plante *garde-
robe*.

Barbeau ou Bluet. — Voyez *Cyanus*.

Bardane. — Il n'est point de terre inculte où cette
plante ne vienne en abondance. Elle se multiplie de
semence en mars.

La bardane est diurétique, sudorifique, pectorale,
hystérique, vulnéraire et fébrifuge. La décoction
des feuilles purifie le sang et soulage ceux qui ont
des maux vénériens. On se sert de ses feuilles cuites
sous la braise, pour appliquer sur les endroits où la
goutte se fait sentir. On l'ordonne en tisane dans les

petites véroles et les fièvres malignes. On en fait des cataplasmes avec le son et l'urine, pour résoudre les tumeurs.

Basilic. — On emploie également toutes les espèces de basilic. On en fait une poudre céphalique qui fait couler beaucoup de sérosités de cerveau. On se sert des feuilles et des fleurs à la manière du thé pour les maux de tête et pour provoquer les urines. Les cuisiniers se servent de cette plante pour différents ragoûts.

Baume. — On tire par infusion une huile de cette plante, excellente par toutes sortes de blessures, plaies et contusions. On se sert des feuilles en décoction pour pousser les mois et les urines ; c'est aussi un excellent stomachique capable de faciliter la digestion et d'arrêter le vomissement. On met dans les salades les feuilles et les sommités de cette plante.

Benoite. — Veut une terre grasse et bien amendée. On la multiplie de plant enraciné et de semence en mars.

La racine de cette plante, infusée dans du vin, est stomacale et emporte les obstructions du foie. Ce même vin est vulnéraire et détersif. La décoction de la plante dans le vin se donne avec succès dans le commencement des frissons et des fièvres intermittentes.

Berce. — Vient en toute terre, à quelque exposition que ce soit, se multiplie de semence et de plant enraciné en mars.

Les racines de cette plante, aussi bien que la semence, sont apéritives et incisives; on s'en sert en infusion. La décoction des feuilles ou des racines de cette plante est laxative et guérit les vapeurs.

Berle. — Ne demande pas grande culture, veut une terre grasse et à l'ombre, se multiplie de semence et de plant enraciné en mars.

On se sert de cette plante pour purifier le sang et pour emporter les obstructions des viscères. On s'en sert utilement dans le scorbut, la suppression d'urine et des mois, en forme d'apozèmes; et dans les bouillons apéritifs par poignées.

Bétoine. — Se plaît dans un terrain humide et à l'ombre. On la multiplie plus aisément de plant que de semence en mars.

La bétoine est vulnéraire, apéritive, diurétique, adoucissante, propre pour les maladies du bas-ventre et du cerveau. On s'en sert à la manière du thé pour la goutte, les vapeurs, les douleurs de tête, la jaunisse. On en fait aussi une tisane, une conserve et un sirop propre pour faire cracher les matières purulentes, pour consolider les ulcères intérieurs, pour faire passer les urines et emporter les obstructions. On en fait une poudre propre à éternuer et un emplâtre pour les blessures, surtout de la tête. Les racines en décoction purgent par haut et par bas.

Bistorte. — Veut un terrain humide et à l'ombre, se multiplie de plant enraciné en septembre.

On se sert des racines de cette plante en tisane ou en décoction, même en poudre au poids de 4 grammes. C'est un astringent assez efficace, propre pour arrêter toutes sortes de flux.

Bois-Gentil. — Veut être planté en belle exposition et en bonne terre bien cultivée et bien amendée. On le multiplie de plant enraciné en septembre et de marcottes en avril. Cet arbrisseau se plaît le long d'un mur en espalier.

Les feuilles et les fruits de cet arbrisseau purgent assez violemment. La dose est de 4 grammes en substance et au double en décoction. Il faut corriger ce purgatif avec le vinaigre ou quelques aromates avant de s'en servir. On l'ordonne dans l'hydropisie, les vapeurs et les rhumatismes invétérés.

Bouglose ou Buglose et Bourrache. — On se sert ordinairement de ces deux plantes ensemble. Leurs fleurs sont cordiales et s'ordonnent en infusion par pincées. On en fait aussi une conserve. Les feuilles et les racines en décoction sont humectantes, rafraîchissantes, propres dans les fluxions de poitrine, la pleurésie et dans la toux opiniâtre. On en fait boire le suc jusqu'à 1 hectogramme 25 grammes, et la tisane par verrées. Le sirop de buglose convient fort aux mélancoliques, jusqu'à 32 grammes dans quelque liqueur appropriée. On ordonne aussi cette plante dans les bouillons rafraîchissants par poignées.

Bouillon-blanc. — Cette plante vient sans soin et sans culture le long des chemins et des berges. Elle se multiplie de semence en mars.

On fait boire la décoction de bouillon-blanc dans le ténesme, la dyssenterie, la colique et le cours de ventre. Cette même décoction sert à bassiner le fondement de ceux qui ont des hémorrhoïdes. L'eau distillée des fleurs s'ordonne avec succès pour les brûlures, la goutte, l'érysipèle et pour toutes les maladies de la peau. On écrase les feuilles de cette plante et on les mêle avec l'huile d'olive en forme d'onguent pour les plaies récentes.

Cette plante est une des meilleures herbes émollientes de la médecine.

Bourse-a-berger ou Tabouret. — Il n'y a rien de si commun dans les champs et dans les lieux incultes que cette plante. Elle se multiplie de semence en mars.

On se sert avec succès de cette plante dans les cours de ventre et dans les hémorrhàgies. Elle est vulnéraire, astringente, fébrifuge et adoucissante. On emploie le suc de ses feuilles jusqu'à 1 hectogramme 90 grammes dans les fluxions où il y a inflammation ; ce suc arrête les hémorrhagies du nez en le faisant respirer.

Brunelle. — Cette plante se multiplie mieux de plant enraciné que de semence en octobre. Elle se plaît à l'ombre et en terre grasse.

La brunelle est vulnéraire, détersive et astringente ; on s'en sert dans les blessures d'armes à feu, après l'avoir écrasée et appliquée sur le mal. Elle est très utile en tisane, décoction, apozème, bouillons, dans le crachement de sang et les hémorrhagies. On en fait aussi des gargarismes dans les maux de gorge et dans le scorbut pour nettoyer les gencives.

Bruyère. — Cette plante vient sans soin dans les lieux incultes.

La décoction de bruyère se donne avec succès par verrées dans la difficulté d'urine. L'huile qu'on tire des fleurs est bonne pour les dartres. L'eau distillée de toute la plante apaise l'inflammation des yeux. On prépare un bain avec la fleur et les feuilles, qui apaise les douleurs de la goutte. La fomentation des fleurs de cette plante sert aussi pour le même mal.

Bugle. — Veut un lieu pierreux et sec, se multiplie de semence et de plant enraciné en mars.

Cette plante est vulnéraire et détersive. On l'ordonne en tisane et dans les apozèmes pour les crachements de sang, la dyssenterie, les flueurs blanches, les pertes, les maux de gorge et les ulcères de la bouche. Le suc de ses feuilles bu à 95 grammes a les mêmes vertus. On s'en sert aussi avec succès dans les difficultés d'urine et dans les obstructions du foie.

Buis. — On substitue le bois du buis râpé au gaïac, et on s'en sert avec le même succès dans les tisanes sudorifiques pour la vérole. On tire de ce même bois une huile fétide qui est estimée pour les vapeurs, le mal de dents et l'épilepsie. La dose est jusqu'à vingt gouttes, mêlées avec de la poudre de réglisse. On la mêle avec le beurre fondu pour graisser les cancers. On en fait aussi un liniment avec l'huile de mille pertuis pour la goutte et les rhumatismes invétérés.

CABARET. — Veut être planté en terre grasse, humide et à l'ombre ; se multiplie de plant enraciné sur la fin de septembre.

Les racines de cette plante purgent par haut et par bas vigoureusement. On fait infuser à cet effet 16 grammes de racines dans un verre de vin blanc, pendant douze heures. Ce remède convient aux hydropiques et à ceux qui sont attaqués de la sciatique. L'infusion des feuilles de la plante dans l'eau commune est bonne pour la difficulté d'urine et ne purge point.

CAILLE-LAIT. — Il n'est rien de si commun que cette plante ; elle vient en toute sorte de terre et exposition ; on la multiplie de semence en mars.

Cette plante est vulnéraire et détersive ; on s'en sert à la manière du thé pour la goutte ; on fait un sirop de ses fleurs qui est fort apéritif et propre pour les pâles couleurs et la rétention des mois. On se sert avec succès de la décoction de cette plante pour bassiner la grattelle et pour toutes les maladies de la peau.

CALAMENT, — Veut un terrain sec et une belle exposition ; on le multiplie de semence en mars et mieux de plant enraciné en même temps.

On se sert de cette plante à la manière du thé. Elle est stomacale, diurétique, apéritive et propre pour provoquer les ordinaires et les urines ; on s'en sert aussi en décoction dans les vapeurs et les maladies de la matrice. L'eau distillée et le sirop de cette plante ont les mêmes vertus.

CAMOMILLE. — Vient en toute terre, se sème en mars, et se replante en avril en belle exposition.

Cette plante est résolutive, apéritive, fébrifuge, adoucissante et diurétique ; on s'en sert dans les cataplasmes et dans les fomentations et décoctions émollientes. L'infusion de toute la plante est d'un grand secours dans la néphrétique, dans la colique venteuse et dans les tranchées des accouchées. On se sert aussi de l'huile de cette plante faite par infusion, dans la goutte, la sciatique, les hémorrhoïdes et les rhumatismes.

CAPILLAIRE. — Cette plante se plaît dans les lieux pierreux et humides. On la multiplie de plant enraciné en mars.

Cette plante est apéritive et adoucissante. On s'en sert à la manière du thé, dans les maladies de poitrine pour favoriser les crachats ; on en fait un sirop que l'on donne jusqu'à 32 grammes dans quelque liqueur appropriée dans la toux opiniâtre.

Centaurée. — Elle se plaît dans les lieux pierreux et montagneux, en belle exposition. Elle se multiplie de semence et de plant enraciné en mars.

La petite centaurée est apéritive, détersive, fébrifuge et vulnéraire ; on s'en sert dans la jaunisse, l'hydropisie, les obstructions du foie et de la rate, dans la suppression des mois, le scorbut, la goutte, les vers, et spécialement dans la rage. On l'emploie par pincées, en décoction ou en infusion, à la manière du thé. Elle soulage la migraine ; son eau distillée, sa conserve ou son sel ont les mêmes vertus.

Cerféuil. — Cette plante est apéritive ; on l'ordonne avec succès dans la jaunisse, l'enflure, les pâles couleurs, la fièvre, dans les maladies des reins, de la vessie. Le suc exprimé de cette plante se mêle avec succès avec celui de la chicorée sauvage dans les maladies de poitrine et dans la pleurésie.

Chicorée sauvage. — Cette plante est apéritive, détersive, propre à lever les obstructions et à purifier le sang. On se sert des feuilles et des racines dans les bouillons, dans les tisanes et dans les apozèmes. Le suc exprimé de cette plante se donne jusqu'à 1 hectogramme 25 grammes, de quatre en quatre heures, dans les maladies de poitrine. On y mêle ordinairement le suc de cerfeuil, de bourrache et de buglose. On en fait un sirop composé avec la rhubarbe que l'on ordonne avec succès dans les maladies des enfants ; on le mêle ordinairement avec quelque liqueur appropriée à leur mal. La dose est de 32 grammes.

CHIENDENT. — Cette plante vient plus qu'on ne veut dans les jardins sans culture, et se multiplie à l'infini de ses racines en tout temps.

On emploie le chiendent dans toutes les tisanes apéritives et rafraîchissantes, par petites poignées, dans un litre à un litre 50 centilitres d'eau commune.

CIGUE. — Vient sans soin et sans culture. Elle se multiplie de semence et de plant enraciné en mars.

On ne se sert point intérieurement de cette plante, étant un poison ; mais extérieurement pour les tumeurs du foie et de la rate, pour les ganglions, pour dissiper le lait coagulé dans les mamelles ; on en fait des cataplasmes émollients et résolutifs propres pour apaiser l'inflammation des bourses. L'emplâtre qu'on fait de cette plaie a les mêmes vertus.

COCHLÉARIA. — Voyez *Herbe aux cuillers*.

CONSOUDE. — Se plaît en terre grasse et humide et à l'ombre ; on la multiplie de plant enraciné sur la fin de septembre.

La consoude est vulnéraire ; on s'en sert avec succès dans le crachement de sang, les maladies du poumon, la dyssenterie et pour arrêter les hémorrhagies. On s'en sert aussi pour appliquer sur les plaies, les fractures, les hernies et sur les endroits où la goutte et le rhumatisme se font sentir. Le cataplasme de cette plante s'applique avec succès sur les contusions des parties nerveuses.

COQUELICOT. — Vient communément dans les blés et sur les murs, sans soin et culture, et se multiplie de semence en mars. On ne se sert que des fleurs de cette plante ; on les emploie à la manière du thé, avec peu de sucre, dans le rhume, dans les fluxions de poitrine, la pleurésie, l'esquinancie et dans la toux invétérée et opiniâtre.

COULEUVRÉE. — Vient dans toute sorte de terre sans culture ; se multplie de plant enraciné en mars.

Les racines, les semences et le suc de cette plante, tirés par expression, sont des purgatifs assez violents, qui font même quelquefois l'effet des émétiques. On en ordonne le suc dans l'hydropisie et dans les maladies d'obstructions, jusqu'à 12 grammes dans un verre de vin blanc.

CRESSON. — On emploie cette plante par poignées dans les bouillons apéritifs et propres à purifier le sang. On fait mâcher cette plante aux scorbutiques, pour leur nettoyer les gencives. Etant fricassé dans du beurre et appliqué sur la partie affligée, il soulage dans la rétention d'urine.

Cyanus ou Barbeau. — Il y en a de simples et de doubles ; on en trouve même dans les jardins des blancs, des incarnats et des tannés. L'*Aubeloin* des montagnes et les *Ambrettes* sont de la classe des cyanus.

L'eau de barbeau est recommandée pour les yeux, d'où quelques-uns l'appellent casse-lunettes ; on s'en sert aussi pour les érysipèles et pour les rougeurs du visage ; et en particulier, ses feuilles et sa graine, cuites dans du vin et bues, servent contre les piqûres vénéneuses et les fièvres malignes.

Cynoglosse. — Voyez *Langue de chien*.

Digitale. Veut être plantée en terre grasse et bien exposée au soleil. On la multiplie de semence et de plant enraciné en mars.

Les feuilles de cette plante bouillies par poignées dans un litre d'eau ou de bière, purgent violemment par haut et par bas. Ce purgatif ne convient qu'aux personnes robustes.

Dompte-Venin. — Vient en bonne terre et en belle exposition ; se multiplie de plant enraciné en mars.

On emploie cette plante pour la suppression des mois ; on jette une once des racines dans un demi-litre d'eau bouillante. On passe l'infusion ; on en fait boire trois ou quatre verres par jour, avec 32 grammes de sirop d'armoise par prise. On y applique l'herbe amortie en forme de cataplasme sur les

tumeurs de mamelles. L'infusion convient aussi
dans les fièvres malignes, et à ceux qui ont été mordus de chiens enragés. Les feuilles desséchées et
mises en poudre nettoient les ulcères scrofuleux et
les plaies.

Ellébore. — On ne se sert en médecine que de
sa racine. Le noir vient en toute terre, inculte ou
non, plus qu'on ne veut. Il y en a de plusieurs
espèces, et ils se multiplient de semence et de plant
enraciné. L'ellébore blanc, dont il y a deux espèces,
demande plus de soin ; on le plantera en terre
grasse bien cultivée et en belle exposition : on le
multiplie de plant enraciné.

Des différentes espèces d'ellébore noir, celle à
fleurs rouges est la plus en usage. Les racines d'ellébore purgent puissamment l'humeur mélancolique.
C'est pourquoi on l'emploie dans l'épilepsie, la ma-
nie, l'apoplexie, la lèpre, le cancer, la fièvre quarte
et autres maladies rebelles. L'usage de l'ellébore en
substance ou en infusion est très délicat ; il porte à
la tête, cause quelquefois des convulsions et des irri-
tations dans les parties nerveuses : ainsi on ne le
doit donner qu'à des personnes robustes.

L'usage ordinaire de l'ellébore blanc est de le mêler avec les poudres sternutatoires, pour en augmenter la violence et les rendre plus capables d'irriter les fibres nerveuses du nez. On l'emploie en
poudre par le nez avec succès dans l'apoplexie, la
léthargie et les autres affections soporeuses.

Épine-Vinette. — Une poignée de fruits de cet arbrisseau, infusée dans un demi-litre de vin, convient dans la dyssentérie et le flux de ventre, après avoir fait les remèdes généraux. On ordonne aussi ce remède contre les flueurs blanches.

Le sirop fait avec le même fruit et du sucre, est bon dans les maux de gorge et l'esquinancie. On en met 32 grammes dans une liqueur appropriée au mal : c'est un fort bon détersif. L'écorce s'emploie en décoction dans l'ardeur de l'urine, dans les fièvres ardentes et dans toutes les inflammations internes.

Epurge. — Vient en toute terre, sans soin et sans culture ; se multiplie de semence et de plant enraciné en mars.

Le fruit de cette plante est un purgatif très violent dont on ne doit user qu'avec prudence. On le corrige ordinairement avec quelque sel mixte, comme d'absinthe, de tamaris, de petite-centaurée, ou quelque autre de même nature.

Eufraise. — Veut une terre humide et un lieu ombragé ; se multiplie mieux de plant enraciné en mars que de semence.

Le vin dans lequel on a mis infuser cette plante est un remède salutaire pour la maladie des yeux. On prend ordinairement 12 grammes d'eufraise en poudre dans un verre d'eau de fenouil ou de verveine distillée pour les inflammations des yeux. La décoction de cette plante est détersive et astringente. On s'en sert à la manière du thé dans les obstructions des viscères.

EUPATOIRE. — Vient dans une terre grasse et bien cultivée, en belle exposition ; se multiplie de plant enraciné sur la fin de septembre.

Les feuilles de cette plante employées par petites poignées en tisanes emportent les obstructions des viscères. Cette même préparation convient aux hydropiques, aux pâles couleurs et aux galeux : elles poussent les mois et les urines ; on peut en donner en poudre jusqu'à 8 grammes dans un verre de vin blanc.

FENOUIL. — La semence de fenouil infusée dans le vin blanc au poids de 16 grammes dans chaque verre, est bonne contre les morsures des bêtes venimeuses et pour pousser les urines. L'huile essentielle s'ordonne dans la colique venteuse jusqu'à cinq ou six gouttes. Les feuilles amorties et mises en forme de cataplasme excitent le lait des nourrices.

FENUGREC. — Cette plante est annuelle et se sème tous les ans, en mars, en bonne terre et en exposition.

Les semences de cette plante sont émollientes et résolutives. On les met en farine pour les onguents, les emplâtres et les cataplasmes. On les emploie en entier dans les lavements pour adoucir dans les coliques : on peut boire aussi de cette décoction pour lâcher le ventre.

Flambe ou Iris. — L'iris vient en toute sorte de terre, se multiplie de plant enraciné en mars.

La racine de cette plante purge par haut et par bas. On s'en sert en substance dans l'hydropisie jusqu'à 32 grammes. On en tire aussi le suc par expression, qu'on ordonne jusqu'à 16 grammes dans la même maladie. Les racines de l'*iris de Florence* se donnent en poudre aux asthmatiques jusqu'à deux grammes.

Fougère. — Vient dans les bois et lieux incultes ; se multiplie de plant enraciné sur la fin de septembre.

La racine de cette plante est adoucissante et fort apéritive. 4 grammes de la racine desséchée et mise en poudre est un spécifique contre les vers. La poudre et l'eau distillée poussent les urines.

Fraisier. — Les feuilles et les racines de cette plante sont fort apéritives et poussent les urines ; on les ordonne ordinairement en tisane. Elles sont cordiales et résistent au venin.

Framboisier. — Les feuilles de cette plante sont astringentes et détersives. On les emploie dans les gargarismes pour les maux de gorge et l'esquinancie.

Fraxinelle. — Veut une bonne terre bien cultivée et une belle exposition ; se multiplie de semence et de plant enraciné en mars.

Cette plante est cordiale, résiste au venin, fortifie le cerveau et l'estomac, tue les vers et est propre pour l'épilepsie et la peste. Elle entre dans presque tous les antidotes.

FUMETERRE. — Vient plus qu'on ne veut dans les jardins sans culture ; elle se multiplie de semence en mars.

Toutes les parties de cette plante s'emploient dans les décoctions et les bouillons par poignées. On en exprime aussi le jus. Ces préparations conviennent aux ardeurs d'urine, aux maladies de poitrine, aux mélancoliques, à la jaunisse et aux maladies chroniques. Cette plante est un des meilleurs remèdes qui puissent purifier la masse de sang.

GARANCE. — Vient en toute terre et en quelque exposition que ce soit, sans soin et sans culture ; se multiplie de plant enraciné en mars.

Les racines de cette plante sont apéritives, poussent les urines et resserrent un peu le ventre. On s'en sert pour exciter les mois et pour la jaunisse ; la dose est de 32 grammes en décoction, bue par verrée, pour boisson ordinaire.

GENÊT. — Cet arbrisseau vient en toutes sortes de terres, sans culture ; se multiplie de semence et de plant enraciné sur la fin de septembre.

On se sert des fleurs, des semences et des tendrons de cette plante en infusion ou en décoction.

Le genêt vert, qui sert à faire des balais, est encore très bon pour la rétention d'urine et pour faire sortir le sable de la vessie : pour cela on prend le genêt vert, on le fait brûler de manière qu'il soit réduit en cendre ; on le passe au tamis et on en prend une cuillerée qu'on met dans une cafetière avec deux tasses d'eau : on la fait bouillir un bouillon, on la tire du feu et on la laisse reposer pour la tirer ensuite au clair et en prendre tous les matins ; on peut y mettre un peu de sucre.

Genévrier. — On emploie le bois et les baies de cet arbrisseau. Le bois est sudorifique : on l'emploie en tisane jusqu'à 32 grammes. On en fait des parfums contre le mauvais air. Les baies sont bonnes pour l'estomac, pour dissiper les vents, pour les tranchées, pour la toux invétérée, pour provoquer les mois et pour faire pousser les urines. On les emploie en décoction par poignées ; on en tire une teinture par le vin blanc, ou une eau distillée qu'on ordonne jusqu'à 25 centilitres dans les maladies décrites ci-dessus.

Gentiane. — Veut être plantée en terre grasse, bien cultivée et en belle exposition. On la perpétue de semence et de plant enraciné en mars.

La gentiane est apéritive, sudorifique, propre pour résister au venin, pour tuer les vers ; elle est aussi détersive et fébrifuge ; on ne se sert que des racines en poudre, jusqu'à 4 grammes en opiat, jusqu'à 8 grammes en extrait, et jusqu'à 32 grammes en infusion dans chaque litre d'eau.

Germandrée ou petit Chêne. — Se plaît dans les terres humides et à l'ombre : se multiplie de plant enraciné et de semence en mars.

Cette planté est incisive, sudorifique, vulnéraire, fébrifuge, apéritive, propre pour lever les obstructions, pour exciter les mois et pour nettoyer les plaies et les ulcères. On s'en sert en décoction à la manière du thé, ou en tisane par poignées. Ces préparations conviennent fort aux goutteux.

Gratiole ou Herbe a pauvre homme. — Cette plante aime les lieux froids et aquatiques ; on la multiplie de plant enraciné en mars.

On emploie cette plante lorsqu'il est question de purger par haut et par bas. On l'ordonne aux gens robustes dans la jaunisse, l'hydropisie et dans les fièvres intermittentes. On s'en sert en poudre jusqu'à 4 grammes, ou en infusion dans le lait ou le vinaigre jusqu'à 8 grammes. Cette dernière préparation est la meilleure.

Grenadier. — Il y a deux espèces de grenades : les unes sont douces et les autres aigres.

Les grenades douces adoucissent les âcretés de la poitrine, apaisent la toux invétérée, rafraîchissent et humectent.

Les aigres fortifient le cœur, arrêtent le vomissement et le cours de ventre ; on les emploie aussi avec succès dans les pertes de sang et la dyssenterie.

Groseillier. — On emploie les fruits de cet arbrisseau, qui sont de deux sortes en général : les uns viennent au groseillier épineux, et les autres viennent en grappes.

Les premiers sont astringents, surtout un peu avant leur maturité. On les ordonne dans le crachement de sang et dans le cours de ventre.

Les groseilles en grappes sont fort rafraîchissantes ; elles resserrent un peu et conviennent aux bilieux.

GUIMAUVE. — Vient en toute sorte de terre sans culture ; se multiplie de semence et de plant enraciné en mars.

On emploie les racines de cette plante dans les tisanes adoucissantes, et elles sont d'un grand secours dans la toux violente, dans les pleurésies et les fluxions de poitrine. La dose est d'environ 32 gr. sur un litre et demi d'eau légèrement bouillie. Les feuilles s'emploient dans les décoctions, fomentations et cataplasmes résolutifs.

HERBE AUX CUILLERS OU COCHLÉARIA. — Se plaît dans une terre humide ou en belle exposition ; on multiplie de semence en mars.

Cette plante est fort estimée dans le scorbut et pour les maladies des gencives : elle est détersive, vulnéraire et apéritive. On s'en sert dans l'hydropisie et dans les obstructions du foie. On l'emploie par poignées dans les bouillons et les tisanes. La décoction légère de cette plante sert dans les gargarismes pour le scorbut et dans les maux de gorge.

Hysope. — Veut une terre qui ne soit ni grasse ni fumée, cependant bien exposée au soleil. On la sème et plante au printemps ; on la tond en automne.

Cette plante est bonne pour les maladies du poumon, pour les obstructions des viscères, pour pousser les urines. On en fait un sirop, dont on use au poids de 32 grammes dans quelque liqueur convenable ; ou bien, on en fait de légères infusions à la manière du thé, pour les maladies ci-dessus. Les fleurs sont à préférer aux feuilles.

Houblon. — Vient partout sans soin ni culture.

Cette plante est apéritive et détersive. On se sert des tendrons et des têtes pour purifier le sang dans le scorbut, pour les dartres et les maladies de la peau. On fait infuser pendant la nuit deux pincées de sommités de houblon dans un verre de petit-lait ou dans 25 centilitres de vin blanc.

Joubarbe. — Vient sans beaucoup de culture en toute sorte de terre, et se multiplie de plant enraciné en tout temps.

On se sert de la joubarbe pour l'esquinancie, pour les cors aux pieds et pour les coupures. On fait boire le suc, ou l'eau distillée, au poids de 64 à 95 grammes, dans les maladies d'inflammation ; on se sert aussi de son suc en injection pour les ulcères de la matrice.

Jusquiame. — Se plaît dans les lieux incultes ; se multiplie de semence et de plant enraciné en mars.

On se sert de cette plante extérieurement, son usage étant pernicieux. On l'emploie dans les cataplasmes adoucissants et résolutifs pour la goutte et pour dissiper le lait grumelé.

LANGUE DE CERF OU SCOLOPENDRE. — Vient dans les lieux humides et pierreux, et se multiplie de plant enraciné sur la fin de septembre. On la trouve ordinairement dans les puits.

On emploie cette plante en tisane dans les maladies de poitrine, par poignées ; on s'en sert aussi pour le cours de ventre, le crachement de sang. les vapeurs et les palpitations de cœur.

LANGUE DE CHIEN OU CYNOGLOSSE. — Vient en toute sorte de terre, sans soin et sans culture ; se multiplie de semence et de plant enraciné en mars.

La tisane, faite avec 32 grammes de la racine de cette plante sur chaque demi-litre d'eau, est vulnéraire, pectorale et adoucissante. On l'ordonne avec succès dans le crachement de sang, dans les pertes, et pour la toux violente. On peut s'en servir en poudre, au poids de 4 grammes, pour les mêmes maladies. L'onguent fait avec le suc de cette plante est bon pour les tumeurs du fondement, pour les gerçures, les ulcères et les écrouelles.

LAVANDE. — Cette plante est bonne pour les maladies de poitrine et de cerveau ; on se sert des feuilles, des fleurs et des graines, à la manière du thé, dans la paralysie, le bégaiement, l'asthme. On se sert extérieurement de l'huile essentielle de lavande pour les rhumatismes et la paralysie.

Lierre. — Vient sans soin et sans culture contre les vieux murs.

La décoction des feuilles de cette plante par poignées dans le vin est bonne pour les ulcères, pour apaiser la douleur des dents et pour provoquer les règles.

Lierre terrestre. — Se plaît dans une terre grasse, humide et en belle exposition ; se multiplie de plant enraciné en mars.

Cette plante est apéritive et vulnéraire; on s'en sert en décoction pour les urines internes, pour les maladies de poitrine et des reins. Cette plante, appliquée en cataplasme sur le ventre, apaise les tranchées des nouvelles accouchées.

Lin. — On emploie la semence de cette plante dans les décoctions émollientes et adoucissantes, pour la dyssenterie, le cours de ventre, la colique, la néphrétique et la rétention d'urine. La graine de lin concassée ou en farine, imbibée avec de l'eau, fait un excellent cataplasme émollient et résolutif dans les tumeurs inflammatoires.

Lis. — Il y a peu de cataplasmes émollients et résolutifs dans lesquels on n'emploie la racine ou l'oignon de lis cuit sous la cendre ou dans l'eau, et écrasée avec les autres herbes, pour en former une moelle ou pulpe. Le lis avance la suppuration des tumeurs, et en adoucit l'inflammation lorsqu'il est appliqué extérieurement ; ce remède réussit presque toujours ; ses fréquents succès en ont fait un médicament domestique dont personne n'ignore les usages.

Mauve. — On la sème ordinairement avant l'hiver, en bonne exposition et dans une terre bien labourée, et pour la replanter en avril.

On emploie les mauves dans les cataplasmes résolutifs et émollients, même dans les décoctions pour la colique, la dyssenterie et le flux de ventre ; on se sert de ses fleurs à la manière du thé ou en tisane pour les douleurs des reins et pour la difficulté d'urine.

Mélilot. — Se sème tous les ans en mars en toute sorte de terre.

On se sert des feuilles et des fleurs de cette plante dans les cataplasmes résolutifs et émollients avec la mauve et guimauve ; on en fait aussi une tisane propre pour les inflammations du bas-ventre, pour la colique et la rétention d'urine. Cette plante fait la base de l'emplâtre du mélilot qui est un très bon résolutif. On l'applique avec succès sur les tumeurs squirreuses. On en fait aussi une huile par infusion et une eau distillée.

Mélisse. — La mélisse est cordiale, hystérique et céphalique : on s'en sert dans la mélancolie, l'affection hypocondriaque, l'apoplexie, la paralysie, le vertigo, l'épilepsie, les palpitations du cœur, les syncopes, l'asthme, et pour provoquer les règles. On en compose une eau distillée simple et composée. L'infusion à la manière du thé est aussi d'un grand secours dans toutes les maladies des nerfs.

MERCURIALE. — Vient partout sans soin et sans culture ; se multiplie de semence et de plant enraciné en mars.

Cette plante est d'un grand usage dans les lavements et dans les potions laxatives.

MILLEFEUILLE. — Vient en toute terre et en quelque exposition que ce soit ; se multiplie de semence et de plant enraciné en mars.

On se sert de cette plante en tisane par poignées sur chaque litre d'eau, ou en infusion à la manière du thé, pour arrêter les pertes du sang et les flueurs blanches. L'eau distillée de cette plante est bonne pour l'épilepsie et pour les ulcères internes.

MILLEPERTUIS. — Se plaît dans les terres sablonneuses et incultes ; se multiplie de plant enraciné et de semence en mars.

Cette plante est vulnéraire et astringente ; la décoction des sommités convient dans les fièvres intermittentes, dans les pertes de sang, dans la jaunisse et la goutte. La teinture faite avec le vin fait mourir les vers. On peut se servir des sommités à la manière du thé ou en tisane. On tire une huile des fleurs de cette feuille, excellente pour les plaies.

MORELLE. — Vient en toute sorte de terre, sans soin et sans culture ; se multiplie plus qu'on ne veut de semence et de plant enraciné en mars.

On se sert de cette plante en cataplasme pour adoucir les douleurs des hémorrhoïdes. Son suc exprimé est excellent pour les érysipèles et le cancer ; on ne se sert point de cette plante intérieurement : elle causer it des convulsions horribles. Les acides sont l'antidote assuré.

MUGUET. — Se plaît dans une terre grasse et humide qui ne soit guère exposée au soleil; se multiplie de plant enraciné en septembre.

On emploie l'eau distillée de fleurs de muguet pour la paralysie, le mal caduc et le vertige. Cette eau se donne jusqu'à 1 hectogramme 24 grammes. La fleur et la racine mises en poudre et prises comme le tabac par le nez, font beaucoup éternuer. Le muguet est souverain contre les battements de cœur.

NÉNUFAR. — On ne cultive point cette plante dans les jardins. Elle vient dans les étangs, les marais aquatiques et les grandes pièces d'eau.

On se sert de la racine et des fleurs de cette plante dans les décoctions et dans les tisanes où l'on craint des inflammations. On en prépare un sirop qu'on donne jusqu'à 32 à 55 grammes dans quelque liqueur appropriée; on prépare aussi des fleurs de cette plante une eau distillée et un miel. Ces préparations conviennent dans l'ardeur d'urine, la néphrétique, la dyssenterie, les pertes et les fluxions de poitrine.

NERPRUN. — Cet arbrisseau vient sans soin dans les haies et autres lieux champêtres ; on le multiplie de plant enraciné en octobre.

On prépare un sirop avec les fruits de nerprun, qui est très purgatif, et qu'on ne donne qu'à des gens robustes. La dose est de 32 grammes au plus. Il convient aux pâles couleurs, à la jaunisse, aux goutteux, aux hydropiques et aux maladies d'obstructions invétérées.

OIGNON. — L'oignon est stomacal, pectoral, apéritif et sudorifique. On le fait cuire sous la braise, après avoir ôté le cœur qu'on a rempli de thériaque ; on en exprime le jus et on le donne aux pestiférés pour les faire suer. Ceux qui sont sujets aux maux de reins mangent des salades d'oignons cuits : ce remède facilite le passage des urines. L'oignon pilé et malaxé avec du beurre frais est bon pour apaiser la douleur des hémorrhoïdes. Son jus seringué dans l'oreille en dissipe les bourdonnements. L'oignon cuit et réduit en forme de cataplasme est un très bon émollient et résolutif.

ORIGAN. — Se plaît dans les terres ingrates, pierreuses et incultes ; se multiplie de semence et de plant enraciné en mars.

On se sert des feuilles de cette plante à la manière du thé, dans l'asthme, la toux, la pleurésie, les indigestions, la suppression des règles, les pâles couleurs, la paralysie, le torticolis et le rhume de cerveau. L'huile essentielle de cette plante, mise avec du coton dans les dents cariées, en apaise la douleur.

Orpin. — Veut être planté en terre grasse bien cultivée et à l'ombre ; se multiplie de semence et de plant enraciné en mars.

La décoction de cette plante en lavement est bonne dans la dyssenterie et les flux de ventre ; on applique les feuilles en cataplasme sur les descentes, les panaris, les tumeurs et les ulcères. On se sert avec succès du suc de cette plante pour les coupures.

Ortie. — Vient partout et sans culture plus qu'on ne veut.

Le suc d'ortie épuré est un bon remède pour le crachement de sang : on le fait prendre jusqu'à 1 hectogramme 25 grammes.

On l'ordonne aussi avec succès dans la dyssenterie et les flueurs blanches. La décoction des racines, en forme de tisane, est bonne dans la pleurésie, l'asthme, la toux opiniâtre, les fièvres malignes, la rougeole et la petite vérole. On peut se servir des feuilles, des fleurs à la manière du thé : ce remède convient aux goutteux. On emploie les feuilles en cataplasme pour résoudre les tumeurs du foie et de la rate. L'espèce qui a les fleurs blanches et qui ne pique pas est à préférer à l'autre.

Orvale. — Vient en bonne terre et en belle exposition ; se multiplie de semence en mars et de plant enraciné sur la fin de septembre.

On se sert de cette plante en décoction et en tisane pour provoquer les règles ; on en fait une boisson qui approche du cidre, avec le miel et l'eau. La semence entre dans les collyres pour les inflammations des yeux. L'orvale en infusion, ou en lavement, calme efficacement les coliques intestinales.

PARIÉTAIRE. — Vient le long des murailles sans culture ; se multiplie de semence et de plant enraciné en mars.

La pariétaire est émolliente, adoucissante, apéritive et résolutive. On s'en sert dans les décoctions, les apozèmes et les cataplasmes adoucissants. Son suc dépuré, pris à 1 hectogramme 25 grammes, est bon pour la toux opiniâtre les douleurs de reins et la difficulté d'urine. On applique le cataplasme de pariétaire sur le ventre, pour dissiper les inflammations de cette partie. Le sirop de pariétaire pris jusqu'à 64 grammes dans quelque liqueur appropriée soulage fort les hydropiques. On emploie la décoction dans les obstructions commençantes de la poitrine.

PAS-D'ANE. — Se plaît en bonne terre et à l'ombre ; on le multiplie de plant enraciné sur la fin de septembre.

Cette plante est en grande réputation dans les maladies de poitrine. On se sert des fleurs et des feuilles dans toutes les tisanes adoucissantes et pectorales : on en fait un sirop excellent dans les mêmes maladies ; on le mêle ordinairement dans les tisanes.

Passe-Rage. — Vient en toute sorte de terre, cultivée ou non ; se multiplie de semence et de plant enraciné en mars.

On se sert de cette plante dans le scorbut, dans les maladies d'estomac et les vapeurs, en tisane. La racine pilée et malaxée avec le saindoux et le beurre frais, appliquée sur les endroits où la goutte se fait sentir, soulage les malades.

Patience. — Se sème en bonne terre et en belle exposition ; se multiplie de plant enraciné à la fin de septembre.

Cette plante est apéritive, antiscorbutique et propre pour la gale et les autres maladies de la peau. On ordonne sa racine à 64 grammes dans les bouillons et les tisanes apéritifs et désobstruants, dans les obstructions de la rate et du foie. Sa racine pilée et appliquée sur les ulcères des jambes est un excellent remède. On incorpore cette même racine et celle d'*Aunée* pilée et malaxée avec le beurre frais pour frotter les galeux. Cet onguent ne réussit jamais mieux que lorsqu'on en frotte les malades après les avoir fait saigner une ou deux fois. La tisane de patience est bonne dans l'ébullition de sang et l'érysipèle et contre les affections rhumatismales et arthritiques, les obstructions invétérées, les affections œdémateuses, surtout après les fièvres intermittentes.

Pavot. — On sème ordinairement tous les ans, au mois de septembre, la graine de cette plante en bonne terre et en belle exposition.

On met une tête ou deux de pavot dans les tisanes adoucissantes et somnifères, dans les maladies où l'on veut avoir quelque relâche. On compose avec les semences de cette plante des émulsions rafraîchissantes. Le sirop de diacode se fait avec les têtes de pavot et le sucre : on l'ordonne jusqu'à 32 grammes dans la toux opiniâtre, dans les maladies de poitrine, les fluxions, les catarrhes, la dyssenterie et le cours de ventre.

PERSICAIRE. — Se plaît le long des lieux aquatiques et marécageux ; se multiplie de semence et de plant enraciné en mars.

On emploie cette plante dans les cataplasmes pour la goutte. Sa décoction est bonne pour arrêter le cours de ventre, la dyssenterie et les épreintes. On l'ordonne aussi pour la jaunisse et la rétention des règles. On peut s'en servir en poudre jusqu'à 4 grammes, mêlée avec quantité suffisante de sirop d'armoise. Sa décoction est bonne pour les enflures des jambes et pour déterger les ulcères.

PERSIL. — Il est apéritif, diaphorétique et fébrifuge. On fait boire son suc dans la fièvre jusqu'à 1 hectogramme 90 grammes ; on couvre bien le malade pour le faire suer. On met le persil pilé en cataplasme sur les contusions. Ses racines entrent dans les bouillons, les apozèmes, les tisanes et les sirops apéritifs.

PERVENCHE. — Vient en bonne terre et en belle

exposition ; se multiplie de plant enraciné en mars.

On se sert de cette plante en décoction par poignées, ou à la manière du thé, pour les hémorrhagies, le crachement de sang, la fièvre intermittente, la phthisie, l'hydropisie, l'esquinancie. Cette plante, en forme de cataplasme, est bonne pour appliquer sur les écrouelles et pour faire venir le lait aux nourrices.

PIMPRENELLE. — Elle est dessiccative, rafraîchissante, détersive et vulnéraire. On s'en sert dans les tisanes et les apozèmes pour arrêter le crachement de sang, pour la phthisie, les fluxions de poitrine, la gravelle et la difficulté d'urine.

PISSENLIT. — Vient en toute sorte de terre sans soin et sans culture ; se multiplie de semence et de plant enraciné en mars.

Cette plante est détersive, apéritive et propre pour purifier le sang. On s'en sert dans les bouillons, les apozèmes et les tisanes. On la substitne à la chicorée sauvage ; elle pousse les urines, et convient à la néphrétique et à l'ardeur d'urine.

PIVOINE. — Vient en bonne terre et en belle exposition ; se multiplie de semence et de plant enraciné en mars.

On emploie ordinairement les fleurs, les semences et les racines de cette plante en décoction ou en infusion. Les semences et les racines s'ordonnent aussi en poudre jusqu'à 8 grammes pour les maladies de

cerveau , principalement pour le haut-mal, l'apoplexie : ces préparations excitent les règles. On peut
aussi se servir des fleurs par pincées, à la manière du thé.

PLANTAIN. — Se plaît dans les terres grasses et à
l'ombre ; se multiplie de semence et de plant enraciné en mars.

Le plantain est détersif et astringent. On s'en sert
en décoction pour arrêter le cours de ventre et les
hémorrhagies. On s'en sert aussi dans les injections
pour les écoulements vénériens. On applique les
feuilles amorties sur les ulcères.

POIRÉE. — On se sert principalement en médecine
de poirée blanche : elle amollit et lâche le ventre en
décoction. Son suc exprimé et respiré par le nez
décharge le cerveau et fait éternuer. On applique les
feuilles de poirée amortie sur la tête des galeux, sur
les érysipèles, sur les ulcères, et sur la peau, lorsqu'elle a été enlevée par des vésicatoires.

POLYPODE. — Se plaît en terre sèche et à l'ombre.
On le trouve ordinairement au pied des vieux chênes, dans les bois ou sur de vieux murs.

On emploie cette plante comme les capillaires en
infusion. Ses racines en décoction, jusqu'à 32 grammes, sont purgatives, apéritives, adoucissantes, propres pour emporter les obstructions des viscères. On
s'en sert aussi en poudre jusqu'à 4 grammes dans
l'affection hypocondriaque, dans le scorbut et dans
l'asthme.

Pourpier. — On emploie les tendrons, les feuilles et la graine de cette plante en décoction. C'est une des plantes les plus rafraîchissantes. On en tire le suc qu'on fait boire à 1 hectogramme 25 grammes ou 1 hectogramme 56 grammes dans les fièvres ardentes et dans les maladies d'inflammation.

Pulmonaire. — Veut une terre grasse bien cultivée et à l'ombre ; se multiplie de plant enraciné en mars.

Cette plante, par son nom, s'est acquis une grande réputation dans les maladies du poumon et de la poitrine. On s'en sert dans les tisanes et les apozèmes par poignées. Ces préparations conviennent aussi au crachement de sang et pour exciter le crachat. On peut s'en servir en sirop jusqu'à 32 grammes, dans quelque liqueur appropriée, et en cataplasme, sur les ulcères et les plaies qu'on veut déterger et consolider.

Quintefeuille. — Veut un terrain gras et ombragé ; se multiplie de semence et de plant enraciné en mars.

Cette plante est astringente et vulnéraire, propre pour arrêter le cours de ventre, la dyssenterie et les pertes de sang par crachement, flux hémorrhoïde, règles, hémorrhagies. On s'en sert dans les apozèmes par petites poignées, légèrement bouillies, sur *chaque litre d'eau*. On l'applique en cataplasme sur les descentes et sur les endroits où la goutte se fait sentir. On a coutume de la monder de sa première écorce et d'une corde qu'elle contient dans son milieu, et de la faire sécher pour s'en servir au besoin.

RÉGLISSE. — La racine de cette plante entre dans toutes les tisanes pectorales et apéritives; elle adoucit les douleurs de la toux, excite le crachat, humecte la poitrine et tempère l'ardeur d'urine. On tire un extrait de la racine de cette plante connu sous le nom de jus de réglisse. Le noir est le plus naturel et est très bon dans les rhumes : on en prend gros comme une noisette qu'on fait fondre dans sa bouche.

REINE DES PRÉS. — Les feuilles de cette plante ressemblent à celles de l'orme. On trouve cette plante abondamment dans les prés où elle se plaît. Elle se multiplie de plant enraciné en mars.

Cette plante est sudorifique, astringente, cordiale et vulnéraire. Elle arrête les cours de ventre et les hémorrhagies en décoction dans de l'eau ou du vin. Cette même décoction convient dans les fièvres malignes ; on s'en sert aussi pour déterger et nettoyer les plaies et les ulcères.

RENOUÉE. — Vient plus qu'on ne veut dans les terres grasses et dans les jardins.

La renouée est astringente, détersive et vulnéraire. On s'en sert en lavements pour arrêter le cours de ventre, et en infusion ou en tisane dans les hémorrhagies, la dyssenterie et le vomissement. On s'en sert aussi en décoction extérieurement, pour nettoyer et déterger les plaies et les ulcères.

Rhapontic. — Veut une terre grasse, bien cultivée et en belle exposition ; se multiplie de semence
en mars et de plant enraciné sur la fin de septembre.

On substitue les racines de cette plante à celles de
la rhubarbe, en doublant la dose, c'est-à-dire jusqu'à
8 grammes en poudre et jusqu'à 16 grammes en
infusion. Ses préparations sont astringentes, propres
pour arrêter le cours de ventre et pour fortifier
l'estomac.

Ronce. — Cette plante ne vient que trop bien
dans les haies et les lieux incultes.

On emploie en médecine les feuilles, les fleurs et
les fruits de cette plante. Les feuilles sont vulnéraires, astringentes, résolutives et détersives. Pilées et
appliquées sur les dartres, sur les vieilles plaies et
sur les ulcères des jambes, elles les guérissent en
peu de temps. Les fleurs et les feuilles s'ordonnent
en décoction à la manière du thé, ponr arrêter le
cours de ventre, les flueurs blanches, le crachement
de sang, et pour adoucir l'âcreté des urines. Les
fruits entrent dans les gargarismes pour les maux
de gorge.

Rosier. — Il y a plusieurs espèces de roses dont
on se sert en médecine : 1º La rose pâle, dont on
fait un sirop purgatif ; à 32 ou 65 grammes, le sirop
de roses solutif est fort propre pour purger les enfants. La conserve de roses est salutaire aux phthisiques. Le vinaigre rosat mêlé avec l'eau de rose, un
peu de nitre et de camphre, compose un épithème

propre dans les fièvres aiguës et dans les hémorrhagies du nez ; 2° la rose sauvage, dont le fruit s'appelle
gratte-cul, sert pour arrêter le cours de ventre, pour
la difficulté d'urine et pour les douleurs d'estomac :
on l'emploie en conserve jusqu'à 32 grammes ; 3° la
rose de Provins, dont on se sert en conserve dans
les cours de ventre. On emploie aussi les mêmes
fleurs dans le vin aromatique pour les plaies et les
ulcères ; 4° la rose des jardins. dont on distille l'eau,
qui est aussi astringente et vulnéraire ; 5° les roses
muscades, dont l'infusion à 4 grammes purge vigoureusement.

Rue. — Se plaît dans les lieux secs et en belle
exposition ; se multiplie de semence et de plant enraciné en mars.

On fait boire au malade, dans les fièvres malignes
et dans la peste, l'eau dans laquelle on a fait infuser
à froid la rue. Le suc exprimé de cette plante, mêlé
avec autant de vin, et bu à trois ou quatre verrées
par jour, a les mêmes vertus. On se sert de cette
plante en décoction pour gargariser la bouche dans
la petite vérole et le scorbut. La conserve de rue est
bonne pour les indigestions et faire mourir les vers.
Sa décoction rétablit les règles, et sert pour nettoyer
les ulcères ; on l'ordonne pour les morsures des bêtes
venimeuses ou enragées. L'huile essentielle se donne
dans les lavements pour la passion hystérique et les
vapeurs ; on peut en faire prendre quelques gouttes
intérieurement dans quelque potion appropriée.

SAFRAN. — On emploie en médecine les sommités de cette plante qu'on a fait sécher. Ces sommités sont cordiales, anodines, hystériques, apéritives, alexitères et résolutives ; on s'en sert en poudre jusqu'à 2 centigrammes dans les opiats ; 28 ou 32 grammes dans un bouillon au lait est un fort bon remède pour les pulmoniques. On se sert de safran dans les collyres pour les yeux et dans les cataplasmes résolutifs et adoucissants.

SANICLE. — Se plaît dans les terres sèches et en belle exposition ; se multiplie de semence et de plant enraciné en mars.

On se sert de cette plante à la manière du thé, ou dans les bouillons et les tisanes pour arrêter les pertes de sang : c'est un excellent vulnéraire et apéritif ; on applique le cataplasme de sanicle sur les hernies ou descentes nouvelles, sur les tumeurs et sur les plaies.

SAUGE. — La petite sauge est à préférer, pour l'usage dans la médecine, à la grande, dont on ne se sert que pour embaumer les morts. La meilleure sauge vient des pays chauds ; on s'en sert à la manière du thé, pour fortifier les nerfs et pour entretenir la circulation du sang. Ce remède est excellent dans la paralysie de la langue, dans l'asthme, la colique, la fièvre maligne, les douleurs d'estomac et de la tête , qu'on nomme ordinairement migraine. Les feuilles de sauge fumées, au lieu de tabac, sont excellentes aux asthmatiques. Les feuilles et la fleur de sauge entrent dans les potions vulnéraires, dans les crachements de sang et pour les ulcères internes. Les feuilles de sauge mises en cataplasme avec le vin sont excellentes pour fortifier les nerfs.

Scabieuse. — Veut une terre grasse et bien cultivée; se multiplie de semence et de plant enraciné en mars.

On s'en sert dans les fièvres malignes, la petite vérole, la rougeole, la pleurésie et les fluxions de poitrine; c'est la base des potions cordiales et sudorifiques. On donne son jus dépuré jusqu'à 1 hectogramme 90 grammes, mais son eau distillée est une des eaux cordiales des plus inutiles.

On peut s'en servir dans les apozèmes et les tisanes dans les mêmes maladies. Ces préparations conviennent pour faciliter le crachat aux asthmatiques, pour les urines purulentes et pour les ulcères internes. Les dames se servent d'eau de scabieuse distillée pour se nettoyer le visage.

Sceau de Salomon. — Vient dans les bois sans culture; se multiplie de plant enraciné en octobre.

La racine de cette plante a un goût fade, peu acerbe; elle contient un suc gluant; elle est regardée comme vulnéraire, astringente; elle a beaucoup d'analogie avec la racine de la grande consoude, avec laquelle on l'emploie ordinairement, et à laquelle elle peut être substituée; elle ôte les taches du visage.

La racine de cette plante s'applique en cataplasme

sur les descentes avec succès. On fait boire en même temps au malade l'infusion d'*une demi-once* de ses racines dans un verre d'eau ou de vin blanc. La conserve de la racine de cette plante est excellente pour les flueurs blanches.

SCROFULAIRE. — Se plaît en bonne terre et en belle exposition ; se multiplie de semence et de plant enraciné en mars.

La tisane de la racine de cette plante est consacrée aux écrouelles et aux hémorrhoïdes. Les feuilles, mises en cataplasme ou amorties, sont excellentes pour modifier les ulcères et pour mettre sur les hémorrhoïdes. On fait un onguent avec cette plante, excellent pour la gale et les écrouelles ; la racine en poudre jusqu'à 4 grammes opère de même.

SCORSONÈRE. — La tisane faite avec la racine de cette plante bue par verrées est estimée propre pour la morsure des bêtes venimeuses, pour les maladies malignes, petite vérole, rougeole et fièvres chaudes, pour exciter la sueur, l'urine et les règles des femmes. L'eau distillée de la plante passe pour avoir les mêmes vertus.

SEIGLE. — Le seigle est adoucissant et résolutif. On applique la farine de seigle en cataplasme sur les tumeurs pour les résoudre ; on ajoute à ce cataplasme le miel et les jaunes d'œufs. Ce remède est excellent à appliquer sur les mamelles où il y a du lait grumelé. Le pain fait avec le seigle tient le ventre libre.

Seneçon. — Se multiplie de semence en tout temps et partout.

Le suc de cette plante, pris à 64 grammes, fait mourir les vers, et est bon pour la colique. On se sert aussi de cette plante dans les lavements et dans les cataplasmes résolutifs pour avancer la suppuration des tumeurs. On fait bouillir cette plante avec le lait, et on en bassine les hémorrhoïdes. L'eau distillée de cette plante fait passer les flueurs blanches.

Serpentaire. — Se plaît dans les terres grasses et humides ; se multiplie de plant enraciné sur la fin de septembre.

On se sert des racines de cette plante comme d'un stomachique et d'un apéritif assurés. On l'ordonne aussi avec succès aux asthmatiques, aux pestiférés, et à ceux qu'on veut purger dans les maladies chroniques. On fait de cette racine une pulpe qu'on passe par le tamis, dont la dose est de 8 à 12 grammes que l'on corrige avec 4 grammes d'absinthe en poudre, ou avec 4 grammes de quelque sel fixe, comme de tamaris, de centaurée ou de tartre.

Serpolet. — Vient dans les terres pierreuses et incultes, mais en belle exposition ; se multiplie de semence et de plant enraciné en mars.

L'huile essentielle de cette plante plaît aux personnes vaporeuses, de même que l'eau de ses fleurs macérées dans l'eau-de-vie et distillées. On fait infuser pendant la nuit une poignée de serpolet dans du vin, et on le fait boire à jeun dans les pâles cou-

leurs, le rhume et la toux opiniâtre. La conserve
des fleurs et des sommités soulage ceux qui sont
sujets aux vertiges et à la migraine. Pour faire venir
les règles, on fait un excellent bain de pieds avec le
serpolet, le thym et la mercuriale. La liqueur que
l'on tire du serpolet, mêlée avec l'esprit-de-vin, est
bonne pour la paralysie de la langue.

Souci. — Se plaît en terre grasse et en belle exposition ; se multiplie de semence pendant tout l'été.

Cette plante est cordiale, sudorifique, apéritive.
Le suc des fleurs bu jusqu'à 1 hectogramme 25 grammes provoque les règles. On se sert aussi des feuilles et des fleurs en infusion dans le vin blanc. On
distille les soucis, et c'est un bon remède pour l'inflammation des yeux. Toutes ces préparations conviennent dans la jaunisse, la paralysie, la petite vérole, les fièvres malignes et les pâles couleurs. On se
sert des feuilles de souci amorties sur les tumeurs
scrofuleuses et sur les vieux ulcères. C'est un assez
bon mordant.

Sureau. — Le sureau est bon pour apaiser l'inflammation des ulcères, pour la goutte et les brûlures. La seconde écorce de cet arbre, en infusion au
poids d'*une once*, est purgative. Ce remède convient
assez aux hydropiques. On prépare un extrait avec
les grains de sureau, lequel, donné jusqu'à 4 grammes, est un bon remède dans la dyssenterie et le
flux de ventre. Les fleurs de cet arbre sont cordiales,
résolutives, hystériques, sudorifiques et anodines.

On en fait des fomentations pour les maladies de la peau. Ces mêmes fleurs, mises dans le vinaigre, lui donnent une odeur excellente. Bien des gens s'en servent contre le mauvais air. La fumée de la décoction des fleurs de sureau, reçue par le nez et par la bouche, est souveraine pour les maux de tête, les maux de gorge et les rhumes.

TANAISIE. — Vient dans les terres grasses et en belle exposition ; se multiplie de semence en mars et de plant enraciné sur la fin de septembre.

L'infusion des feuilles de cette plante dans le vin blanc provoque les règles des femmes. Le suc exprimé de la plante est bon pour les gerçures des mains, pour les dartres et la gale ; ce même suc, mêlé avec l'esprit-de-vin, est bon pour frotter les endroits où les rhumatismes se font sentir. On se sert de la décoction de cette plante pour bassiner les jambes des hydropiques, et on leur fait boire 1 hectogramme 25 grammes à 1 hectogramme 56 grammes de suc dépuré de cette plante, de même qu'aux filles qui ont des pâles couleurs. L'infusion de la plante dans l'eau, bue par verrées, est bonne dans les maladies malignes, et pousse les urines. Ce même remède fait mourir les vers.

THYM. — L'eau distillée ou l'infusion du thym convient à ceux qui tombent du haut-mal. Sa décoction soulage les asthmatiques, fait mourir les vers, rétablit les règles, et fait sortir l'arrière-faix ; on s'en sert par verrées. On applique le thym en cataplasme sur les endroits où la goutte se fait sentir; on en fait un vin aromatique pour fortifier les bras et les jambes.

TILLEUL. — Les fleurs de cet arbre sont estimées pour l'épilepsie, l'apoplexie et les vertiges; on s'en sert à la manière du thé. On use par verrées de leur eau distillée. On se sert des feuilles en décoction ou en infusion pour exciter l'urine et les mois des femmes. On prépare aussi un esprit des fleurs qu'on donne à douze gouttes dans les mêmes maladies. L'écorce du tilleul est bonne pour la brûlure, qu'elle guérit très promptement.

TORMENTILLE. — Vient sans culture dans toute sorte de terre; se multiplie de semence et de plant enraciné en mars.

Cette plante est astringente, vulnéraire, propre pour arrêter le cours de ventre, les hémorrhagies, les vomissements et les flueurs blanches des femmes. On s'en sert en décoction, surtcut de la racine, à 32 à 64 grammes *sur chaque litre d'eau*, ou à 4 grammes en poudre.

VALÉRIANE. — Vient en bonne terre et en belle exposition; se multiplie de semence et de plant enraciné en mars.

La valériane est céphalique, pectorale, alexitère, et propre pour provoquer les règles. Elle soulage beaucoup les asthmatiques et ceux qui ont des vapeurs. Elle est recommandée pour la jaunisse, pour

l'épilepsie et à ceux qui ont des mouvements convulsifs. Il faut verser *un demi-litre* d'eau bouillante
sur 32 grammes des racines de cette plante, retirer
le pot du feu, le bien couvrir, et en faire boire l'infusion par verrées. L'extrait des racines a les mêmes
vertus. La décoction de cette plante est un bon vulnéraire, et convient aux violentes fluxions sur yeux
et sur la gorge : on en bassine souvent les parties
affligées.

VELART OU TORTELLE. — Vient en toute terre sans
culture ; elle se multiplie de semence et de plant
enraciné en mars.

Cette plante est recommandée pour les maladies
de poitrine, comme dans l'asthme et la toux invétérée. Les graines de cette plante sont souveraines à
ceux qui crachent des matières purulentes. On applique cette plante extérieurement comme un bon
résolutif pour les tumeurs des mamelles et les cancers.

VERGE D'OR. — Vient en bonne terre et en belle
exposition ; se multiplie de semence et de plant enraciné en mars.

Cette plante est vulnéraire et apéritive. On s'en
sert en tisane et dans les bouillons pour les pertes
de sang, la dyssenterie, le crachement de sang, et
pour adoucir l'âcreté des urines ; on peut se servir
des fleurs et des feuilles à la manière du thé pour
les mêmes maladies. C'est un gargarisme pour l'esquinancie et l'inflammation de la luette.

Véronique. — Cette plante naît dans les bois, les taillis, dans les bruyères ; elle se plaît en bonne terre et à l'ombre ; se multiplie de semence et de plant enraciné en mars.

On se sert de cette plante dans les potions vulnéraires, sudorifiques et apéritives, On fait boire la décoction par verrées aux asthmatiques et aux pulmoniques, ou on leur en fait user à la manière du thé. L'eau distillée de cette plante, bue par verrées, a la même vertu. On l'ordonne dans la difficulté d'urine et pour les vapeurs. Tous ces remèdes sont propres pour purifier le sang. La tisane de véronique est spécifique pour la toux sèche, et même elle est d'un grand secours pour la fièvre lente, ainsi que l'eau distillée de la même plante. C'est un remède incomparable pour arrêter les paroxysmes d'asthme, et pour faire évacuer cette colle qui farcit les vésicules et les bronches du poumon. On voit des phthisiques se rétablir par l'usage du lait, où cette plante a bouilli, et des ulcères de poumon se consolider par le sirop fait avec le jus de véronique. Le sirop de véronique composé est merveilleux dans ces sortes d'occasions ; voici la manière de le faire : prenez véronique, entre fleur et graine, deux poignées, feuilles de scabieuse, de bugle, de sanicle, de ruta-muraria *(espèce de capillaire)*, de pulmonaire, de consoude, de chacune une poignée, ache, cinq ou six feuilles, fleurs de bourrache, de buglose, de violette, de pas-d'âne, de chacune 16 grammes ; lavez le tout proprement, et mettez-le infuser dans quatre *litres* d'eau de rivière, pour les faire bouillir jusqu'à la

diminution de la moitié ; il faut ensuite passer la
décoction par un linge, et la faire bouillir avec
16 grammes de réglisse, autant de jujube et de sé-
beste, 32 grammes de raisin de Damas, de dattes et
de figues, jusqu'à ce que le tout soit réduit à 1 litre
50 centilitres ; car alors on le repasse par un linge,
et on y ajoute 500 grammes de miel ou de sucre
pour en faire un sirop.

VERVEINE. — Vient dans toute sorte de terre sans
culture ; se multiplie de semence en tout temps.

Cette plante est apéritive et vulnéraire ; on l'ordonne dans la difficulté d'urine, pour le crachement
de sang, la rétention des règles et les pâles couleurs.

L'eau distillée de cette plante, ou son suc dépuré,
est bon pour l'inflammation des yeux. On se sert de
la décoction pour les gargarismes dans les maux de
gorge, et pour nettoyer les ulcères.

VIOLETTE. — Vient en bonne terre et en belle exposition ; se multiplie de semence et de plant enraciné en mars.

On se sert des feuilles de cette plante dans les décoctions émollientes, et dans les cataplasmes résolutifs et adoucissants. On fait avec les fleurs un
sirop purgatif donné à 64 grammes. Il convient dans
les maladies de poitrine pour faciliter les crachats ;
on l'ordonne aussi dans quelque liqueur appropriée
dans la néphrétique, dans la rétention d'urine, et
dans toutes les maladies où il faut adoucir. On fait
avec les fleurs un miel qu'on donne dans les lave-

ments anodins. La décoction des semences de cette plante entre dans plusieurs électuaires purgatifs.

Yèble ou petit Sureau. — Vient dans les champs, sans culture et sans soin, plus qu'on ne veut.

La décoction de cette plante est estimée pour l'hydropisie ; on emploie 32 grammes de sa semence et de sa racine pour cette maladie. Les écorces, qu'on vante tant pour évacuer les eaux des hydropiques, ne doivent être néanmoins données qu'aux personnes robustes et dont les forces sont entières ; car ce remède irrite fortement, bouleverse l'estomac et trouble tous les viscères.

Les feuilles s'emploient dans les fomentations et dans les cataplasmes pour fortifier les nerfs, pour la paralysie, les rhumatismes et la goutte.

Yvette. — Se multiplie de semence en mars et de plant enraciné à la fin de septembre.

Elle est bonne pour les maladies des nerfs ; elle est apéritive et provoque les règles. Sa macération en eau froide, ou son infusion dans l'eau chaude, soulage les goutteux et ceux qui ont la sciatique. On s'en sert aussi pour la jaunisse, l'hydropisie, et pour toutes les maladies qui dépendent des obstructions des viscères.

FIN

Figure du Bœuf, avec indication des parties sur lesquelles se jettent la plupart des maladies auxquelles il est sujet, et les endroits ou on le saigne. L'exemple du bœuf servira de règle pour les animaux de la même espèce, soit vaches, taureaux, veaux ou génisses.

Explication des chiffres de la figure du bœuf

1. On le saigne de la langue, pour l'appétit perdu, pour les ulcères de la langue, et pour les enflures de la bouche et du palais.

2. De l'œil pour les taies, poireaux et blanc sur l'œil, pour les nuages, enflures et eaux qui s'y forment.

3. Du front, pour les douleurs de tête et autres maux qui y surviennent.

4. A la racine de la corne, pour les cornes rompues ou foulées par le joug.

5. A côté de l'oreille, pour les foulures et enflures du cou.

6. Au-dessus de la gorge, pour les étranguillons, l'esquinancie, et les sangsues avalées.

7. Au-dessus du cou, pour le chignon pelé, endurci ou enflé.

8. A l'épaule, pour la dislocation.

9. Du milieu du dos, quand la peau tient aux côtes.

10. Du bas des flancs, pour les douleurs de ventre.

11. Au-dessus de la queue, pour les boyaux gâtés, et pour la paresse et le flux de ventre.

12. De la cuisse, quand il l'a foulée ou déplacée.

13. Du jarret, pour les jambes rompues.

14. Au-dessus de la corne, pour les enflures, endurcissements, foulures et déboîtement du pied.

15. Du talon, quand l'ongle tombe, ou qu'il est cassé ou fendu.

16. Du fourreau, quand il ne peut pisser, ou qu'il pisse le sang ou la boue, quand il a le fourreau ou la verge enflée, ou quelque pierre dans ces parties.

APPENDICE

De la manière d'élever et de dresser des chiens d'arrêt, de les mettre au commandement, de les faire chasser de près, de leur apprendre à rapporter, de se tenir à cheval et d'aller à l'eau. — On retire les petits chiens de dessous la mère au bout d'un mois ou de six semaines, et on les fait élever à la campagne dans des basses-cours, pour qu'ils s'accoutument avec les bestiaux et les volailles.

Comment corriger les chiens qui donnent sur la volaille et le mouton. — Les jeunes chiens s'attachent souvent à courir la volaille et le mouton; il faut les corriger de bonne heure de ces deux vices en les fouettant; mais le plus sûr, pour les empêcher de tomber sur la volaille, est de fendre le bout d'un bâton de la longueur d'un pied. On passe la queue du chien dans le bout du bâton qu'on lie avec une ficelle qui serre la queue du chien.

A l'autre bout du bâton, on attache une poule près du corps. Le chien lâché avec quelques coups de fouet, court de toutes ses forces, à cause de la douleur qu'il ressent à la queue; et comme la poule qu'il traîne crie et bat l'aile, le chien croit que c'est elle qui lui cause son mal. A force de la traîner, il la tue, et, las de courir, il va se coucher dans un coin de la basse-cour. Alors on lui détache le bâton, et on lui bat la gueule avec la poule même. Ce moyen corrige souvent les chiens dès la première fois.

Quant à l'habitude de courir après les moutons, il faut prendre un *ran*, qui est le mâle de la brebis, le plus fort qu'on peut trouver, et le coupler avec le chien. En le lâchant, on fouette le chien tant qu'on peut le suivre. Ses cris font peur au *ran*, qui fuit de toutes ses forces et emporte le chien.

A la fin, cependant, il perd sa peur, et, ennuyé de traîner le chien, il le charge à coups de tête. En réitérant ce moyen, il n'y a pas de chien qui ne fuie les moutons qu'il rencontrera.

Choix des chiens d'arrêt. — Les chiens qu'on dresse ordinairement pour arrêter les perdrix, les cailles et les lièvres sont le braque et l'épagneul. Il faut qu'un chien d'arrêt soit bien fait et léger, qu'il soit plus haut du devant que des hanches, qu'il ait l'épaule serrée, le poitrail étroit, le col court et un peu gros, le nez gros, le pied de lièvre, c'est-à-dire long, étroit et maigre, la côte plate, le rein large ; enfin, que le fouet, quand il quête, rase les jarrets en croisant. Les chiens qui ont le devant haut et le col court portent le nez haut et ne fouillent point, c'est-à-dire qu'ils ne mettent point le nez à terre, et ils sont toujours fort vites. Ces chiens conviennent dans les lieux où le gibier est rare, parce qu'ils quêtent légèrement, battent beaucoup de pays, et trouvent par conséquent plus de gibier que les chiens pesants : ceux-ci ne conviennent que dans les terres conservées.

Comment apprendre aux chiens à quêter. — Avant de commencer à dresser un chien pour arrêter le gibier, on doit l'avoir fait chasser, et que ce soit toujours la même personne qui le dresse. S'il porte le nez à terre et qu'il fouille, ce sera toujours un mauvais chien d'arrêt ; il faut qu'il chasse le nez haut, et qu'il en ait beaucoup.

On doit donc le mener pendant quelque temps pour lui apprendre à connaître son gibier et à quêter. Il court d'abord après tous les oiseaux, etc. Il faut le laisser faire d'abord sans rien lui dire, et bientôt il quitte cette habitude pour ne s'attacher qu'à la perdrix, dont il s'ennuie pourtant à la fin de course aussi bien que des autres oiseaux. Pour lors, ou même plus tôt, s'il ne revient pas de lui-même, on doit le mettre au commandement de la manière suivante :

Moyen pour mettre les chiens au commandement. — Pour accoutumer un chien au commandement, on lui met un collier, à la boucle duquel on attache un cordeau qu'on lui laisse traîner ; on ne l'appelle jamais, pour le faire revenir, qu'on ne soit en état, pour le maîtriser, de prendre le cordeau ; quand on le tient, on appelle le chien ; s'il perce et continue toujours sa quête, et qu'il donne dans le collier, on lui donne une secousse en l'appelant, ce qui lui fait

souvent faire une culbute ; le chien revient à vous
aussitôt, et il faut le bien caresser. On doit même
porter dans un petit sac du pain, de petits os, et
autres friandises pour les lui donner. C'est une règle
que toutes les fois qu'un chien vient vous retrouver
lorsque vous l'avez appelé, il doit être caressé et
amadoué. Ce n'est qu'avec chiens absolument indo-
ciles qu'on emploie le *collier de force*, dont il va être
parlé ci-après.

Dans les commencements, il est bon de ne rien
demander aux chiens que quand ils commencent à se
lasser. Il y en a même de vigoureux, auxquels il faut,
pour les fatiguer et rendre dociles à la voix, leur
lier une patte de devant avec une de derrière, ce
qui les empêche de s'allonger dans la course, ou bien
leur laisser traîner une longe plate, large de trois
bons doigts, afin qu'en courant, le chien marche
dessus et se lasse plus vite.

Quand votre chien est accoutmé à revenir dès que
vous l'appelez, vous devez encore l'accoutumer à
croiser devant vous : car rien n'est plus désagréable
qu'un chien qui perce en avant.

Or voici comment il faut s'y prendre. Lorsqu'il
perce, vous lui tournez le dos et marchez du côté
opposé ; quand le chien s'aperçoit qu'il ne voit plus,
ou que vous êtes trop éloigné, il vient vous chercher ; alors caressez-le bien et lui donnez quelques
friandises. En continuant cette manœuvre, le chien
devient inquiet, et, craignant de vous perdre, il ne
quête jamais longtemps sans tourner la tête pour
vous observer, ce qui l'oblige à croiser devant vous.
Vous en venez ordinairement à bout en huit jours
de chasse.

Manière d'apprendre aux chiens à garder. — Le
chien réduit à ce point, il est temps au dresseur de
l'entreprendre pour le perfectionner. Il faut alors
le mettre à l'attache, ne le déchaîner que pour lui
donner à manger, et ne pas lui jeter un morceau de
pain qu'il ne l'ait bien mérité en apprenant son exercice du *choupille*.

Voici comment on lui apprend à *garder* et à être
ferme.

On le tient par la peau du col, et on lui jette devant le nez un morceau de pain, en lui criant : *Tout*

beau ; lorsqu'il a été un moment devant, on crie : *Pille ;* à ce moment on lui laisse prendre le pain et on le caresse.

L'instinct le porte à se jeter sur le pain avant qu'on lui ait crié : *Pille ;* on le retient par le moyen du fouet, mais avec modération, de peur de le rebuter. On lui répète l'exercice en le flattant, afin qu'il comprenne plutôt par la douceur que par le fouet, ce qu'il doit faire ou éviter pour mériter son pain. En peu de jours on vient à bout de lui faire *garder.*

Quand il en est à ce point-là, on tourne autour de lui avec un bâton, on ajuste le pain comme si on avait un fusil, et on crie : *Pille.*

Il faut que le chien ne mange jamais qu'il n'ait *gardé,* soit à la maison, soit à la campagne.

Il se fait une si grande habitude de rester à la vue du pain, que de lui-même il s'arrête quand on lui crie : *Tout beau.*

Comment on apprend aux chiens à arrêter aux champs. — On fait frire dans du saindoux des petits morceaux de pain avec des vidanges de perdrix qu'on porte dans un petit sac de toile ; on va dans la plaine, dans les champs, dans les terres labourées et dans les pâturages ; on y met plusieurs morceaux de ce pain frit, et pour en reconnaître la place, on pose à côté de petits piquets fendus par le bout auxquels on attache quelques morceaux de papier ou de carton. Quand cela est fait, on revient détacher le chien, on le mène toujours quêtant *dans le vent,* c'est-à-dire du côté d'où le vent souffle. Lorsqu'on remarque que le chien approche du pain, qu'il en a l'odeur, et qu'il va se jeter dessus, on crie : *Tout beau.* S'il ne s'arrête pas, on le châtie.

En deux jours, il s'arrête de lui-même ; alors on y retourne avec un fusil chargé d'un demi-coup de poudre. On ne tourne d'abord que peu de temps, et l'on tire, au lieu de dire : *Pille.* A mesure que l'on continue cet exercice, on tourne plus longtemps, afin d'accoutumer le chien à ne pas s'impatienter, et à rester à son arrêt jusqu'à ce qu'on l'ait servi.

Il est de la dernière conséquence de tirer à terre devant le chien novice ; cela sert à lui faire connaître ce que l'on demande, et en même temps à connaître aussi son gibier. On ne doit jamais tirer en volant, que le chien ne soit parfaitement dressé. En tirant mal à propos, on s'expose à gâter un bon chien, loin d'en dresser un jeune.

Lorsque le chien est accoutumé à souffrir le coup de fusil, et à arrêter indifféremment dans l'herbe, dans la terre labourée et dans le chaume, alors on le mène à la perdrix. Il y en a qui ne les manquent pas au premier arrêt, et qui en font jusqu'à vingt et trente dès le premier jour.

Moyen pour empêcher les chiens de pousser et de quitter. — Il n'y a point de chien qui ne pousse quelquefois, surtout quand il va avec le vent. On doit dans ce cas ne pas le châtier, à moins qu'il ne coure les perdrix. S'il court après, il faut remarquer d'où elles sont parties, et y aller. Le chien ne manque pas d'y revenir ; alors on le châtie avec le fouet, mais sagement et par degrés, autrement on le rebuterait, surtout le chien timide, qui ne manque pas, quand on le châtie avec trop de violence, de quitter son arrêt et de venir derrière vous, sans vouloir chasser davantage.

Il y en a de rebutés qui ne font que marquer leur arrêt un instant et passent tout droit ; il est excessivement difficile de les remettre. Si vous leur donnez un coup de fouet sur le corps, donnez-en deux à terre, à côté du chien ; le bruit du fouet le corrige suffisamment. On augmente le châtiment à mesure que les chiens sont incorrigibles, et on les remet au pain frit. Quand ils ne mangent que de ce pain d'exercice, on doit leur donner d'autres nourritures, car il faudrait trop de ce pain pour leur subsistance. La chose est différente quand on les commence ; on ne leur donne que du simple pain, et on leur en fait garder tant que l'on veut, même d'assez gros morceaux pour les rassasier.

Il y a des chiens qui quittent à la chasse le dresseur qui les châtie. Voici comment on les corrige : On fait mettre en terre un pieu dans le milieu de la basse-cour, et on y attache une chienne avec un collier. Quand le chien déserteur est de retour, un domestique l'attache au pieu et lui donne une volée de coups de fouet ; un quart d'heure après, il recommence et lui donne en une heure trois ou quatre corrections pareilles : il faut que le dresseur ne paraisse point pendant toutes ces corrections, et qu'il reste encore quelque temps après la dernière, afin que la colère du chien soit passée. Alors il vient le trouver. il le caresse beaucoup, il le détache, lui donne quelques friandises, et le ramène à la chasse. Il n'y a point de chien à qui cette pratique redoublée ne fasse perdre l'habitude de déserter.

Il y a des chiens d'un naturel si heureux, qu'on leur apprend à marquer. par leurs différentes positions ou gestes pendant l'arrêt, l'espèce de gibier qu'ils tiennent, soit plume ou poil.

Saison pour dresser les chiens. — Quoiqu'on puisse dresser les chiens en tout temps quand la plaine est découverte, cependant le plus convenable est lorsque les perdrix sont couplées ; elles tiennent alors davantage, et il est plus aisé de les apercevoir, parce que la terre est plus découverte. On distingue aisément le coq de la poule, en ce que la poule a la tête rase contre terre, et le coq l'a haute et relevée ; ainsi on est sûr de tuer le mâle préférablement à la femelle, ce qui ne détruit point le gibier d'une terre. Un coq suffit à plusieurs poules, et dans les campagnes il y a toujours plusieurs coqs. Ce qui fait qu'on cherche à détruire ceux-ci. c'est que plusieurs coqs courent la même poule. qui quitte le pays à force d'être tourmentée ; et lors de la ponte, elle pond en plusieurs endroits, sans avoir de nid, et à la fin, il ne lui reste qu'un coq.

Comment faire arrêter et chasser deux chiens ensemble. — Pour faire arrêter deux chiens ensemble, et les faire chasser de même, on leur fait arrêter le pain frit séparément, et puis ensemble. Pour cet effet, on met deux morceaux. et quand un des deux chiens a arrêté, on appelle l'autre que l'on mène derrière. Si l'un des deux prend les deux morceaux de pain. on en a un troisième à la main qu'on lui jette. Pour la perdrix. on mène le chien qui n'en a pas connaissance derrière l'autre qu'on suppose instruit à arrêter. Ils s'accoutument si bien à ce manége, que lorsqu'on leur crie : *Tout beau !* le chien qui n'est point en arrêt vient de lui-même se ranger derrière ou à côté de celui qui y est ; il y vient même sans attendre le *Tout beau.*

Manière pour empêcher les chiens de courir au gibier. — Souvent le chien court après le gibier, dès qu'il a entendu le coup de fusil; voici le moyen de l'en corriger. Il faut lui donner un long cordeau à traîner, et être deux personnes : pendant que l'un tourne, l'autre prend le cordeau et s'approche du chien de quelques pas ; quand le chien veut courir la perdrix, il donne dans le collier, et essuie des secousses qui le corrigent en peu de temps.

Voilà les moyens les plus sûrs, les moins pénibles et les plus doux pour dresser les chiens d'arrêt.

Manière de faire rapporter de force les chiens. — Quand le chien a été mis au commandement, qu'il barre bien dans sa quête, et qu'il arrête parfaitement, il faut le faire rapporter de force.

Collier de force. — On a un collier garni de trois rangs de clous qui traversent un cuir, que la pointe des clous passe de trois ou quatre lignes : on couvre le premier cuir et les têtes des clous en cousant par-dessus un autre cuir de mêmes longueur et largeur, afin que les têtes de clous, prises entre les deux cuirs, ne puissent pas reculer. Il faut que le collier soit juste de la grosseur du col du chien. On y attache deux anneaux de fer, un à chaque bout du collier, pour passer dans chacun une corde qui se trouve doublée : quand on vient à donner une secousse pour piquer le col du chien, le collier doit se fermer, et en lâchant la main, il doit s'ouvrir.

On doit avoir de plus un morceau de bois carré de huit à neuf pouces de long et de huit à neuf lignes de face; on y fait des crans en forme de scie; on perce deux trous de traversé à chaque bout, pour y passer, en croix ou en sautoir, quatre petites chevilles un peu plus grosses qu'une plume à écrire : en jetant ce bâton à terre, les chevilles le tiennent toujours élevé à un bon pouce au-dessus de terre, ce qui donne plus de facilité au chien pour l'engouler lorsqu'on l'appelle à *terre*.

On met le collier au col du chien; on prend le bâton carré, dont on lui scie les dents de devant, ce qui l'oblige de les ouvrir; on pousse le bâton en travers, en prenant garde de ne le pas blesser; on lui met la main gauche sous la mâchoire, pour l'empêcher de rejeter le bàton, et de la main droite on le flatte sur la tête en lui disant : *Tout beau*. Si le chien jette le bâton à terre quand il sent les mains retirées, on secoue le collier pour le châtier, et on recommence à lui scier les dents avec le bàton. Le chien voyant qu'on le punit lorsqu'il ne garde pas le bâton, et qu'au contraire on le caresse quand il le garde, s'accoutume enfin à le garder tant qu'on veut, et ouvre la gueule dès qu'on le lui présente.

Alors, pour le lui faire prendre de lui même, on le lui présente en lui disant : *Pille-apporte*, et en le caressant beaucoup, et en même temps on lui donne de petites secousses pour le faire avancer. S'il avance de lui-même et qu'il prenne le bàton, il faut lui faire toutes sortes de caresses et lui donner des friandises. Il y en a peu qui en veuillent manger ; ils aiment mieux qu'on leur ôte le collier.

Quand le chien avance la tête d'un pouce, et qu'il prend le bàton, il est dressé; car une demi-heure après, il le prend à terre, et on lui dit toujours : *Pille-apporte*.

Pour le faire venir à soi. on lui dit : *Apporte ici ; haut* pour le faire monter sur soi, en l'aidant par de légères secousses.

Lorsqu'il rapporte le bâton avec la dernière obéissance, on lui fait rapporter tout ce que l'on veut : un gant, des ailes de perdrix cousues sur un morceau de linge pour imiter la perdrix, une peau de lièvre remplie de foin.

Aussitôt qu'il rapporte tout sans rien refuser, on le mène à la chasse, et on lui fait rapporter la première perdrix qu'on tue ; mais on doit porter le collier et le lui mettre s'il refuse d'obéir.

Quand il a rapporté deux ou trois fois, il ne fait plus de difficulté, et pour lors il est parfait.

Comment apprendre aux chiens à aller en trousse. — Cela est avantageux quand on fait une longue route ; le chien ne se fatigue pas, et il est toujours en état de chasser.

Il faut être monté sur un cheval bien doux : un cheval vigoureux ne conviendrait pas.

On attache autour de soi la corde ou la chaîne tenant au collier du chien, posé derrière soi en travers. la tête du côté de l'épaule droite ; aussitôt que le cheval fait un pas, le chien veut se jeter à terre, et demeure suspendu à la chaîne.

Après lui avoir donné une volée de coups de fouet, on le reprend pour le remettre en trousse.

Lorsqu'il a essuyé cinq ou six corrections semblables, il ne se jette plus, et s'accoutume peu à peu à se tenir à cheval.

Quand il y est accoutumé, si on le détache, et qu'on le laisse chasser en route, dès qu'il est las, il vient sauter à la botte, pour demander à être remis en trousse, et s'y tient enfin sans y être attaché.

Il est bon que le collier soit large, pour faciliter la respiration au chien lorsqu'il est suspendu.

Manière de dresser les chiens pour aller à l'eau. — En été, quand l'eau est chaude, on jette un bâton au chien à un ou deux pieds au bord de l'eau ; cet animal y va jusqu'à mi-jambes, et peu à peu on jette le bâton de plus en plus loin.

Lorsqu'on a une pièce d'eau, on y met un canard, auquel on a coupé le bout d'une aile, afin qu'il ne s'envole point ; on anime le chien en jetant des mottes de terre au canard, et en tirant des coups de fusil à poudre.

Quand le chien s'est jeté à l'eau, et qu'il nage après le canard, il ne faut pas le rebuter ; au contraire, on doit tirer le canard d'un coup de fusil, pour que le chien le rapporte.

Il est inutile de dresser un chien pour la chasse, à d'autres choses. Il y a mille singeries qu'on peut leur apprendre ; mais elles ne conviennent qu'à un chien qu'un maître, qui n'est pas chasseur, garde pour s'amuser.

Connaissance des chiens par leur couleur. — Les chiens blancs passent pour les meilleurs, cependant ils ne sont pas communément propres à courre toutes sortes de bêtes ; mais ils sont excellents pour le cerf, surtout lorsqu'ils sont tout blancs, sans aucune autre marque.

Ils sont beaux chasseurs, ils ont le nez fin, la marque belle et ferme, malgré le nombre et toute la suite d'une chasse.

Ils ont pourtant la peau délicate, et ils craignent la

rosée et le froid ; c'est pourquoi ils ne sont pas bons
à mettre à la main ni à faire des limiers.

Les chiens courants *noirs* sont bons chiens aussi,
forts et vifs et tenant longtemps sur pied.

Ils ont le nez bon, et on les estimerait autant que
les blancs s'ils ne s'emportaient pas tant ; c'est pourquoi on les emploie pour courir le cerf.

On ne se sert guère des chiens courants *gris* pour
la chasse du lièvre, ils sont trop vifs, peu sages,
sujets à couper et à ne point vouloir tourner et re-
quêter.

Les *fauves* ne valent encore rien à cette chasse ;
ils ont trop de feu et sont trop vigoureux.

Ils sont très bons pour les loups et les bêtes noires ;
on trouve encore qu'ils ont le défaut de crier trop
peu dans les grandes chaleurs.

On ne les réduit aussi qu'à peine, parce qu'ils
sont opiniâtres, trop querelleurs et trop pillards.

On prétend qu'il est indifférent que les chiens
soient plutôt d'une couleur que d'une autre, noirs,
roux ou blancs, ou mêlés de ces couleurs.

S'ils sont d'une de ces couleurs sans mélange, cela
ne doit pas être suspect ; mais il est bon que les
couleurs soient luisantes, et que le poil, tant de ceux
qui sont velus que de ceux qui ne le sont pas, soit
doux, épais et délié.

En quel temps il faut mener les chiens à la chasse.
— On doit souvent les mener à la chasse pendant le
printemps et l'automne, car ce sont les saisons les
meilleures pour les chiens ; mais rarement en été,
parce que le grand chaud les incommode, et qu'ils
n'ont que peu ou point de sentiment.

Les grandes rosées, telles que celles des pleines
lunes, et les herbes odorantes ôtent aussi aux chiens
la connaissance du gibier.

TABLE DES MATIÈRES

PREMIÈRE PARTIE
Le Cheval

DEUXIÈME PARTIE

Des bêtes à cornes

TROISIÈME PARTIE

Antidote expérimenté pour toutes sortes de bestiaux

QUATRIÈME PARTIE

Des maladies des bêtes à laine

CINQUIÈME PARTIE

Des maladies des Porcs

SIXIÈME PARTIE

Des maladies des Chiens en général

SEPTIÈME PARTIE

Chèvres et Boucs

HUITIÈME PARTIE

La volaille

NEUVIÈME PARTIE

Des Lapins domestiques

DIXIÈME PARTIE

De la connaissance des plantes médicinales les plus familières à employer dans une infinité d'accidents et de maladies

DIJON, IMPRIMERIE F. CARRÉ, RUE AMIRAL-ROUSSIN, 40.

DIJON. — IMPRIMERIE F. CARRÉ,

rue Amiral-Roussin, 40